中央宣传部"时代楷模"报告文学重点选题
国家电网有限公司职工文学重点选题作品

点灯人

陈富强　潘玉毅◎著

中国电力出版社
CHINA ELECTRIC POWER PRESS

图书在版编目（CIP）数据

点灯人 / 陈富强，潘玉毅著 . —北京：中国电力出版社，2022.5
ISBN 978-7-5198-6793-5

Ⅰ . ①点… Ⅱ . ①陈… ②潘… Ⅲ . ①报告文学－中国－当代 Ⅳ . ① I25

中国版本图书馆 CIP 数据核字（2022）第 082938 号

出版发行：中国电力出版社
地　　址：北京市东城区北京站西街 19 号（邮政编码 100005）
网　　址：http://www.cepp.sgcc.com.cn
责任编辑：杨敏群　胡堂亮　钟　瑾　马　丹　王冠一　刘红强　周天琦
责任校对：黄　蓓　于　维　常燕昆
装帧设计：张俊霞
责任印制：钱兴根

印　　刷：北京雅昌艺术印刷有限公司
版　　次：2022 年 5 月第一版
印　　次：2022 年 5 月北京第一次印刷
开　　本：710 毫米 ×1000 毫米　16 开本
印　　张：22.5
字　　数：321 千字
定　　价：68.00 元

中共中央宣传部关于授予钱海军同志"时代楷模"称号的决定

（2022 年 5 月 6 日）

　　钱海军，男，汉族，1970 年 2 月生，浙江慈溪人，中共党员，现为国网浙江慈溪市供电公司客服中心社区经理、钱海军志愿服务中心理事长。他牢记宗旨、爱岗敬业，从事电力服务工作 30 年，从一名普通的电力工人成长为有口皆碑的"万能电工"；他学用结合、善于创新，总结提出"五解服务法"，为社区提供用电咨询、业务代办、纠纷调解等多种便民服务，开发志愿服务中心云平台，创新推动志愿服务标准建设；他助人为乐、甘于奉献，累计结对帮助 100 多位空巢、孤寡老人，帮扶学生 27 名，服务用户 1.3 万余人次，以实际行动书写了新时代的雷锋故事；他带头示范、灯暖万家，注册成立宁波、慈溪两级志愿服务中心，发起"千户万灯"活动，足迹遍布浙、藏、吉、黔、川五省（区），让光明的灯火照亮和温暖更多家庭。他曾获得全国劳动模范、全国最美志愿者、浙江省优秀共产党员等荣誉，团队被中宣部命名为全国学雷锋活动示范点、获评全国先进社会组织等称号。

　　钱海军同志是新时代劳动模范的优秀代表、共产党员的先锋榜样。为宣传褒扬他的先进事迹和崇高精神，中共中央宣传部决定，授予钱海军同志"时代楷模"称号，号召全社会特别是基层干部职工向钱海军同志学习，以先进模范为榜样，从中国共产党人精神谱系中汲取精神滋养，更加紧密地团结在以习近平同志为核心的党中央周围，深刻领悟"两个确立"的决定性意义，增强"四个意识"、坚定"四个自信"、做到"两个维护"，在实现中国梦的伟大征程中勤于创造、勇于奋斗，以实际行动迎接党的二十大胜利召开。

（来源：新华社）

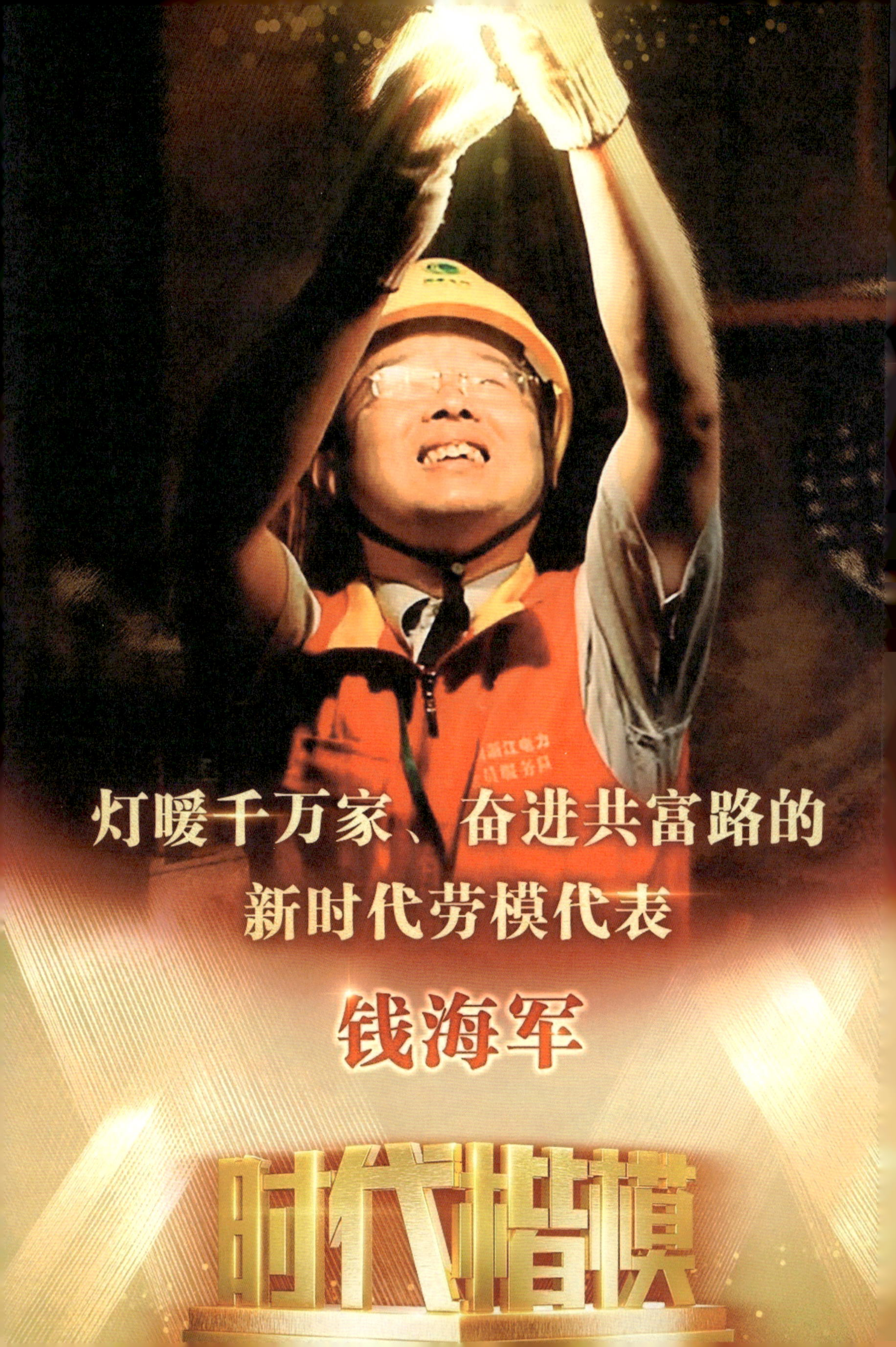
灯暖千万家、奋进共富路的
新时代劳模代表
钱海军
时代楷模

目 录
Contents

序　章

　　2022 年 5 月 6 日晚 9 时，北京，中央电视台"时代楷模"发布大厅，一场被国人瞩目的发布会准时开始。走向舞台中央的，是一位个子不高、头发花白、身着短袖衬衣、外套志愿者红马甲的中年男人。他从中共中央宣传部领导手中接过荣誉证书，上书：授予钱海军"时代楷模"称号，特颁发此证书。落款是中共中央宣传部。

　　数以千万计的观众通过中央电视台综合频道，观看了这一画面。而后，"时代楷模"视频在央视其他频道重播，并通过网络呈几何级数扩散，根据官媒统计，全网曝光量近一个亿，全网视频播放量超 1646 万次。

　　这一天，无论对于钱海军本人，还是他所在的组织，都是一个足以刻骨铭心的日子，"时代楷模"这一崇高的荣誉，授予国家电网公司一位普通员工。

　　"时代楷模"是中宣部集中组织宣传的全国重大先进典型，具有很强的先进性、代表性、时代性和典型性。通常，被授予"时代楷模"的，具有几个鲜明特点，一是事迹厚重感人，二是道德情操高尚，三是影响广泛深远。截至 2022 年 4 月底，中宣部共向全社会公开发布"时代楷模"个人（集体）123 个，涵盖党政军民学等各行各业。其中，中央企业系统获得"时代楷模"称号的个人（集体）共有 9 个，浙江省获此荣誉称号的个人（集体）共有 4 个。钱海军是中央企业系统第 10 个、浙江省第 5 个、国家电网系统第 2 个、2022 年全国第 1 个获得"时代楷模"称号的重大先进典型。从这个意义上讲，这个荣誉的"含金量"，怎么说都不为过。

　　钱海军从 1999 年开始无偿为社区百姓服务，算起来，已有 23 个年头。

如果要对钱海军23年的善行作个小结，大约可以用以下几段简略的文字作出概括：

钱海军拥有对党忠诚、信仰坚定的政治品质，胸前始终佩戴党员徽章，23年如一日，扎根一线，爱岗敬业、无私忘我、甘于奉献，从有口皆碑的"模范电力工人"到免费修电送电的"活雷锋"，再到带队关心群众冷暖的"聚能环"，他将拳拳真心书写在万家灯火里，映照到群众心灵中，用实际行动生动诠释了新时代共产党员的精神底色。

钱海军彰显无私忘我、一心为民的奉献精神，始终牢记人民电业为人民的企业宗旨，走街串巷、帮残助老，结对空巢、孤寡老人，倾情倾力倾注在扶贫帮困、助力共同富裕的一点一滴中。以"走千户、修万灯、暖人心"为初衷，创新开展"千户万灯"困难残疾人住房照明线路改造项目，带领团队足迹遍布浙、藏、吉、黔、川五省区，用不忘初心的"心灯"温暖了万千群众的心窝。

钱海军具备爱岗敬业、专业专注的职业操守，从2008年担任社区客户经理起，便将一腔热情扑在社区服务工作中，群众满意率始终保持100%。他创新应用"五解服务法"，为社区开展12种便民服务，"用电有困难，请找钱海军"成为他服务社区居民时常挂嘴边的一句话。他创新推出志愿服务标准建设，开发志愿服务中心云平台，打通线上线下协同推进志愿服务关节。

钱海军展现薪火相传、聚沙成塔的坚韧意志，注册成立钱海军志愿服务中心，引领身边1200多人开展志愿服务和公益慈善行动，他以永不停歇的坚毅执着，用自己的服务感染了身边无数人，形成了引领时代风尚的一面旗帜，带动一群人共同投身为民服务的不朽事业。

钱海军的志愿服务和公益慈善突破了个人、地域和行业限制，实现了由个人到团队再到组织再到一座城市的延伸、发酵、裂变和扩散，成为一座城市的文明灯塔。从雪域高原到偏远山区，再到扶贫结对和东西部协作地区，钱海军和他的团队始终奔赴在助力脱贫攻坚、服务乡村振兴、推动共同富裕的第一线。他是名副其实的"灯暖千万家、奋进共富路的新时代劳模代表"。

2022年5月13日上午，由中共中央宣传部指导，中共浙江省委与国家电网公司共同举办的首场"'时代楷模'钱海军先进事迹报告会"在浙江省人民大会堂举行。来自全省各行各业的近千名听众，聆听了钱海军和他的单位领导、社区书记、同事、媒体记者，以及妻子陈冬冬的讲述。浙江新闻客户端进行了现场直播。我们在现场，能够体会到听众对"时代楷模"的敬重。当钱海军出场时，全场掌声雷鸣。整个过程也是掌声不断。听到动情处，不少人泪湿眼眶，甚至潸然泪下。

钱海军说：有人问我，海军，这个世界需要帮助的人那么多，你忙得过来吗？我告诉他：帮一个，是一个。在我服务的老年人中，年纪最小的67岁，最大的已经108岁，为他们排忧解难，我觉得自己心里很充实、很快乐。生活需要爱，老人更需要关爱，不能因为帮不过来就不去帮。有首歌唱得好："只要人人都献出一点爱，世界将变成美好的人间！"

钱海军被誉为"百姓身边的点灯人"。在采写本书的过程中，我们一直在寻找一个让钱海军23年如一日，无论严寒还是酷暑，无论雨雪还是冷风，都坚持为民服务的答案。我们发现，他在2004年成为中国共产党党员那一刻的心理活动，或许就是我们想要的答案。面对党旗宣誓完毕，钱海军告诉自己："过去是一心一意为用户服务，以后要全心全意为人民服务。"

而所有这一切，都要从养育了钱海军的家乡，地处浙江宁波，一座因东汉董黯"母慈子孝"而得名的慈溪城说起……

第一章

慈孝文化：
一座城市的"情感地标"

钱海军和钱海军共产党员服务队（钱海军志愿服务中心）用工作着的每一天串联起用户与电力企业的深厚感情，用牺牲陪伴家人的时间参加的每一次服务记录着他们与老年人的"亲情"，他们身上闪现的精神，就像是永不褪色的"情感地标"，让很多认识的不认识的人找到了方向，坚定了做一名志愿者的信心和决心。

2021 年 12 月 30 日，由新华社《瞭望东方周刊》、瞭望智库共同主办的"中国最具幸福感城市"调查推选活动在北京发布了 2021 年的推选结果，慈溪上榜"2021 中国最具幸福感城市（县级市）"。这是该活动设立以来慈溪第 7 次获得这一殊荣，并实现了 2016、2017、2018、2019、2020、2021 "幸福六连冠"。同时，20 世纪 90 年代以来，慈溪一直都处于全国百强县（市）名单前列。

慈溪是沪、杭、甬经济金三角中心地带的新型开放城市，也是浙江省第一个财政收入超百亿的县市。不惟如此，慈溪还拥有"全国县域经济基本竞争力百强县（市）""中国大陆创新能力最强的县级城市""福布斯中国大陆最佳县级城市"等诸多称号。生活在这片土地上的人民勤劳智慧、开拓进取、勇立改革开放潮头，创造出了令世人瞩目的经济奇迹。其精神亦烙印在慈溪电力发展的轨迹中。

经济要发展，电力需先行。一个城市的发展离不开能源，而电力作为第二次工业革命中使用的新能源代表，其富足与否，在一定程度上支撑或制约着一个城市经济发展的速度。当然，一座城市的人民要幸福，光靠经济、能源的支撑是远远不够的，还得有爱，有"温度"，有理想和信念，而这些，慈溪从来不缺。

慈溪之名，与水有关。慈为慈孝，溪为溪流，其中包含了一段"母慈子孝"的往事。自唐开元二十六年（公元 738 年）设立县治以来，1200 余年间，慈溪的行政区划和归属虽几经调整，但"慈孝"二字与慈孝精神始终韧如蒲草，深深地扎根于生活在这方土地之上的人民的心里，成了一个不可磨灭的"情感地标"。

微风习习，高楼幢幢，这里就是慈溪（姚科斌／摄）

风从海上来，潮涌杭州湾

北纬30度线，这是一条奇特而又神秘的纬线。这条线贯穿了四大文明古国。

沿北纬30度线前行，可以看到许多奇妙的自然景观、古老的地球文明信息和令人难解的神秘、怪异现象：地球山脉的最高峰——珠穆朗玛峰矗立在这条纬度线上；世界上的几大河流，比如埃及的尼罗河、伊拉克的幼发拉底河、中国的长江、美国的密西西比河，均在这一纬度线附近入海；还有蔚为壮观的古埃及金字塔群、无人可解的狮身人面像、神秘莫测的北非撒哈拉沙漠达西里的"火神火种"壁画、世界上海拔最低的湖泊——死海、令人闻之色变的"百慕大三角海域"，乃至于让人叹为观止的远古玛雅文明遗址、古巴比伦"空中花园"，轰动世界的"神迹"——三星堆等也都处在这一纬线上。值得一说的是，慈溪同属于北纬30度，这预示着她的同样不平凡。

慈溪位于东海之滨、杭州湾南岸，头枕巍巍四明山，手指浩浩钱塘江，是一方依山傍海、富有朝气和生命力的土地。独特的自然禀赋、丰厚的历史积淀、壮阔的创业历程，形成了慈溪鲜明的人文气韵和底色。

放眼慈溪域内，土地以平原为主，有"二山一水七分地"之说。地势由南向北呈丘陵、平原、滩涂三级台阶状格局向杭州湾展开。海岸线微微向北拱起呈弧线形，总长度为78.5公里。全境地层稳定，土壤肥沃深厚，有大片海涂可以开发利用。气候湿润、日照充足、雨量丰沛、四季分明是其优点，却也存在诸如水资源容蓄困难、供需矛盾突出等问题。

虽然慈溪的山只占得二分、水只占得一分，但这并不影响她在人们心中的地位。"山不在高，有仙则名。水不在深，有龙则灵。"《陋室铭》里的十六个字，用来形容此间的佳山秀水可谓再恰当不过。这里的山不高，水也不深，但山之钟灵，水之毓秀，牵惹人的情怀。不管曾经行过多远的路，去过多少个地方，又看过多少的风景，慈溪的山水依旧是故乡人心中最深情、最难忘的。山水本是一座城市最原初、最刻骨的印记，有山有水，方有故乡的感觉。而慈溪的山水，仿佛是苏东坡和柳三变穿越之后合填的一阕长调，铿锵之韵有之，婉约之姿亦有之。草木山丘，湖海河泽，是独属于慈溪的"自然地标"。

慈溪的山主要集中分布于南部丘陵区。这片区域，山丘林立，好像梦一样，一场接着一场。其中，光是海拔300米以上的山峰就有30座，如同列队站岗的士兵，守护着脚下的这片土地和这片土地上繁衍生息的人们。这些山虽不是名山大川，却令人叹为观止。如达蓬山，被史学家称作"徐福东渡的起航地之一"；如五磊山，民间有"小桃源"之誉，山上的五磊讲寺是浙东第一古寺；又如栲栳山，相传曾有仙人在此居住，又称"仙居山"……此间的山不独有名，还有味道。山里出产一味水果，冠绝天下，闽广荔枝、西凉葡萄皆不及它，是为杨梅。

慈溪的山水，仿佛苏东坡和柳三变穿越之后合填的一阕长调，铿锵之韵有之，婉约之姿亦有之（姚科斌／摄）

　　慈溪的水则分为东河区河流、中河区河流、西河区河流、西北河区河流，每个河区又自成体系，横向河道负责贯通汇流，纵向骨干河道则借道杭州湾，北排入海。纵横交错的河网覆盖处，因着"小桥流水人家"的江南传统布局，桥梁亦有不少。2008 年，当时世界上最长的跨海大桥——杭州湾大桥的建成通车，更让慈溪这座"桥城"变得名副其实。在诸多的水泽湖泊之中，最具代表性的当数上林湖，它与白洋湖、里杜湖、古银锭湖遥相呼应，沿湖散落的古窑遗址向人们再现了青瓷制造绵延汉、晋、隋、唐、五代、北宋上千年而不衰的繁华景象。回首往昔，此间出产的越窑青瓷不仅上贡皇室，内销各地，还通过海上陶瓷之路销往世界各地。由此可见，慈溪不仅有优美的山水风光，还有悠久的历史文化。

　　事实上，早在 6000 年至 7000 年前的新石器时代，慈溪现境之内的童家岙一带就已有先民活动的痕迹。经考古人员研究表明，现存的童家岙遗址属于早期河姆渡文化，它完好地记录了一段逐水而居、依山而建的发展史。南部沿山一带发现有大量商周墓葬，无论形状还是布局，都与古代的越人墓极为相似，这为慈溪的地域文化上了一层越文化的底色。慈溪现境在春秋时属越，秦时分属句章、余姚2县。唐开元二十六年（公元738年）设慈溪县，县治在今宁波市江北区慈城镇，因治南有溪及东汉董黯"母慈子孝"的故事而得名。1949年5月24日，慈溪迎来了解放。1954年，县境调整，将以植棉为主的镇海、慈溪、余姚三县北部（俗称"三北"）划归慈溪县，并以浒山为县治所在地。1988年10月，撤销慈溪县建制，改设慈溪市。

慈溪南部沿翠屏山脉北麓、毗邻姚江河谷平原的河姆渡文化核心区，根据考古调查，已发现一些河姆渡文化类遗存，说明这一区域稻作农耕文化和海洋文化源远流长，而濒临海岸线的达蓬山一带，更具有依山傍海的环境优势。据传，秦始皇三十七年（公元前210年），徐福在这里扬帆远航，开创了对外文化交流的先河。慈溪现境有文字可考的制盐始于唐代，盛于宋代，鸣鹤、石堰、龙头三大盐场的产盐量在两宋时期占到整个浙江总产盐量的60%以上。慈溪围海造田的历史迄今也已逾千年。宋代，大古塘以南大块地方淤积成陆，不断有民众移居垦殖。得益于水源之利，杜湖、烛溪湖一带稻作农业较为发达。因受潮害侵袭，自宋庆历七年（公元1047年）开始，慈溪人民为修筑大古塘，发扬不屈不挠的"捍海精神"，前后用了近300年。300年间，因宋室南迁、蒙古入主中原，社会局势十分动荡，大批中原居民在异族的压迫下，为了求得生存和归属感，纷纷南迁，他们的到来，促进了文化的融合，也促进了慈溪经济、社会、文化的发展。南宋末年，慈溪引入宜于脱盐老涂种植的耐旱作物棉花，并开始大面积种植，手工纺织业随之兴起。及至元代，彭桥出产的小江布远近闻名，销往江苏等地。这个时期，大古塘两侧，街市也渐渐形成，商贸业勃兴，文化日益繁荣。到了明代，钱塘江入海口基本定型，杭州湾南岸海涂淤涨加速，慈溪人民掘浦挖渠，建滩造地，创造了沧海变桑田的奇迹。

中国八大咸水湿地之一——杭州湾湿地（傅立韵／摄）

　　随着时间的推移，明代兴建的卫所因为倭患的平息而演变为集镇，部分军士转籍为民。棉区因为持续的围垦面积不断扩大，及至清代初期，慈溪以棉为生者十之六七。盐场随岸线北移至庵东，民国时期，庵东盐场跃升为浙江第一大盐场。但盐、棉虽丰，仍无益于区域发展和民生改善：鸦片战争后，棉花生产受洋棉冲击，产销均不景气；西方列强利用善后借款控制盐政大权，侵吞盘剥。上海、宁波被辟为通商口岸，虽在一定程度上刺激了农副产品的出口，使蚕豆、麦冬、草帽、藕丝糖等享誉海外，但由于交易不平等，区域经济并未真正得益；工业文明虽有逐步引进，然现代工商业发展仍旧举步维艰。面对重重束缚，慈溪人民进行了艰苦卓绝的斗争。

　　如果将慈溪比作一幅画卷，那么山水人物都是画中固有的意象，不管远看还是近观，它们都不是孤立的。人杰与地灵向不可分，凡世间之物，唯青山绿水最能锻造人的风骨。"云山苍苍，江水泱泱。先生之风，山高水长。"那个敢把脚搁在皇帝肚子上睡觉的严子陵便是从慈溪的山山水水间走出去的。其后两千年间，慈溪这片土地上更是人才辈出：宋有孙应时、高翥、黄震，明有徐爱、孙月峰，清有高士奇等，均因翰墨风流，声播千载；宋代谢景初、施宿，元代叶恒，书写治水史诗，泽被后世；明代孙燧、杜槐、孙嘉绩、沈宸荃，俱以浩然正气，名垂青史；及至近现代，先有吴锦堂、虞洽卿执商界之牛耳，后有马宗汉为辛亥革命之先驱、杨贤江播马克思主义之光，同时还出现了教育家林汉达、历史学家陈登原、科学家岑卓卿、画家陈之佛、诗人袁可嘉等代表人物。

"面壁十年图破壁，难酬蹈海亦英雄。"再后来，慈溪人民求生存、谋发展，创造了一个个奇迹；一代代志士仁人，为中华民族历史文化发展谱写了不朽的篇章。1926年中国共产党地下组织坎镇支部成立，1930年建立了"浙东工农红军第一师"；1942年中共浙东区委成立，随后建立了三北敌后抗日根据地（后发展为浙东敌后抗日根据地），成为全国19个抗日根据地之一。至中华人民共和国成立，先后有350余名现籍烈士为新中国的成立献出了生命，而其中近百名烈士血洒三北大地。

从新中国成立的1949年至中国共产党成立100周年的2021年，72年来，慈溪这片土地上更是发生了翻天覆地的变化，也留下了许多脍炙人口的奋斗故事。

1949年，随着毛泽东主席在天安门城楼上庄严地宣布"中华人民共和国中央人民政府今天成立了"，中国人民从此站了起来。紧跟着，百废待兴的中国完成了对农业、手工业和资本主义工商业的社会主义改造。慈溪人民在中国共产党的领导下，经过不断尝试，探索出了一条适合自己的道路。五洞闸高级农业生产合作社和龙南互助合作网的事例双双入选《中国农村的社会主义高潮》一书，毛泽东专门写下按语，成为社会主义改造运动的典范。正是得益于这种勇于尝试的精神，慈溪的产业结构日益优化，由盐、棉为主的农业大县逐步向工业化社会演变。

1978年，党的十一届三中全会开启了改革开放和社会主义现代化建设的新时期。改革的号角吹响以后，敢打敢拼的慈溪人勇立潮头，把握机遇，特别是民营企业如雨后春笋般蓬勃兴起。顺应时代潮流，他们发扬"千方百计、千言万语、千山万水、千辛万苦"的"四千精神"，创造出国有、集体、乡镇、个私"四个轮子一起转"的慈溪模式，书写了一个个生动传奇。

20 世纪的 50 年代到 80 年代，慈溪行政区划经历了三次重要调整。1988 年 10 月 13 日，国务院批准慈溪撤县设市，慈溪进入了一个快速发展的新阶段。

2003 年 5 月 27 日，时任浙江省委书记习近平赴慈溪考察调研，作出重要指示。20 年来，慈溪以"八八战略"为指引，落实指示精神，纵马扬鞭，奋蹄疾驰，始终奔跑在高质量发展的道路上，综合实力和人民幸福指数显著提升。

如果把中华文化比作浩瀚无边的海洋，那么地域文化就像潺潺不息的清流。一方面，百川归海，各具魅力的地域文化汇聚成中华文化；另一方面，春风化雨，中华文化的共同价值取向又渗透、滋养着地域文化。从某种意义上来说，慈溪的发展正是整个华夏大地历史演绎进程的一个缩影，慈溪的文化亦是整个华夏文明的重要组成部分。

1915 年的光和困境中的成长

这个世界上，很多事情都会像浮云一样随风飘散，但也有坚如磐石、风吹不动、雨打不散，被人牢牢地记在心里，甚至还会被载入史册的。

想来，不管过去多少年，当生活在慈溪这片土地上的人们于寒冷冬季窝在空调房里取暖的时候，于漆黑夜里坐在灯光下共享天伦之乐的时候，遥远的 1915 年对他们来说仍是一个值得被铭记的年份。因为这一年，慈溪大地亮起了有史以来的第一抹电灯的微光。

站在今天回望过去，那抹微光的亮度几乎可以忽略不计，但它对于慈溪电力的发展却有着特殊的意义。

鲁迅先生曾经说过："第一个吃螃蟹的人是很令人佩服的，不是勇士谁敢去吃它呢？"有了第一个吃螃蟹的勇士，慈溪大地上有志办电的人士陆续

慈溪最早的发电厂遗址及遗址里的方形电杆
（照片来自《慈溪市电力工业志》）

涌现。其后，周巷、宓家埭、鸣鹤场、范市、观城等集镇的发电厂相继崛起，至 1937 年，全县装机总容量达到 138 千瓦。无奈好景不长，1941 年，日军入侵慈溪，所有电厂皆因时局动荡相继停办，直至解放，慈溪境内一直处于无电状态。

"一唱雄鸡天下白，万方乐奏有于阗。"这是毛泽东《浣溪沙·和柳亚子先生》一词中的两个句子，道芸芸众生苦尽甘来之意。1949 年 5 月 24 日，庆祝慈溪解放的锣鼓传遍了大街小巷，受尽荼毒的穷苦大众终于迎来了自己当家做主的新社会，一个个露出了久违的笑容。国家事业百废待兴，再次唤醒有志人士办电的夙愿。特别是中华人民共和国成立后，慈溪电力工业的腾飞也随之到来，县域之内再次掀起了兴办电厂的热潮。

1951 年 3 月，浒山区区长翟培田召集工商界人士潘珠炎、陈宝成等 8 人，集资旧币 2.6 亿元（折合新人民币为 2.6 万元），购置了一台 42 马力的飞尔登柴油机，又向宁波永耀电力公司租用一台容量为 34 千瓦的发电机，于次年 4 月成立浒山电气加工股份有限公司。经过商讨，他们决定选择在这一年的建军节于浒山镇东门头的沈氏宗祠内正式开始发电，所发之电除供浒山镇的照明外，兼营粮食加工。1955 年 9 月，浒山电气加工股份有限公司更名为公私合营浒山电气加工厂，新增 120 马力的柴油机和 88 千瓦的发电机各一台，也算是扩充了装备。

时光匆匆，转瞬即逝。又过了一年，随着发电业务的发展，本着专业化、系统化的要求，发电厂挂牌公私合营浒山电厂，与粮食加工进行了分离。1958 年新建厂房 3 间半，并增配美国产的 240 马力柴油机一台，与临海电厂调入的 160 千瓦发电机进行配套。

当时的设备和技术与今日自然不可同日而语，设备陈旧、技术落后且不说，老爷机还经常闹脾气，动不动就"罢工"。有一个叫应祥友的师傅凭着兵工厂里学来的一手过硬技术，将旧风扇改装成小钻床，借钟表店的仪表轧头磨"绣花针"当钻头，自制油头。由于条件简陋，汽缸发生了破损，修理的时候，他们点着油花絮当照明，待故障解除后，鼻头孔经常被熏得墨一般黑。但他们通过发挥自己的聪明才智，土洋结合，革新技术，居然做到了不停车抢修，俗称"活拆油头"，在圈子里颇有名气，来参观学习的人络绎不绝。

技术是有保证了，无奈受限于其他条件，发电量并未显著提升。当时，浒山的老百姓有一句口头禅"浒山发电厂，蜡烛比灯亮"，调侃之意不言自明。尽管如此，县里的领导还是十分重视。1959 年，浒山发电厂被评为省、地级先进单位，当年 9 月，发电厂厂长蔡月宝还应邀到北京出席了全国群英会。浒山电厂历尽艰辛 12 载，累计发电 210 万千瓦时，1964 年 11 月功成身退，并入庵东电厂，原厂址则改成浒山供电所挂牌营业。

提起庵东电厂，当真是命蹇时乖。当时为改善盐场生产条件，在浙江省轻工业厅支持下，经浙江省建设委员会批准，决定在庵东镇建一座火力发电厂，总投资130.3 万元，其中财政拨款 126.7 万元，自筹资金 3.6 万元。电厂于 1960 年 7 月破土动工，至 1961 年 3 月，厂房及主设备安装过半，偏偏遭遇国家暂时困难，根据"调整、巩固、充实、提高"的方针，庵东电厂暂时停建，过了 30 个月才开工

1964 年建成的庵东电厂（照片来自《慈溪市电力工业志》）

15

续建，至 1964 年冬天正式发电。

　　庵东电厂占地 8490 平方米，主要设备有 10 吨 / 时的锅炉一台，1500千瓦汽轮发电机组一套，1800 千伏安主变压器一台。1965 年开春，为提高经济效益，扩大供电范围，电厂增投资、架线路，除供长河、周巷镇外，又将线路延伸到沧田、潮塘、潭南、云城、新新、新建 6 个公社。1965 年 6月，慈溪县电力公司在庵东电厂基础上成立，并与县电力建设办公室合并，统一领导，负责电建、运行、维修工作，隶属慈溪县工交办。然而好事多磨，谁也没有想到，这一年的 9 月 21 日，庵东电厂的发电机组发生故障，慈溪中部陷入黑暗之中。凭当时的技术条件，一年半载想要修好复电很有难度，慈溪电力的未来可以说是吉凶未卜。

　　值得庆幸的是 1965 年 4 月，宁波地区首座 35 千伏变电站临山变电站建成投运，该处电源来自浙东供电局管辖的 110 千伏上虞梁湖变电站。临山变电站主变压器容量达到 3200 千伏安，有 10 千伏线路 3 条，其中 2 条供临山12 个乡用电，1 条临驿线横贯泗门区各公社，所以泗门（现属余姚）算是慈溪县最早接通大电网的地区。

　　为解浒山停电之困，经上级同意，慈溪县工交办领导带队，组成抢修小组，突击架设了 1 条长为 3.8 公里的从周巷区新新公社青龙桥通往泗门区小曹娥的 10 千伏线路，与临驿线相接，于当年 10 月 1 日接通电网。至此，浙江电网贯通泗门、周巷、长河、庵东、浒山 5 个区的部分乡镇。1969 年8 月，庵东电厂因当地连年干旱少雨、冷却水源枯竭、燃料运输不便无奈关闭，第二年开春，整套发电设备拆往象山电厂，97 名职工就地解散。

　　庵东电厂辛苦经营六载春秋，加起来的发电总量不过 720 万千瓦时，还不到如今慈溪市日用电量的一半。站在当下回望前尘，让人感慨良多。

　　从慈溪电力发展的轨迹来看，无论是中华人民共和国成立前各个乡镇的小型发电厂，还是中华人民共和国成立后 50 年代至 60 年代初期浒山、周巷、泗门等地的各个小型发电厂，都是以低压线路直供当地用户，各自为营，没有串联在一起。而接下来的 60 年代中期至 70 年代中期，方是慈溪电网的形成时期。据史料记载，1965年是浙江电网电力正式输入慈溪的关键之年。

这一年，在余姚建造110千伏白山头变电站的同时，慈溪也开始着手组建35千伏浒山输变电工程。1966年6月，慈溪第一座35千伏变电站——浒山变电站在教场山麓建成投运，主变压器容量3200千伏安，共有5条10千伏出线，分别帮浒山、周巷、庵东、坎墩、逍林等地区用电解了燃眉之急，这也标志着慈溪电力逐步纳入国家大电网轨道。紧跟着，1967年5月，慈溪第二座35千伏变电站岙口变电站也随之投运，架设明龙、观城、五洞10千伏出线3条。这一年，慈溪县境内的8个区都用上了电网电力。

进入70年代中期，慈溪电力发展的攻坚战打响。据慈溪市供电公司业已退休的老员工回忆，当时物资相当紧张，有计划也不能确保有货，常常需要"抢"电杆——厂方生产一根他们就在滚烫的水泥杆上用红漆写上"慈溪"两字。鉴于电力供不应求的现状，当地的领导积极向上申报，要求将35千伏浒山变电站升压改造为110千伏变电站，并表示资金可以自筹解决，最终获得浙江省电力工业局同意并划拨1.5万千伏安主变压器1台。变压器由载重40吨的大平板车从余姚白山头运往浒山，因沿途要经过江桥菜场，为了避开早市，负责"押运"的王绶土和蔡月保两人饿着肚子连夜将它运过菜场。他们两人一个在车上用绝缘棒叉住低压线和通信线，另一个爬到主变上挑线，路小桥窄，险象环生，差点连命都搭上了。

然而，尽管当时的条件是那样的艰苦，但老一辈的慈溪电力人斗志高昂，"砸锅卖铁"，自筹资金24.5万元，仅仅用了不到一年时间，110千伏浒山简易变电站于1974年1月14日投运。这是首座由慈溪自行设计、订货、施工的电力工程，也是全省首座由县级自建（改造）的110千伏变电站。施工人员以大庆人为榜样，土法上马，因陋就简，10千伏主变压器开关用旧的英国产的少油开关顶用，110千伏油开关用跌落式熔断器替代，110千伏线路用陶瓷横担替代悬式瓷瓶，克服了重重困难，完成了挑战。慈溪、余姚两县由此分别供电。两年之后，慈溪全境764个大队（行政村）全部通电。

进如乘风堪破浪

到了 20 世纪 80 年代，随着改革开放政策逐步落实，慈溪工农业生产获得较快发展，尤其是乡镇工业崛起，为电力发展提供了新的机遇。1981 年、1982 年相继建成投运 35 千伏彭桥和师桥变电站。1983 年底，慈溪县电力公司更名为慈溪县供电局，隶属关系由慈溪县工业局划归慈溪县经委。更名之后，慈溪县供电局通过健全相应的规章制度，增强了员工的凝聚力。当时用电吃紧，电力工作者始终保持着高度的使命感和责任感。他们总是将厂里的事看得比家里的事情还重要，只要电灯一灭，在家的职工不用叫都会立马赶回厂里，加班加点修复，从不叫苦叫累。也是在这一年，龙卷风加特大暴雨席卷慈溪部分区域，全县 5 个变电站有 4 个变电站 10 千伏线路全部跳闸。为了恢复供电，风雨一停，电力人夜以继日，奋战 161 个小时，终于让灭掉的灯重新亮了起来。正是凭借着这种可贵的精神，他们支撑起了慈溪大地的坚强电网。1988 年，全市自然村通电率 100%。

为了优化电网结构，110 千伏浒山变电站在 1978 年至 1985 年间 3 次增容，渐渐蜕变为正规化变电站。1986 年 8 月，220 千伏屯山变电站建成后，浒山变电站电源改由屯山变电站供给。同年镇海发电厂二期上马，翌年 2 月，慈溪集资 310 万元建造的 110 千伏范市变电站建成投运，主变压器容量达到 2 万千伏安，由镇海发电厂直接输送，这样东部出现了第二个电源点，大大改善了慈溪的用电结构。1988 年 10 月，慈溪撤县设市，慈溪县供电局随之更名为慈溪市供电局。当时全局仅有 110 千伏变电站 2 座，主变压器 3 台，总容量为 7.15 万千伏安；35 千伏变电站 7 座，主变压器 15 台，总容量为 4.49 万千伏安；10 千伏配电线路 51 条；全社会供电量 34416.1 万千瓦时，最高负荷 8.89 万千瓦。

跨入 90 年代，民营企业异军突起，加快了慈溪经济发展的速度，与日俱增的用电需求给慈溪电力的发展提供了机遇。慈溪市供电局相时而动，

确立了"举债发展"的电
力建设思路，拟定了力争
在 20 世纪末实现电力基本
平衡或适度超前于工农业用
电需要的战略目标，以崭
新的姿态当起了经济发展
的"先行官"。一时间，慈
溪的电网建设如长风破浪。
电力建设者用青春的脚步丈
量杆线，以岁月的智慧谋划

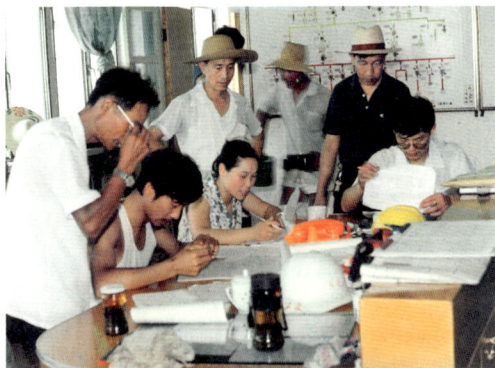

1991 年的总调度室，条件简陋但是工作热情很高（照片来自《慈溪市电力工业志》）

未来，手拉肩扛，架起了一根根电杆、一条条电线，完成了一座座变电站的
建设。

经过数年努力，至 1991 年，慈溪市供电局企业管理跨入县市级先进行
列，1993 年还被评为浙江省行业最大规模企业和最佳经济效益企业之一。
企业的发展得益于经济的腾飞，其中民营企业给慈溪电力发展以有力的促
进。继用户自备 35 千伏一棉、慈钢、轧钢、特克变电站后，几乎每年都有
新变电站闪亮登场，振邦、盛泰、神龙、华泰、华星、康鑫、永大、永新、
九天、宝基、环驰等用户自备变电站相继诞生。

得益于经济的发展，1993 年至今，长河、宗汉、新浦、横河、观城、
担山、坎墩、周巷、白沙、逍林、师桥、龙山、剑山、滨海、胜山、潮塘、
附海、庵东、掌起等 23 座 110 千伏变电站拔地而起。其中 1995 年 7 月，慈
溪第一座 220 千伏变电站——慈溪变电站一期竣工投运，主变压器容量为
15 万千伏安；紧接着 110 千伏新浦变电站投运，主变压器容量为 2 万千伏
安；35 千伏附海变电站亦在同一时间投运并网。在同月 7 天内投运 3 座不
同电压等级的变电站，这在慈溪电力发展史上是头一次。有了第一座 220 千
伏变电站，第二座、第三座接踵而至，其发展速度更是令人赞叹不已。好在
从 2003 年起，110 千伏以下变电站实施无人值班运行，要不然至少又有 300

多名"晨伴黄卷孤灯，暮听寒雨敲窗"的"苦行僧"要离群索居了。

时过境迁，当老一辈的电力人抚今追昔的时候，他们看着过去，忆苦思甜，几多唏嘘——

慈溪市供电公司退休职工裘永水说："我1973年来慈溪，当时的办公条件很差，'坐座有洞（椅子破）、四边通风（门窗坏）、办公走四方（场地小）、吃吃万家饭（福利差）'，出行只有一辆自行车，还要带脚扣等全套施工工具，包括几十斤重的葫芦链。至于架线立杆，全靠手拉肩扛。到宁波开会，三卡车算是最先进的交通工具了，开到蟹浦岭时常要抛锚。1975年，我们在五洞闸开办第一期农电培训，慢慢地形成了现在的庞大队伍……每当我回想起这些往事，心里总会浮现一个声音：幸福生活要珍惜。"

退休职工叶永法则回忆说："1976年2月，我从黑龙江建设兵团调来慈溪，先到呑口变电站值班。变电站只有几只柱上油开关，简陋得不能再简陋。为安全、节能起见，所里禁用电炉，连做饭都成问题，每天全靠家里带来的剩菜冷饭充饥，上下班往返步行山路十多里。但是看到今日电力的发展，我觉得所有的付出都是值得的。"

……

这些表述里，有吃苦在前的自觉和身为电力人的自豪感，也有苦尽甘来的幸福愉悦。

岁月不居，天道酬勤。人世间的许多事情，原是艰辛与甘甜交织、耕耘和收获并存。回顾20世纪慈溪电力发展的历程，亦是一波三折、跌宕起伏。这是一部几遭磨难、饱经创伤的辛酸史，也是一部艰苦奋斗、欣欣向荣的社会主义创业史。从中，我们能品读出太多新老电力员工的血汗和泪水。电无界，行致远。慈溪电力人化身追逐光明的使者，人家走，他们跑，人家跑，他们跳跃着大跨步地奔跑，由此换来了杆塔座座、银线条条，换来了千家万户的温暖和光亮。

电荒：若大旱之望云霓

　　慈溪经济的高速发展在很大程度上得益于发达的民营经济。在这个拥有超过 180 万人口的县级市，分布着约 4 万家私营企业，其中有很大一部分企业经济产值超亿元。而且几乎每一个乡镇、街道都有其代表产业。

　　经济的发展与电力的发展关系密切，两者之间互为影响。一方面，不管是哪一个行业，横河轴承、逍林拖鞋、附海电器、宗汉塑料、长河开关、沧田水暖、周巷食品、东一彩钢、白沙针织、胜山布角、天元打头（旧家具），均离不开用电。另一方面，经济的高速发展对于用电需求的提升反过来也极大地促进了电网建设的发展，让供电企业的发展脚步走得越来越稳、越来越好。

　　不过，对比昨天和今天，慈溪电力的发展之路显然也不是一平如砥的。

电力员工烈日鏖战服务重点市政工程建设（潘玉毅／摄）

别看现在慈溪电力事业的发展势头如此平稳有序，在先前也曾一度遭遇瓶颈。当岁月的车轮撤回到世纪之初，"电荒"这个名词在慈溪人心头留下了挥之不去的阴影。

当时中国刚刚加入 WTO 不久，又处在亚洲金融危机的恢复期，慈溪的经济高速发展，甚至呈现过热态势。很长一段时间，经济增长幅度保持在 10%~20% 之间。与之保持同一频率的便是用电量的增长。于是，"电荒"突如其来。

作为经济发展的重要保障，"十五"期间，慈溪电网投资 8.25 亿元，新增的变电容量远远超过了慈溪有电以来新增变电容量的总和，但就是这样的增长速度，仍然跟不上慈溪经济发展的需求。慈溪全社会用电负荷在控制用电情况下，每年的递增幅度依然超过 20%。"十五"期间，慈溪用电量位居全省县级市第二位，同时也成为华东地区的缺电老大。

受到时代大环境的影响，彼时，生活在浒山城区的人们尚且免不了饱受停电之苦，在一些偏远的农村地区，停电更是家常便饭。当电供应不及的时候，复古之风席卷而至，早已淡出人们视线的蜡烛再度回到人们身边，还变成了畅销品，缺电严重时节一度卖到断货。

当慈溪人把目光跳过生活的这座城市，横向观望的时候，忽然发现形势远比自己想象中来得严峻，因为不独慈溪，整个宁波、整个浙江乃至整个国家都出现了缺电现象。

灯红酒绿、车水马龙，是现代都市繁华景象的重要标志，但电力吃紧使许多大城市不得不改变原有的一切。天津、北京、上海等城市为应对电荒在夜晚熄灭了部分景观灯。

2004 年的夏天格外炎热，而比天气更"热"的是有关"电荒"的讨论。到 7 月底，全国用电缺口已经超过 3000 万千瓦，24 个省级电网实施了拉闸限电，仅国家电网公司系统就累计拉闸限电 80 多万条次。电力紧缺日益加剧，东南沿海一带更是到了"火烧眉毛"的程度。

如果说，当时的上海属于"一般短缺"，江苏属于"严重短缺"，那么浙江则已进入"电力危机"状态。

　　杭州西湖的夜景本是人间一绝。但是在有钱也买不到电的那些年，当人们于入夜时分站在高楼上俯瞰这座"人间天堂"时，远处的景观只能用"灯火阑珊"来形容：整个城市几乎所有的亮灯工程都已停掉，曾经灯火通明的"天堂"而今就连最繁华的路段也只剩下零星的几点微光。西湖边上，昔日流光照人的美丽也不再与夜色联袂出席，人们夜游西湖，只能就着月光、打着手电，踽踽而行。仲夏之夜，"菰蒲无边水茫茫，荷花夜开风露香"仍在，只是再无"渐见灯明出远寺，更待月黑看湖光"的情调。

　　不过杭州再缺电也是省会城市，与之相比，100公里之外的慈溪才是此次电荒重灾区里的重灾区。整个县境之内，霓虹灯不见了光彩，机器停止了轰鸣，夏季用电高峰阶段，桥城近乎一半陷入黑暗。企业经常是停四开三，甚至停一开一，电网建设滞后与经济快速发展之间的矛盾愈演愈烈。面对僧多粥少的局面，既要保证居民用电，又要保证企业不停工，生产生活两头兼顾，电力人焦头烂额。由于当时的用电基本依赖于指标电，他们使不上太大的劲，唯有暗自立下军令状：做好服务工作，保证不因设备原因停电。

　　很多年以后，当老一辈的电力建设者回忆起昔时的"电荒"岁月，都用了一个相同的修饰词"可怜相"。据他们回忆，最严重的时候，慈溪市掌起镇仅有的一个35千伏变电站所有线路全部拉停，整个镇子里唯一亮着的就是变电站里的照明灯。天气炎热，难以入睡的人们循着这点光亮，走出了家门，晚上8点钟，变电站外竟围拢了数万人。掌起镇政府担心引发群体事件，派出全部工作人员出去做劝散工作，但并没有起到什么效果。大家都说

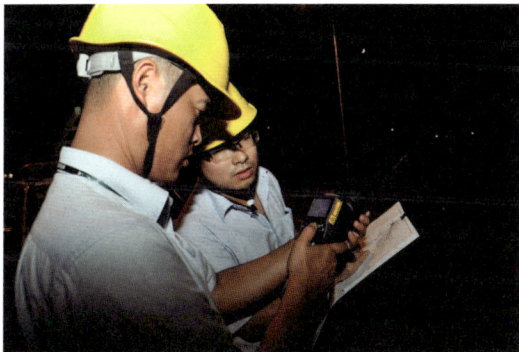

电力人员开展"夜巡"工作（潘玉毅／摄）

家里太热了，还是在外面待着吧，至少还有一束亮光，仿佛看着看着，变电站里那两盏灯的光亮会延伸到家里。掌起镇政府转而向供电局寻求帮助。接到电话后，电力人员兵分两路，一路奔赴现场安抚围观人员的情绪，一路打电话给上级的分管领导，请求从其他地方借电，临时送个两三条线路上去，做到就地平衡。一个小时后，经宁波供电局协调，电送上了。灯亮起后，人群才渐渐散去。

类似的事情显然不是只有一例。以至于人们一说到用电，就想到一个令人沮丧的比喻："卡脖子"。为了给慈溪市委市政府当好用电参谋，配合做好有序用电工作，减少停电引起的恐慌，加班加点是电力人的常态。其实，那时候也无所谓加不加班，因为在他们心里，工作不做好，就不叫下班。当时，设备超限额运行，低电压情况蔓延，用电事故频发，抢修人员经常是日夜奔忙。

当经济绿洲遭遇电力荒漠，就好像给高速发展的经济包了一块"裹脚布"，严重制约了它的速度，这一点在慈溪这样一个民营经济发达的城市表现得尤为明显。

如果说 1997 年爆发的亚洲金融危机对中国民营经济进行了一次大浪淘沙式的洗牌，那么，"电荒"如同悬在民营企业尤其是中小企业头上的一把利剑，使其经历了一次生死攸关的考验。一方面拉闸限电的形势不可能一下子改变，另一方面订单需要按时生产，这种两难之境迫使一些中小微企业在停电时不得不自行发电。一时间，原本无人问津的柴油发电机竟成了香饽饽，其踪迹遍布慈溪各个商业街和生产企业。2003 年开始，为了鼓励企业购买发电机，慈溪市政府专项拨款补贴，累计金额将近 1 亿元。随之而来的轰鸣声响彻城市的角角落落，装点了许多 95 后的童年。有人曾经偷改了清代著名文学家、浙东派重要代表全祖望诗中的几个字形容这种"盛况"："万缕青烟上碧霄，月里嫦娥鬓熏焦。天将差使来相问，慈溪人民发电忙。"

柴油发电机的普及，在一定程度上缓解了居民夜间生活用电的窘境，可也因此酿成了不少事故。有一年，坎墩街道的一家私人企业为了赶订单，收购了一批二手发电机，但他们等不及厂方工作人员前来调试，私下操作，结果发生

24

了爆炸事故，导致多名人员伤亡。为了避免再次发生类似事件，慈溪电力职工连夜赶工，印刷了一批讲解发电机使用知识的小册子，到各个乡镇进行发电机使用、改造方法的培训，一来是为了避免不当操作对企业和老百姓的人身财产安全造成损失，二来也是为了避免发电机倒送电送到电网形成事故。

综观当时的慈溪，"电荒"如一个茧，束缚了城市的可持续发展，也束缚了人们生活品质的改善，让那些原本应该无忧无虑的青少年也变得十分焦灼。

2004年7月，一个消息在慈溪炸开了锅，国家发展改革委能源局和浙江省发展改革委有关负责人来慈溪了解基层缺电情况了。这个消息对老百姓来说，当真是"若大旱之望云霓"。不过，与以往调研不同的是，调研组并没有先听当地政府作工作汇报，而是直接开车来到了15岁的文棋中学初三学生沈天家里。

沈天家住观海卫镇师桥片区，与工业园区毗邻。从2003年夏天开始，他所在的村子经常遭遇停电，几乎隔天就要停一次，停电时间从早上7点一直持续到午夜0点，最严重的一次甚至停了48个小时。频繁的停电影响了沈天的学习和生活，即将面临中考的他，只能傍着烛光温习功课，时间一久，眼睛发酸发疼，视力也受到影响。他鼓起勇气，发了封电子邮件给国家相关部门领导，反映当地缺电情况，大意是：白天停电也就算了，放学回到家里还要停电，实在是难以忍受。

他的诉求很快就有了反馈，当地电管站再次重申"居民用电优先考虑"的原则，要求所有企业必须在晚上让电给老百姓。可惜，好景不长，晚上有电用的日子只持续了短短13天。因新的严峻形势出现，沈天再次回归到晚上点蜡烛看书的日子。

眼看着中考一天天临近，沈天的情绪显得十分焦躁。2004年4月20日，他在报纸上看到一则国家发展改革委的通知，上面写着"优先保证城乡居民的生活用电"。沈天决定给国家发展改革委打个电话，反映一下家里缺电的情况。

接电话的同志非常热情，听完沈天的讲述，对他说："基层缺电到什么程度，我要亲自来看看。"15岁的沈天并不知道接听自己电话的就是国家发展改革委能源局徐局长，更没想到他会这么重视一个中学生的电话。打过电话后，沈天其实也没往心里去，照旧点着蜡烛复习迎考。对他来说，这个投诉电话更像是一种情绪的宣泄，"试试看"的成分居多。没想到，不久之后，徐局长竟真的来到自己家里了解情况，离开时还拉着他的手说："共渡难关。"

在慈溪，国家发展改革委能源局相关领导调研之后，发现"电荒"远比预想中厉害得多，回京之后，向上级作了汇报。后几年，慈溪电网建设的投入加大——但要从根本上缓解"电荒"仍需一个过程。

慈溪各级党委和政府、供电企业、社会各界面临着现实的同一个考问：慈溪电网，哪天不再是人们心中的痛？同时，他们也都在殚精竭虑，苦求对策。

庆幸的是，在"电荒"面前，群众自觉遵守用电纪律的意识也在提高。在慈溪崇南线，24家企业自发管起一条线，由此创造了整个夏天没有拉过一次闸的奇迹。而要论功行赏的话，"线管会"功不可没。在"电荒"的那几年，浙江慈溪、金华、义乌、萧山等地，民众自发成立的"线管会"将国家管电推广到了民间管电。同一条用电线路上的企业、居民代表自发成立队伍，在炎夏时节按照有序用电核定的负荷要求，顶着骄阳，沿线巡逻，监督用电线路上有序用电的情况。

立于逆境而不屈方为真英雄。2006年，当我国翻开"十一五"的建设画卷，慈溪电网也步入了发展的快车道。慈溪电力人按照上级"规划一批、建设一批、储备一批"的要求，从薄弱的电网基础上扎实奋进，创造奇迹，经过三年的大会战，相比于"十五"期末，又再造了一个新的慈溪电网。至此，慈溪终于结束了连续多年的大范围的有序用电工作，真正迈入了大发展时代。整个"十一五"期间，慈溪新建500千伏变电站1座，220千伏变电站5座，新建、扩建110千伏变电站30座，电网建设的总投资达40亿元，是"十五"期间的4倍多。

为了输变电项目如期开工，为了铁塔用地如期落实，基建工作人员发扬"四千精神"，走千家万户，想千方百计，说千言万语，吃千辛万苦。当然，

2009 年 7 月 15 日，500 千伏句章至绍北输电线路建成投运，这是慈溪地区连接浙江电网的首条 500 千伏线路（傅立韵／摄）

这亦离不开慈溪市政府相关部门的艰辛付出。2007 年，为解决翠屏输变电工程的所址农保地调整审批瓶颈难题，慈溪市党政领导亲自带队上北京，为慈溪电网的发展解决了难题。

人心齐，泰山移。千古波涛的杭州湾，曾见证了无数的沧桑变幻。今天，还是这杭州湾，又一次目睹了电网建设者孜孜以求、协同作战的画卷。慈溪人民以背水一战的决心，用尽"洪荒之力"，实现了电网畅通的梦想。伴随三北大地重新亮起的万家灯火，"电荒"成了一个旧有名词，被封印在了历史的尘烟中，只在人们追忆往事的时候，偶尔在脑海里浮现。

历史是听的，现实是看的。千年以后，桥还是那座桥，街还是那条街，城市还是那个城市，唯一的差别是城市里往来的人换了一拨又一拨。当时光流逝，所有的一切都会成为过去，就像时髦的东西会过时、繁华的闹市会萧条，但记忆可以停留在人的脑海里，不因时光流逝而减退一分一毫，如同伴随一生的胎记。曾经的无奈留在了那段岁月，然而化蛹成蝶后的人们还是会记得破茧而出的刹那。

2022 年是中国有电 140 周年。时至今日，慈溪电网基本形成以 500 千伏为龙头、220 千伏为主网架、110 千伏为骨干、35 千伏为辅助、10 千伏为基础，支撑在市场机制下加速发展的电力综合配套体系。放眼 1361 平方公里的三北大地，输变电设施如棋子点点，纵横经纬的银线似棋线条条，几代电力人驰骋其中，布出了一盘坚不可摧、牢不可破的棋局。

东汉唯物主义哲学家王充说过："知古不知今，谓之陆沉""知今不知古，谓之盲瞽"。前在所稽，后有所鉴。追忆昨天，是为了珍惜今天，把握明天。当晴朗的夜空华灯初上，当熙攘的闹市绚丽璀璨，当生活的浪漫恣意飞扬，当生命的律动尽情舒张，美好的梦想，正缘由建设者的坚韧不拔，一幕又一幕地化为鲜实的画卷，一步又一步地通向更加闪亮的未来。

以电相连，用心沟通

物理学上有一个专有名词叫"共鸣"，指的是物体因共振而发声的现象，例如两个频率相同的音叉靠近，其中一个振动发声时，另一个也会发声。而当这种共鸣与人相关时，多半是指思想上或情感上的相互感染而产生的情绪。

作为同是以人为主体的供电企业和城市，二者之间亦有共鸣。此二者的共鸣，最直观的表现在于经济的共鸣，最深沉的表现则在于文化的共鸣。

经济是衡量一个国家、一座城市发达与否的一项重要指标，而电力则对经济的腾飞起着至关重要的作用。所以，从这个层面来讲，构建坚强电网、优质电网不只是慈溪电力人的愿望，更是所有慈溪人民共同的愿望。

为了实现这个愿望，慈溪电力人一路披荆斩棘，追星赶月，积极充当经济社会发展的先行官。与此同时，依托慈溪经济社会的快速前进，慈溪电力事业也得到了蓬勃发展，综合实力不断增强，全社会总用电量一直位居浙江

国网浙江慈溪市供电公司带电作业班在匡堰镇农业园开展线路不停电改造（姚科斌／摄）

省县市前列。

　　大海航行靠舵手，万物生长靠太阳。一个企业的发展，离不开正确方向的指引。国网浙江慈溪市供电公司在大方向上，时刻铭记和践行国家电网公司"人民电业为人民"的企业宗旨，牢记国家电网事业是党和人民的事业，始终坚持以人民为中心的发展思想，深入贯彻创新、协调、绿色、开放、共享的新发展理念，着力解决好发展不平衡不充分问题，全面履行经济责任、政治责任、社会责任，做好电力先行官，架起党群连心桥，切实做到一切为了人民、一切依靠人民、一切服务人民。为此，公司上下一心，以班组建设为基础，以绩效考核为抓手，以科技信息化建设为支撑，以同业对标为导向，深化企业管理，全力推动公司和电网实现新跨越。

　　"十三五"期间，国网浙江慈溪市供电公司保持高强度电网建设，总计投入主网建设资金约 17.83 亿元，投入配网建设资金约 13.78 亿元，为慈溪经济社会发展提供了坚强保障。5 年间，合计新建 220 千伏变电站 2 座，扩建 1 座，新增变电容量 123 万千伏安；新建 110 千伏变电站 10 座，重建 1 座，扩建 1 座，增容 1 座，新增变电容量 109 万千伏安；新建 500 千伏线路 31 公里，220 千伏线路 250.9 公里，110 千伏线路 148.4 公里；新增 10 千伏线路 274 条，电缆 343.8 公里，架空线路 671.8 公里；新增环网站及开关站 210 座，配电变压器 2034 台，新增容量 118.97 万千伏安。

到 2021 年底，慈溪境内共有 500 千伏变电站 1 座，主变压器 3 台，变电容量 300 万千伏安；220 千伏变电站 9 座，主变压器 23 台，变电容量 471 万千伏安；110 千伏变电站 42 座，主变压器 88 台，变电容量 432 万千伏安；35 千伏变电站 6 座，主变压器 10 台，变电容量 13.2 万千伏安。35 千伏用户变电站 17 座，容量 22.865 万千伏安；10 千伏公用配电变压器 9427 台，容量 431.14 万千伏安；10 千伏用户专用变压器 14761 台，容量 509.14 万千伏安。

亚里士多德说过："人是万事万物的衡量尺度，手是他们的仪器，头脑是他们的思想。"人类拥有进行发明创造的各种资源，而只有在这种创造的过程当中，人类才能够显示出自身所具有的无穷价值。显而易见，一个企业的价值就是最大限度地让受众受益，让社会受益。为此，国网浙江慈溪市供电公司结合自身特点，在细节上力求做实做好安全生产、科技创新、优质服务、人文关怀每一项工作。

从落实电网检修"提前一分钟，多送一度电"理念，不断优化施工方案，推广状态检修、零点检修、综合检修到全面拓展带电作业，他们的目的只有一个，就是保证老百姓能够用上舒心电。老百姓用电舒心了，对供电企业的满意度自然也就提升了，这是一个双向共赢的理念。

在优质服务方面，他们更是为"用心"二字作了最好的诠释。当你走进国网慈溪市供电公司下属的任意一家营业厅，都可以在显眼位置看到一个便民箱，里面配备了老花镜、打气筒、钢丝钳、螺丝刀、针线包、雨具、外用药水、防暑药品、保险丝等物件，其中单老花镜就有 200、400、600、800 等不同度数。一滴水中见太阳，这些细节看似不起眼，却为前来办理业务的用户和过路行人提供了极大的便利。试想一下，下雨天你若是没有打伞，有一个地方可以供你借伞，等天晴时再还回，岂不让人心里一暖？

与时俱进，方能制胜。近年来，随着互联网技术的应用日渐普及，国网慈溪市供电公司主动适应时代形势，推广"互联网＋供电服务"的新模式，包括 95598 智能互动网站、网上国网 App、微信公众平台等多种智能互动电子服务渠道，开通了支付宝、微信公众平台、银联短信闪充等新型电子支付方式，并大力推广电力微信绑定和电费充值卡，利用移动作业终端，让用户足不出户即可办理业扩业务。

由此我们不难看出，真正的优质服务不靠噱头，不靠一时的心血来潮，也不靠闭门造车，而是靠心，靠每一位工作人员用责任心、用智慧、用技能、用认真求实的态度去完成、去体现。在面对千千万万各式各样的用户时，国网慈溪市供电公司要求工作人员找准自己的位置，通过换位思考，加强与用户之间的"心电感应"。所谓的"心电感应"，其实就是企业与用户之间的一种共鸣。"你用电，我用心；我用心，你放心。"企业的服务好了，用户自然心有所感。

当然，一个城市的发展，不能只靠经济，还得有文化的支撑。企业的发展亦是如此。文化是企业的立身之本，一个企业只有有了自己的文化，它才算真正拥有灵魂，否则充其量只是一个漂亮的躯壳。而企业文化的优与劣，也直接影响到员工对世界观、价值观的评判，要使企业文化深入人心，得到广大员工和社会公众的认可，就必须让企业文化"活"起来。

拿破仑说过："假如一名将军懂得如何去利用他的士兵，并且能够与他们平易相处，那么他就会拥有一支战无不胜的军队。"对于企业来说，员工和客户就是最大的主体，国网慈溪市供电公司在建设企业文化时着眼于群众利益，积极弘扬钱海军爱岗敬业、无私奉献的精神，将"以人为本、忠诚企业、奉献社会"的理念贯穿于整个企业文化建设的始终，通过开设"百家讲坛"，推行"钱海军帮您跑""钱海军五解法""钱海军十大臻享服务"，完善企业文化展示厅，以德育企，改善营商环境的同时满足员工日益增长的文化需求，增进员工的幸福感与归属感，使文化成为员工心灵成长的增长极，并充分发挥文化的辐射和带动作用，通过全员参与、全民动员，最终实现文化兴企。

除了加强自身的软硬件实力，积极履行社会责任也是一个有理想、有追求的企业所应具备的风采。常言道，责任有多大，价值就有多高。供电企业作为个体，存在于社会的大环境之中。社会为企业发展提供空间，企业当然也要为社会进步创造价值。

于常规的服务之外，国网慈溪市供电公司还因地制宜，开设了未成年人社会体验服务站，推出钱海军服务班观察员、客户服务中心迎宾员和企业文化展示厅讲解员等多个岗位，让孩子们在微缩的社会环境中，边参与边体验边学习，更好地感知社会、服务社会、融入社会。这项活动一经开展就赚足了口碑，每年来报名参加的孩子络绎不绝。2014 年，国网慈溪市供电公司又在此基础上增设了"星星点灯"大课堂，通过制作画册、编排话剧等形式，将包括基础用电常识在内的各种知识化作种子，播撒在孩子们心中，以用电安全反哺社会。2021 年，为响应国家"双减"政策，国网慈溪市供电

"复兴少年宫"开班仪式（姚科斌／摄）

公司又开设了"复兴少年宫"公益托管课，通过设置"创意思维""兴趣培养""素质拓展"等形式多样的非学科类课程，丰富未成年人的精神文化生活，促进未成年人的健康成长。

不管是从前、现在还是将来，有一点是相同的，那就是企业的理念必须与地域紧紧相连，才能历之弥久、行之弥远。国网慈溪市供电公司在发展的道路上始终坚守"诚信、责任、创新、奉献"的企业核心价值观，并用这八字箴言约束自己、勉励自己，打造坚强智能的慈溪电网，为慈溪城市化和产业平台建设提供了坚强的电力保障。

"好风凭借力，送我上青天"。意气风发的慈溪电力人，在国家电网有限公司建设具有中国特色国际领先的能源互联网企业战略目标的指引下，与高速发展的城市互相影响，互为见证。

慈溪的"情感地标"

地标在词典里的意思是"指某个地方具有独特地理特色的建筑物或自然物"，它可以是摩天大楼，可以是教堂，可以是寺庙，可以是雕像，可以是灯塔，也可以是桥梁。

但在现实生活中，除这些实体的地标之外，尚有一种属于个人的"记忆地标"或"情感地标"。它们深深地烙印在人的心里，让人时刻不忘，尤其对于生于斯、长于斯的人来说，不管走多远的路，去多少个地方，对这片土地的眷恋始终不会改变。

很多外乡人提起慈溪，第一印象或是杨梅，或是青瓷，或是飞速发展的经济，可是与这些相比，慈溪真正的情感地标是"慈孝"二字。"人以孝而重，地以孝而扬。"一个城市的地名大抵寄寓了老百姓最朴素也最厚重的期望。千百年来，天地可老，唯孝不老。

每个人在小的时候，大多听过"二十四孝故事"，诸如黄香扇枕、芦衣顺母……听得多了，也便有所感了。将"孝"字拆解开来，"子"字上面是半个"老"字，意思是说，当父母老了，做子女的就要成为他们的双脚，背着他们走路，换一种表达，亦即是要让他们老有所养。

善事父母者，谓之孝。慈溪的得名正是源于一个母慈子孝的故事。位于慈溪峙山路旁的峙山文化广场里至今仍立着一个"董孝子"的雕像，像是半蹲着的，一手抱着一个坛子，一手拿着一个勺子，在铜像之前，是一个浅滩，有水，有鱼，显是取自"汲水奉母"的典故。

常有一些不明所以的人将他说成卖身葬父的董永，夸夸其谈，这时若有熟知典故的当地人从旁边经过，一定会停下脚步来纠正这种错误的说法，并告诉他们，这是谁谁谁，有过什么样的故事。想来，在慈溪人心里，这是一件很神圣的事情，来不得丝毫的马虎。

据文献记载，"董孝子"名唤董黯，字叔达，东汉时人，据传为董仲舒的六世孙。董仲舒是西汉大儒，元光元年（公元前 134 年），汉武帝刘彻下诏征求治国方略，董仲舒进呈"天人三策"，言之熠熠，以"天人感应，君权神授""推明孔氏，罢黜百家""春秋大一统，尊王攘夷""立学校之官，州郡举茂才孝廉"等主张打动当权者，任职江都相。董仲舒使儒家学说得以改造、发挥并取得独尊地位，开启了此后两千余年封建社会以儒学为正统的局面。儒学思想的推行，有效地维护了汉武帝的集权统治，也为当时政治、经济、社会的稳定做出了重要贡献。《汉书》记载，董仲舒的子辈与孙辈，也有人因为学问出众做了大官。

慈溪的情感地标："汲水奉母"的孝子董黯（潘玉毅/摄）

不过，先世的煊赫

显耀并没有给董黯带来福荫。岁月倥偬，迭经兴废，等到董黯出生时，家道已然中落。屋漏偏逢连夜雨。在董黯还很小的时候，他的父亲便过世了，只剩下董黯与母亲相依为命。母亲对董黯很好，悉心教导他成长，有什么好吃的总是留给他吃；董黯对待母亲也很孝顺，小小年纪便已懂得为母亲分担劳苦，他从不忤逆母亲的意思，奉养母亲时和颜悦色，唯恐不能让她开心。故而家境虽然贫寒，母子二人倒也过得其乐融融。

天有不测风云，人有旦夕祸福。正当生活开始向好发展时，母亲不幸染上了一种怪病，长期卧床，起身不得。董黯虽为母延医问药，但药石并无效果。母亲的病情始终不见好转，董黯忧心忡忡，恨不能以身代之。偶然地，他从一起砍柴的同伴那里听说离家三十里远的大隐溪的水清甜可口，对疗愈顽疾、治病健身有非常好的效果，就马不停蹄地跑去挑水。归来之后，他将水用勺子舀了奉与母亲，母亲连说"好喝"。董黯心中大喜。从此，不分寒暑，时时挑担奔走于两地间。风来，他走在风里，雨至，他走在雨里。夏天的烈日暴晒曾经让他中暑，冬天的寒风凛冽曾经将他冻伤，可都没能阻挡他挑水的脚步。一担水至少有数十斤重，就算原地不动挑上几十分钟都会让人肩膀发麻，更不要说走三十里的山路了。因恐母亲在家等得心急，挑水回来的路上，他紧赶慢赶，甚至都不舍得停下来转换肩膀。山高路远，陡峭难行，遇着雨天，更是泥泞湿滑，危险重重。每次挑水回来，董黯都一身狼狈，肩膀更是要肿上好些天，而他毫无怨尤。如此这般，日复一日。母亲担心长此下去过度的负荷会劳损儿子的身体，便同儿子商量，想要搬到大隐溪边去住，方便就近取水。董黯见母亲有此要求，二话不说就答应了。事实上，他也在担心万一冬天大雪封山，取不得水，母亲的饮水可就断了。原先之所以不搬，只是因为担心母亲在这个地方住习惯了，舍不得离开。如今母亲既存徙居之心，董黯自是遵照而行。

说干就干，董黯砍柴之余，在乡邻的帮助下，于临溪的高地上搭了两间简易的屋舍。从此，大隐溪水朝夕可供，董黯悬着的心放了下来，母亲也不用再担心儿子长途往返会累出病来。心既宽，身亦安，数年之后，母亲的顽疾竟然不治而愈，精神抖擞，全无先前的病态。人们都说那是董黯对母亲的孝顺和母亲对董黯的爱惜感动了上苍，"母慈子孝"的故事就此流传开来，连带着那条溪流也有了一个别名"慈溪"。

"千年邑为仁人号，一脉溪流孝子心。"到唐开元二十六年（公元738年）建县时，县人便以"母慈子孝"之掌故名县"慈溪"。这段内容，《慈溪县志》亦有记载："黯母尝寝疾，喜饮大隐溪水，不以时得。于是筑室溪旁，以便日汲，厥疾用瘳。溪在县南一舍，故以慈名溪，又以溪名县。"

一般而言，人们所谓的"慈孝"更多地侧重于"孝"字，认为"为人子女者，须孝顺老人"，但董黯与其母亲的这个故事生动地体现了母子之间的一种双向互动。《中国民间文学集成·浙江慈溪市卷》里收录的由吴夏龙口述、吴开棠整理的《董孝子与慈溪》一文对这个情节描写得更为详细："卧病在床的董母，看到儿子为挑一担水，来回足足走了一天，心想：天长日久，儿子难免要磨破肩头，走烂脚底……董黯挑来的大隐溪水，她用得也极俭省，有时竟至连隔夜的冷茶也舍不得倒掉。"这段细节描写将董母的慈爱之心刻画得极其感人。后来董母提议将住所搬到大隐溪畔，个中亦可见其慈母心肠。

其实，在现今流传的民间传说里，这个故事有很多个版本，不过其中有两段内容是相同的，就是董黯"汲水奉母"和"徙居取水"。想来，这多多少少也寄托了千百年来当地老百姓对于这种慈风孝行的认同和肯定、坚持和传承。

于是，大隐溪的清流，在孝子董黯门前流过，从东汉一直流到今天，"母慈子孝"的传说为慈溪大地的慈孝之风写下了一个美丽的开端，而后来的慈溪历代民众则很好地续写了这种美丽。此后1800年间，不管人们的生活环境和理念再怎么变化，父母慈、子女孝的价值取向从未改变。根据《明史》《清史稿》以及历代《浙江通志》和府、县志记载，慈溪被历朝帝王旌表的孝子、孝女有数十名之多，未见纸端仅在民间传闻的更是不计其数，他们为后人留下了孝慈庵、清节祠、节孝坊、孝子坊、虞母亭、虞母桥等众多遗迹。

可以这样说，在慈溪，慈孝是一种道德，更是一种传统，而且这种道德和传统不只体现在儿女与亲生父母之间，还体现在后辈与没有血缘关系的陌生老人之间。《孟子》里有一句话被后世之人奉为经典："老吾老以及人之老，幼吾幼以及人之幼。"意思是说我们在赡养孝敬自己的长辈时不应忘记其他与自己没有血缘关系的老人，在抚养照顾自己的孩子时不应忘记其他与自己没有血缘关系的小孩，尤其是那些需要关爱而不可得的老人和小孩。

如果说寻常的慈与孝是以亲情为纽带的，那么慈溪的慈孝强调的便是这种由己及人的大慈和大孝。譬如历代乡贤积极创办义塾、义庄、义渡、义冢，参与慈善救济与赈济活动，为家乡修桥铺路、兴修水利、建造公共设施，惠及与自己并无血缘之亲的老人和小孩便是孝行与善举并重的绝佳例子。

好的习俗、好的精神是值得且应该被传承和弘扬的。如今，随着时代的发展，慈孝的内涵和外延正在变得更加宽泛。由初时的孝亲及邻、为长者折枝，延伸到为素不相识的孤寡、空巢、残疾、失独老人提供温暖，对象上更为精准，行动上更为积极，地方政府也好，公益组织、志愿者团队也好，都用自己的实际行动为"老吾老以及人之老"这句两千多年前的古老名言赋予了新的含义，而这恰恰也是一个城市的魅力所在。

不止如此，慈溪还把"中国慈孝文化之乡"的创建列入市委全会和人代会报告，足见其重视程度。2012 年，慈溪通过"我们的价值观"大讨论活动，在传承弘扬慈孝精神的同时，归纳提炼了以"慈孝、包容、勤奋、诚信"为核心词的市民共同价值观，使"慈孝"真正成为根植于市民内心的宝贵财富。其后，相关部门还通过设计慈孝 LOGO、创作慈孝歌曲、拍摄慈孝专题片、编排慈孝文化专场文艺演出，形成具有慈溪特色的人文景观，加强了慈孝于人的直观印象。2015 年，慈溪成功创建成为"中国慈孝文化之乡"。

显而易见，如今的慈溪，有的不是一个董黯，而是复数的董黯们。

如果说旧时的慈孝掌故给慈溪提供了 ·个文化范本，那么让文化得到更好传承的，则是深植于心的慈孝精神。在这种精神的感召下，慈溪涌现出了"空巢老人的好儿子"钱海军、"交警爸爸"陆泉良、"好心妈妈"陆亚君等一批又一批的新时代典型。

作为一个有着强烈的社会责任感的企业，慈溪市供电公司自然也是慈孝文化积极的践行者和传承者，类似结对"折翼天使"、帮扶贫困家庭这样的活动，他们每年都在坚持做。其中，在一个"孝"字上用心尤深。

来自该公司客服中心的职工钱海军，23年如一日，用自己的一技之长为社区里的居民尤其是一些年纪比较大的老年人免费提供电力维修服务，为他们送去安全和温暖。23年过去了，当老人口中"姓钱的小同志"变成了"钱师傅"，有一样东西从来没有变过，那就是钱海军服务的品质和初心，以及一个希望全天下所有老年人都有幸福晚年的美好心愿。

服务愈久情愈深。如今，钱海军已经把那些老人当成了自己的家人，把为他们服务当作一种习惯甚至一种幸福。而在老人们眼里，钱海军也已是他们最热心、最贴心的"家人"。

钱海军显然很知足。有一次，他因感冒去社区卫生服务中心挂盐水，坐在旁边的老人认出了他，关切地叮嘱："海军，你一定要保重身体，社区有你，我们心里才踏实啊。"

"那种感觉，语言形容不来，但是特别好。"钱海军说，无论今后是什么样的境遇，无论是5年、10年、20年，还是更漫长的岁月，他都会坚定信心，踏踏实实把这条路走下去。

然而，一个人的力量毕竟太小，尽管钱海军付出了很多努力，能够得到帮助的老人仍是十分有限。于是，慈溪市供电公司先后成立了钱海军服务班、钱海军共产党员服务队、钱海军志愿服务中心，让更多的老人得到关爱，也让更多的群体感受到温暖。

涓涓滴滴，汇聚成海。这些团队里的成员用一点点光、一点点热的小流，汇聚成了爱的汪洋。也许，他们做的事情并不大，只是给老人换了个灯泡、修了个电灯，只是给老人买了件衣服、做了顿晚餐，甚至只是陪他们聊了一会天……然而，这些事情虽然微小，很多人都很需要。那些空巢和残疾老人尤其如此，更需要关心和陪伴。别看它不起眼，只要坚持做，年深日久之后就会变成"大爱"。

近年来，慈溪市供电公司还联合慈溪市慈善总会、慈溪市残疾人联合会共同发起了关爱空巢老人"暖心"行动、"千户万灯"困难残疾人住房照明线路改造项目等大型活动。在活动中，来自慈溪市供电公司的志愿者用心体会空巢老人、残疾人的诉求，为他们排忧解难，成为他们摔倒时可以握得住的一双温暖的手。有时，他们还会带着学生志愿者一起参加，既将慈孝文化传承给下一代，又让老人感受到儿孙满堂的喜悦。还有的志愿者更与那些行动不便、生活有困难的特需群体结成对子，让无儿无女的人老有所安、老有所乐，让家人不在身边的人需要的时候能够有人叫得应。"拨打电话，随叫随到"，这颇为苛刻的八个字，他们做到了。

钱海军和钱海军共产党员服务队（钱海军志愿服务中心）用工作着的每一天串联起用户与电力企业的深厚感情，用牺牲陪伴家人的时间参加的每一次志愿服务记录着他们与老年人的"亲情"，他们身上闪现的精神，就像是永不褪色的"情感地标"，让很多认识的、不认识的人找到了方向，坚定了做一名志愿者的信心和决心。积土成山，积水成渊，随着脚步声铿锵响起的是一个企业与城市情感的共鸣。

古语有云："与善人居，如入芝兰之室，久而不闻其香，即与之化矣。"当我们与存善念、行善事的人相处得久了，自然而然地就会"见贤思齐"，而在慈溪"母慈子孝"的风向标下，企业的员工和城市的市民会不约而同地参与到社会环境下的大慈孝体系的构建当中，让"老吾老以及人之老，幼吾幼以及人之幼"变成"美丽慈溪"的题中应有之义。当我们抬头看向四周，举目所见：最美的人，就在身边；最美的景，就在眼前。

2015年9月1日，钱海军正在帮助孤寡老人维修老旧的室内照明设施（姚科斌／摄）

第二章

万能电工：
温暖万家灯火

有人把钱海军比作"活雷锋"，也有人送他"万能电工"的雅号，他们说钱海军带来的光明不仅驱逐了视觉上的黑暗，更点亮了盏盏慰藉心灵的明灯——那一份光，持久而坚定，深情而绵长，驱散了岁月老去的无助，温暖了孤单寂寞的心灵。可是面对赞誉，钱海军却说："我就是个普通人，帮大家做了一些力所能及的普通事情。"

这个世界有一种人，不惯作豪言壮语，甚至还有点木讷。如果你打好了腹稿，想让他依着你的思路填空，那么恐怕你要失望。因为他讲着讲着，总要跑题。哪怕你的临场掌控力再好，也未见得能把他拉回来。极有可能，你满头大汗地"盘问"了数个小时，仍没有得到你想要的答案。你不禁在心里感慨：这个世界怎么会有那么"不着调"的人呢。但是如果你肯坐下来细细地聆听，与他像朋友一样聊聊天，你一定会发现这个看似不着调的人其实很在调子上，你也一定可以从他那里捕捉到很多人性的美的闪光点。钱海军就是这样的一种人。

1970 年出生的钱海军个子不高、头发不多，略微还有点秃顶，他的面庞方正，一如他的性格，鼻梁上则架着一副普通的边框眼镜，看上去有种农村人特有的朴实。他的装束十分朴素，常年衬衣短袖。即使在三九天里，他也很少穿羽绒衣一类的防寒衣物。熟悉钱海军的人都说，那是因为他有一颗火热的心。

作为慈溪市供电公司客服中心的一名普通员工，钱海军在做好本职工作的同时，已经义务为社区居民提供电力维修服务达 23 年。在这 23 年里，他利用一技之长为有需要的人（尤其是老年人）提供帮助，架起了一座连接心与心的桥梁。"用电有困难，请找钱海军。"这十个字早已深深地镌刻在慈溪当地居民的脑海中，大家都说家中碰到电力故障，只要打电话找钱师傅，保管"马上到、马上修、马上好"。

有人把钱海军比作"活雷锋"，也有人送他"万能电工"的雅号，他们说钱海军带来的光明不仅驱逐了视觉上的黑暗，更点亮了盏盏慰藉心灵的明灯——那一份光，持久而坚定，深情而绵长，驱散了岁月老去的无助，温暖

钱海军不是正在服务就是在去服务的路上（傅立韵／摄）

了孤单寂寞的心灵。可是面对赞誉，钱海军却说："我就是个普通人，帮大家做了一些力所能及的普通事情。"

为了这些"普通事情"，他曾经有七八个年头没和家人一起吃上年夜饭；为了这些"普通事情"，他更是放弃了23年里大部分的节假日。可是他不后悔，他说，看到用户脸上满意的笑容比得到什么宝贝都珍贵。随着服务年限的增加，认识钱海军的人越来越多，他的服务也越来越忙。有人开玩笑说，如果你找不到钱海军，他不是正在服务就是在去服务的路上。

钱师傅，你是个好人

1300多年前，唐代诗人宋之问渡汉江时写下一首诗："岭外音书断，经冬复历春。近乡情更怯，不敢问来人。"这几句诗表达了一个长年离家的游子返乡时内心欢喜又惶恐的复杂情绪。而 1300 多年后，从杭州返回慈溪的王先生心里也是这种感觉。因为忙于工作，他平时很少回家，最近一次回去看母亲也已是一年之前的事情了。

老母亲今年 70 多岁了，孀居在家。她的视力不是很好，也不大懂手机、电脑这些时髦玩意的操作，所以两个人除了偶尔的通话，联系很少。一年多没见面，不知道老母亲在家是否安好，身子骨是否健朗——王先生此时的心情颇有几分"到乡翻似烂柯人"的不安。

沿着阒寂的巷子走到自家门前，王先生没有直接进去，而是在门口徘徊了两三分钟，待心里的忐忑稍稍平复了些，才抬手敲了敲门。门开了，他刚想喊"妈，我回来了"，里面的老太太先开口了："海军，你又来看我啦！"王先生不记得亲戚中有个叫"海军"的，想到现在社会上常有一些骗子，专门利用老年人孤单寂寞的生存现状和渴望被人关怀被人重视的心理进行行骗，王先生心里不由得"咯噔"一下。再想到母亲眼睛不方便，这担心不免又添了几分："海军是谁，不会是骗子吧！"这句话像磁带卡带一样卡在王先生的脑海里，竟使得他呆了一会儿。

听得王先生的呼唤，老人知是儿子回来了，满心欢喜，一边与王先生说着话，一边迈着蹒跚的步子走向厨房，要去给他做点心吃。然而王先生却有些心不在焉，他迫不及待地想要弄清楚"海军"是谁，接近母亲到底有何所图。谁知道他才说几句，老太太听出了他话里质疑的意味，顿时有些不高兴了："儿子，不是我说你不好。但是你人在杭州，一年难得回几趟家，平时我要真有个三长两短也是找不到、叫不应你的。这些年，多亏有海军，我有什么事情的时候一个电话过去，他随叫随到，帮我的忙，还不收我的钱。说难听点，叫自己的儿子都没这么顺心的。你不感谢人家，还要说他，普天之下哪有这个理儿！"

王先生听了这话，有些惭愧，他很想告诉母亲不是自己不想回，而是工作太忙了。可是话到嘴边，他又收了回去——真的是因为忙碌吗？如果连回家看望母亲的时间都没有，那为什么会有时间与朋友应酬呢？王先生摇了摇头，或许潜意识里是不想往返跑这 100 多公里的路吧。

见母亲有些生气了，王先生连忙笑着赔不是，并恳请母亲讲讲钱海军这个人和钱海军这些年给予她的帮助，回头自己好去谢谢人家。老太太脸上的愠色这才缓和了些，她点点头，给儿子讲起了她所认识的钱海军：从钱海军在社区走访中了解了她的情况后上门为她检查家里的用电线路，到她生病时钱海军送她去医院，足足说了有两个钟头。"像他这样的好人，你还要怀疑他，真是不应该啊！"

听完母亲的讲述，王先生心里甚是唏嘘。清人黄仲则有两句诗："惨惨柴门风雪夜，此时有子不如无。"虽然现在生活条件改善了，但老人生病时子女不在身边，孤苦无依，与"有子不如无"又有何异？如果不是有钱海军，母亲这些年真不知道能怎么熬过来。想到这里，王先生心里五味杂陈，他问母亲要了钱海军的联系方式，给他发了一条信息。信息的内容很短，只有八个字："钱师傅，你是个好人。"想了想觉得有点唐突，他又补了一条信息，告诉钱海军自己是谁以及自己对他的感谢。而此时，钱海军正像往常一样，在一位老人家里修完了电灯，正陪着老人聊天，看到短信，他笑了，很快又将手机收了起来，继续与老人聊些日常的琐事。

对于钱海军来说，那天收到的短信只是生活中的一个小插曲，曲子放完了，日子照常过，该工作时好好工作，该服务时用心服务。就像他自己说的那样，他做这些事情从来不是为了得到别人的表扬，你夸他也好，骂他也好，他认为这些事情值得做，他就去做。你支持他，他很高兴；你反对他，他也不在乎。对他而言，做人最要紧的就是求一个"问心无愧"。

不过，对于钱海军来说已经结束的事情，对于王先生来说还没有结束。两天后，王先生拿着亲手定制的锦旗找到钱海军，向他表示谢意和敬意，并为自己先前曾对他产生过怀疑向他道歉。当王先生来到钱海军的办公室时，他略微愣了愣神：办公桌的抽屉打开着，抽屉里满满当当存放着约有数千张纸条，桌上也零零散散地躺着二十来张。这些纸条有大有小，"成分"也有些复杂，有香烟纸，有优惠券，有 A4 纸的一角，但无一例外都记录着类似

钱海军的执着在于持久地为老年人排忧解难。图为钱海军在陪服务对象聊家常（姚科斌／摄）

的信息："××园 2#204，董先生，联系方式：×××××××××""××园 1#102，胡女士，联系方式：×××××××××""××社区 13#308，周老师，联系方式：×××××××××"……

　　他很好奇钱海军的纸条上写的是什么内容，钱海军告诉他抽屉里的那些纸条上记录的是已经服务好的用户的信息，桌子上的纸条上记录的则是需要服务的用户的信息。见王先生心里有疑惑，钱海军笑着说，用户打电话过来的时候，自己通常都在忙着工作或者抢修，来不及翻找笔记本，只能摸到一张纸就将信息记在上面，反正只要自己看得清、看得懂就好。王先生这时才醒悟过来，原来受钱海军帮助的人还有很多，远不止自己的母亲一人而已，可笑自己之前居然"以小人之心度君子之腹"。当他得知钱海军正在发起"为残疾人贫困户捐一盏灯"的活动时，当即表示自己也要为残疾人尽一点心力。

　　不独王先生，很多人对钱海军的态度都曾经历这样一个转变的过程：从误解到理解，从不屑到尊敬，从旁观到参与。他们第一次听说有个叫"钱海军"的人免费为老年人提供电力维修服务的时候，大多嗤之以鼻，觉得"又有人在作秀了"，然而当身边的亲人、朋友甚至自己被服务到的时候，才逐渐认识到自己的浅薄，并开始有意识地纠正这种错误的观点，慢慢向钱海军靠拢。这种情形与明代著名文学家、浙江余姚的王阳明著述中所传颇为相像："你未看此花时，此花与汝同归于寂。你来看此花时，则此花颜色一时明白起来。"想来，志愿服务这件事情，你只有全身心地投入进去，才知它的好处、它的意义和它的价值。当你懂了，就算有人让你停下脚步你也不肯停了。以钱海军为例，你要他放下手中的活，去哪儿度个假，从此远离这些老人，这对他来说比死还难挨。

有事就找"电力110"

英国诗人西德尼曾经说过："做好事是人生中唯一确实快乐的行动。"也许很多年以后，当那些老人没有的没有了，搬走的搬走了，谁也不会记得是谁在一个个漆黑的夜里不眠不休，为他们点亮一盏盏明亮的灯，但是真正的好人不会把做好事当成一种投资。不管他人是腹诽还是褒扬，钱海军自顾自埋头做他的事情，套用时下流行的说法："这很钱海军！"

让熄灭的灯亮起来是钱海军的日常。图为钱海军为社区居民修理照明设备（姚科斌／摄）

如果追溯源头，当初钱海军会走上志愿服务这条路，并不是刻意为之。《三字经》开篇就说："人之初，性本善；性相近，习相远。"这个世界上，每个人的心里其实都有一颗善的种子，钱海军打小在父母的熏陶下就懂得乐于助人，看到有人推三轮车上桥，他会上前去推一把，看到有人需要捐助，他会把自己积攒多年的零花钱全部拿出来。这些小事如种子发芽，为开花埋下了伏笔。后来，钱海军由于中考没考好，报了慈溪市周巷职业高级中学的钳工班，学了许多跟钳工、电工相关的知识和操作。在那个年代，学技术是很吃香的，常言道："身有一技之长，不怕家中断粮。"钱海军学专业课学得特别用心，常常得到老师的表扬。在此期间，有一个人进入钱海军的视线并成了他心中的榜样，那就是以义务挂箱服务的方式温暖群众的徐虎。"为人民服务从点滴做起，贵在坚持。"这是徐虎的信念，也是钱海军的目标。从听说徐虎的故事开始，他便萌生了利用自己的一技之长，业余时间为身边有需要的人提供义务服务的想法。

一开始，钱海军只是在身为电工的父亲指导下，替左邻右舍换个保险丝、换个灯泡，服务对象、服务内容相对小众。然而人的经历总是带着那么一点偶然性，机缘巧合之下，钱海军走上了一条他在后来的十几年甚至几十年里都将为之付出辛劳和心力的义工之路。

1998 年 10 月，钱海军从周巷老家搬到中兴小区。当时他所在的社区刚刚成立，没有业主委员会、居民委员会，也没有物业管理处，社区的管理人员和工作人员加起来总共不过六七人，特别需要帮手。有一天，钱海军在下班回家的路上碰到了当时的社区文书陈亚丽。陈亚丽是钱海军以前的老邻居，她知道钱海军在供电公司上班，就抱着试试看的想法同他商量："海军师傅，你在电力方面是行家。我们想邀请你加入社区的义工组织，小区居民碰到电力故障时，你给帮下忙。当然，这样一来会耽误你很多休息时间，而且我们丑话说在前头，做义工是没有报酬的……"

"好的，没问题。报酬什么的都无所谓，你有什么事情尽管叫我好了。"不待陈亚丽把话说完，钱海军爽快地答应了。

农村出来的钱海军在淳朴乡风的滋养下长大成人，儿时邻里间互帮互助、和睦相处的情景一直是他记忆里最美好的画面。在他看来，你认识我我认识你，帮个忙，不过是一句话的事情。而且"赠人玫瑰，手有余香"，给别人方便也会让自己得到满足。如今既然有这样一个机会，钱海军自然不会错过。

第二天，钱海军就早早地来到白果树社区居委会填写了一张义工申请表，从此他就成了社区的"编外人员"。社区工作人员去居民家中走访、摸底的时候，每次都会叫上钱海军，走访过程中看到有需要帮忙的，不管脏活、累活他都会抢着去做，一些年纪大的住户问他："你是社区里新来的吧？"钱海军既不说"是"也不说"不是"，而是直接告诉他们："以后有什么事情记得叫我啊。"没过多久，有一位老人家里的日光灯不亮了，正在吃饭的钱海军接到电话，放下饭碗立即赶去修理。技艺娴熟的他很快就排除了故障，老人对他赞不绝口，逢人就夸钱海军"水平高、态度好"。

用户的嘴巴是最好的宣传喇叭。从那以后，社区接到居民求助后，就会联系钱海军，保险丝断了、插座没有电、新买的灯泡不亮……他们都会找钱海军帮忙。而钱海军呢，面对居民五花八门的求助，有求必应。当时，他在慈溪市供电公司下属的大明电气设备成套有限公司上班，每天早上五六点钟就要出门，晚上到很晚才回来。然而不管工作再怎么忙，他下班后准保去解决，碰到实在很棘手的问题就利用周末的时间去处理。很长一段时间，居民们都误以为，这位认真负责的小钱师傅是社区里的专职电工。

除了为小区居民解决电力故障，但凡社区里搞活动的时候，钱海军也会主动上前搭一把手。社区里的大型活动、小型活动，常能看到他忙进忙出的身影。哪怕到了现场，只是帮忙装个音响，或者代工作人员点个名、倒个茶，代老年人填张表格，他都很乐意去做。

老年人看见谦虚又热心的钱海军，有时会问他："小伙子人真不错，是党员吗？"见钱海军摇头，纷纷表示"你这样的人不入党，太可惜了"。许多老党员联名向社区党支部书记推荐，希望能让钱海军加入中国共产党。然而钱海军却觉得自己与党员的标准还有一定距离，他拿着入党申请书走到书记办公室门口又退了回去，他说他想等自己够格了，再申请入党。

尽管没有入党，钱海军的服务依然很好。小区里的居民有事的时候叫一声"小钱""小钱同志"，他立马就会上门帮他们把问题解决掉。起初，去居民家里通常都是由社区工作人员陪着去的，到了后来，社区工作人员会直接打电话给钱海军："钱师傅，××家里用电有问题，你去一下好吧?"钱海军从不推托，他说："最好天天有人叫我去服务。他们肯来叫我，说明他们相信我。我想，这也是我坚持做志愿服务的初心所在吧。"

如果说先前为小区居民服务，是"受人之托，忠人之事"，那么1999年年底发生的一件事，让钱海军对自己正在做的和想要做的事情有了更清晰的认识和更积极的行动。

那是一个周末的上午，钱海军接到社区干部打来的电话，说小区里有一位姓林的老先生家里的日光灯不亮了，让他帮忙去处理一下。钱海军放下电话，拿着工具包来到老人家里。进屋之后，他发现日光灯一闪一闪的，启动不起来，一边从工具包里掏出工器具，准备查看下具体情况，一边安慰老人："天气冷，日光灯有时是跳不起的，您别着急，我先给您测一下吧。"老人摆了摆手，说："不用那么麻烦，你帮我把启辉器里的一个电容剪掉就好了。"钱海军想起小时候自己家里的日光灯跳不起来的时候父亲也是这么操作的，心说：这回算是碰到一个懂行的了。他搬来凳子，按照老人说的方法剪掉一个电容后，很快，日光灯就跳了起来。

钱海军将凳子擦拭干净，放回原位，两个人开始攀谈起来。老人告诉钱海军，自己有一双儿女，大女儿在杭州，小儿子在北京，平时工作很忙，都不常回家来，老伴过世后，家里只剩下他一个人独自居住，好在身体还算健康，日常起居都能自理。聊到专业，老人异常兴奋，像是遇到了知音。"小钱同志，调压器你知道吗? 调压器以前归我修的啦。"

"原来是老师傅啊，那您以后有空可得教教我。"钱海军肃然起敬。

老人拉着钱海军的手，感慨地说："小钱，你不知道吧，退休以前我是船厂里的八级维修电工——八级电工你知道吧？电工里等级最高了，工资也属于太师傅级别的。那个时候，再复杂的电路都难不倒我，像这种问题我以前随便弄弄就好了。可惜岁月不饶人啊，我今年72岁了，虽然知道是什么原因导致日光灯不亮，但是年纪大了，血压高了，眼睛花了，不能爬高爬低，连个灯泡都换不了喽。"顿了顿，他又重复了一句，"老了，没有用了。"说这句话的时候，老人的脸上写满了落寞。

老人失落的神情像针一样扎进了钱海军的心里。虽然以前服务过的老人有许多，但因为职业不同，隔行如隔山，他只是觉得自己应该这么做，却未曾有如此深的感触。而眼前的这位老人曾经也是一名电力从业者，年纪大了以后却连拿掉启辉器这种在绝大多数人看来轻易可完成的事情都做不了。钱海军心想，自己老了会不会也跟老人一样呢？想到这里，他把自己的手机号码抄给老人，诚恳地说："以后您家里的电器设备、线路要是出了什么问题，直接打电话找我好了。"

从老人家里出来，钱海军的心情很不平静。"一个人不管他以前多么能干，终究有衰老的一天，很多事都需要别人的帮忙。"在长期的走访、服务中，钱海军也留意到，在自己生活的城市里有一些老小区，这些小区有"两个多"：老房子多，老年人多。很多老人不但无法确保安全用电，甚至连生活起居都有些困难。钱海军想，年纪大了会渴望得到别人的关心和帮助。他暗暗下决心，趁着自己现在还年轻，一定要拿出更多的时间去服务60岁以上的老年群体。当然，年轻人需要帮助的时候他也一样会去。

回到家，钱海军亲手制作了500张名片，将其中的一部分送到各个社区，委托社区干部分发给老年人，另一部分则由自己发给走访中发现的需要帮助的人，名片上只有两行字："电力义工钱海军""服务热线：

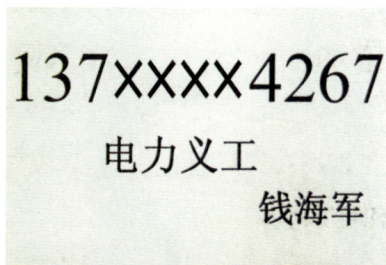

137××××4267

电力义工

钱海军

钱海军自制的名片

137×××4267"。他怕打出来的字体不够大，老年人看不清，有些名片上的信息还是用手写的。

第一次接到钱海军的名片，用户的反应各不相同：有人问，真的不要钱吗？钱海军就说义务服务，不收钱。也有人问，什么时间打电话都行吗？钱海军回答白天8小时内自己得上班，下班后什么时间都行。还有人怕上当，不等钱海军开口就抢着说"我什么都不需要"或者干脆连问也不问，接过名片随手丢在一边甚至直接就扔进了垃圾桶里，显然他们把他当成发小广告的了。但钱海军并不气馁，他相信自己的服务一定可以为自己正名。

一个电话，两个电话，一传十，十传百，钱海军为社区百姓免费提供电力维修服务的消息就这样传开了。从那以后，他那由11个数字组成的电话号码成了小区居民家喻户晓的"电力110"。很快，有事就找"电力110"成了服务者与被服务者的共识。只要老人们一个电话，不论刮风下雨，钱海军都会在最短的时间内赶去处理。

万能电工：温暖着万家灯火的昼夜交替

随着服务年限的增加，钱海军的"业务"范畴也在不断扩大，初时仅限于电灯、电线的范畴，渐渐地就扩展到了电器的维修。电和电器虽然只是一字之差，却是分属两个不同的领域。但老百姓可不这么想，他们觉得你是电工，当然也应该懂得电器的维修。

2000年的一天，一个老太太跑到社区找钱海军："你们这里那个个子矮矮的小钱在吗？"社区工作人员问她有什么事情，老太太说："我家里的电视机坏了，屏幕一闪一闪的，想让他给我看一下。""阿姨，小钱师傅是义工，并不是我们社区的工作人员，现在不在这里，而且他是电工，不修电视机的。""你把他的电话号码给我，我自己给他打电话。"见社区工作人员不肯打电话，老太太以为他们是在故意推诿，就问他们要来了钱海军的手机号码自己联系。

接到电话后，钱海军一路小跑，用了一盏茶的工夫就赶到了老人家里。老太太打开门，第一句话就是："我老早就想叫你了。"顿了顿，又说，"我家的电视机已经坏了一个礼拜了，屏幕老是'扑嗒''扑嗒'闪动，以前用手拍两下就好了，这次怎么弄都不好。你能不能给我修一下啊？"

钱海军顺着老人手指的方向看去，发现那是一台 14 英寸的老式黑白电视机，机身上的油漆已经脱落，两根天线像羊角辫一样笔直地立着，插上电源，电视画面像滚动屏一样不停地纵向滑动。钱海军调试了一下，并没有把问题解决，他只能将实话告诉老太太："电工我懂的，但是电器不太懂，可能您得……"老太太说："噢，我以为你是修电的，只要跟电字沾边的都懂呢。唉，这下不知道该找谁好了！"

钱海军不忍心叫老人失望，将"另找他人"几个字吞落肚去，安慰她道："您放心，我不懂还有我师傅呢。您稍微等一会儿，我去去就来。"钱海军回家骑上电瓶车绕浒山城区跑了一圈，最后在金一路上找到一家电视机修理店。这家店是原慈溪供销大厦的家电售后服务基地，修理员的水平想必过硬。钱海军问修理电视机的师傅："师傅，你们这里上门修电视机去吗？""去是去的，不过上门的话除修理费用外还要收点出车费。"钱海军爽快地答应了："好的，那你收拾下工具跟我走一趟吧。""今天不行，11 点钟我还得去趟附海，那里有个人买了一台 29 寸的大彩电，说是有杂音，我得去回访下。"

钱海军低头看了一下手表，离 10 点钟还有 10 分钟，他跟修理员商量："你看这样行吗？你先跟我走一趟，等下我带你去附海。你费用照收，我不收你车钱。"修理员想了想，答应了。钱海军后来说，他之所以这么建议，心里其实是有"小九九"的：第一，怕老太太等得心急；第二，希望修理员收费能便宜一点；第三，也是最重要的一点，他想跟着修理员偷偷学点技术，以后社区里有人碰到类似问题的时候他好帮忙解决。

两个人来到老太太门口时，钱海军跟修理员说："等下你不要收她的钱，钱我会付给你的。"进门之后，修理员打开电视机，什么也没有说，在机身背后某个零件处转了几下，电视机就恢复正常了，整个过程十分流畅，前后不到两分钟，像是变魔术一般，把老太太和钱海军看得一愣一愣的。老太太问钱海军需要多少钱，钱海军说只是小毛病，就不收钱了。

从老人家里出来，钱海军付了钱，又骑车将修理员送到附海。然而修理员只是问了些信息，并没有进行修理，钱海军也就没有偷师成功。于是，他又跟修理员套近乎，说自己想学学电视机的维修。修理员当即劝他打消念头，他说现在电视机的质量普遍比以前要好，一般不会坏，而且要学会电视机的维修起码要个一年两年，费工费时，还不挣钱，他自己现在在学电脑技术，他建议钱海军也学这个。见钱海军一再坚持，他无奈松了口："你要真想学那你就来吧。"

打那以后，钱海军的日程安排上又多了一件事情：学习电视机的修理。他好像一下子回到了学生时代，从书店里买来许多跟电子机件、电子原理相

除了电灯、电话，修起洗衣机来钱海军也是一把好手（潘玉毅／摄）

关的书籍，利用茶余饭后的散碎时间进行自学，遇到不懂的问题就跑到金一路向修理电视机的师傅请教。经过一年时间的勤学苦练，钱海军已经能熟练处理电视机的基本维修了。然而此时他又发现了"新大陆"，在与老年人闲聊的时候，他发现除了电视机，洗衣机、电磁炉等也是老年人比较常用但找人维修比较麻烦的几样电器，于是他一边向专业师傅请教，一边利用业余时间自行摸索，学会了这些电器的维修。现在只要与电搭边的问题他都处理，实在处理不了就找人帮忙。总之，无论过程怎样艰难，每到最后，各种问题都能迎刃而解，他由此博得了一个"万能电工"的雅号——而钱海军说，万能是不可能的，他只是不忍心叫那些信任他的人失望罢了。

2004 年，钱海军加入了中国共产党。他对自己说，从此要加倍努力，好好工作，全心全意为人民服务，对得起党旗的光辉，对得起共产党员的称号。这句话，没有被写成文字记在本子里，也没有录成音频存放在手机里，但是深深地刻在了钱海军的心里。在长期的服务过程中，他恪守职业道德，不拿用户一分钱，不抽用户一根烟，不喝用户一口水，清廉自守。老年人看到他都说："不拿群众一针一线的八路军又回来了！"

2008 年，慈溪市供电公司领导得知钱海军的事迹后，将他调入客户服务中心担任社区经理，主要负责 22 个社区近 6 万户居民的用电服务工作，包括停电预告、用电咨询（查询）、故障报修、调表核对登记、业务代办、安全巡视、交费提醒、信息收集、电力宣传、工作监督、纠纷协调、自助缴费 12 项便民服务。按照相关规定，客户服务中心工作人员接到居民打来的电力故障电话后，需到现场察看，如果故障在小区的公共部位，由工作人员维修；如果在居民家中（俗称"表后线"），则由居民自行找人维修。

"到了现场，告诉居民家里的电路故障不归我们管，这话怎么也说不出口。"那些得到帮助的用户显然不知道，为了能够让他们享受到贴心服务，这些年，钱海军一直在"顶风作案"。后来，慈溪市供电公司的领导被钱海军的执着打动，组建了钱海军服务班，专门处理表后的电力故障。于是，以前 8 小时之外忙的钱海军，打那以后 24 小时都忙。但钱海军觉得自己"忙并快乐着"。因为这份快乐，他给用户尤其是一些老年用户服务的时候不只不收工钱，就连给他们买材料的钱也不收。有些老年人觉得过意不去，说"你好歹象征性地收个一块两块啊"，然后追着他让他收钱。但钱海军一脸严肃地说："我是为了快乐才去做的，你给我钱我就不快乐了，那我以后还敢来吗？"老人们只得作罢。

2011 年，钱海军获得"感动慈溪"人物称号，组委会给他的颁奖词是这么写的："这一组号码，铭记在四五个小区的居民心里：137×××× 4267；这一组号码，将记载在慈溪市标杆人物的光荣榜上：137×××× 4267。人们不一定知道你是社区客户经理，但多传颂着'万能电工'的美誉。召之即来、来之能战的名气，温暖着万家灯火的昼夜交替。百姓民生无小事，你谱写的是一首冷暖关爱、炎凉相随的电工新曲。"

奔走百里只为送你光明

一千个读者眼中有一千个哈姆雷特，同样，一千个用户眼中也有一千个钱海军。对于钱海军的付出，有人理解，也有人不理解。理解他的人觉得他品德高尚，值得学习，不理解他的人觉得他吃力不讨好，愚不可及。甚至有人这样说，钱海军就是个傻子，这么多年不但不赚钱，还净往里贴钱，一定是脑子坏掉了。而钱海军呢，既不争辩，也不反驳，他说自己就是要当个不计较个人得失的傻子。看到因为自己的努力，用电安全了，用户脸上露出笑容了，他感觉很幸福。这种强烈的幸福感让他觉得值得自己用一生来坚守。他面对流言时的反应印证了著名戏剧家莎士比亚的一句话："慈悲不是出于勉强，它是像甘露一样从天上降下尘世；它不但给幸福于受施的人，也同样给幸福于施与的人。"

23 年寒来暑往，钱海军帮助过的人数早就破万，长期服务的老人数也已过百。岁月蹉跎，轻而易举地就改变了人的容颜，消磨了人的斗志，独有钱海军心如磐石，用自己脚踏实地的付出赢得了别人的尊重和认可，在慈溪当地拥有了众多铁杆"粉丝"。舒苑社区的杨乾老人说："社会上多些像钱师傅这样的'活雷锋'该多好啊！"古塘街道的洪秀英奶奶说："在小钱师傅身上，我们感受到了春天般的关怀，我和其他居民都很喜欢他。"新四军老战士赵金伏说："当年我打仗扛枪冲在前面，现在小钱拎着工具箱冲在为人民服务的前面，我们都是好样的。"钱海军初中时候的老师范书英则说："我教了二十几年的书，学生之中，有当大老板的，也有当大官的，但是像钱海军这样全心全意为别人着想、为别人服务的只有这一个。"

一直希望默默做义工的钱海军被一面面锦旗、一封封感谢信推到了幕前。尤其最近几年，钱海军的事迹和形象通过电视、报纸、网络等媒体的宣传，越来越为人们所熟悉，有不少人碰到用电及其他生活方面的难题时，最先想到的不是找亲人、找朋友，而是向钱海军求助。钱海军说，起初自己是不同意宣传的，因为他觉得一个人默默地把一件事情做好就好了，没必要搞得别人都知道。但他的妻子说："你是想一辈子就你一个人做呢，还是想别人跟你一起做？其实，有些人是想做好事的，但是又怕别人说，没有勇气迈出第一步。如果他们知道了你的事迹，像你一样去帮助别人那该多好啊。一个人一天做一件好事，一年也就365件，如果由365个人来做，一天就能做这么多。"钱海军觉得有道理，这才在妻子的劝说下，尝试着接受媒体的采访。

媒体的力量显然是很大的。有一年过年前，宁波一家媒体在报道钱海军的事迹时，把他的电话号码公布在了报纸上，结果那年春节钱海军跑了好几趟宁波。

大年初五的晚上，大雨滂沱，好似天上缺了一个口子。钱海军正准备熄灯睡觉，这时突然来了一个电话，是个年纪20岁左右的女孩子打来的。她自称是宁波江东区史家弄的住户，家里停电了，一片漆黑，而爸爸妈妈都回金华老家探望住院的爷爷，家里只剩她一个人。"爸爸让我打电话给你，他说你一定会帮助我的。"

钱海军听女孩说明了原委，便让她用手机拍下控制箱的照片传给自己，从中圈定了故障范围。因为夜深了，五金店都关门了，钱海军叮嘱女孩注意安全，并允诺自己第二天一定会赶过去的。第二天一大早，他买齐了配件材料，冒着大雨行驶了两个小时赶到江东。

当钱海军的车子抵达女孩所在的小区时，10来个头发花白的老大爷立即围了上来："你是钱海军吧？想不到雨这么大、路那么远，你还真来啊！"显然是受了女孩的嘱托，专门在小区门口等待。他们热情地同钱海军打招呼，像是见到了一个许久未见的亲人或朋友。这种感觉让钱海军觉得特别温暖。

钱海军在老人们的指引下，找到了打电话的女孩。他也顾不得客套，放下工具包就忙碌开了。女孩家中的线路十分复杂，他从总开关处查起，一段一段，把12路分路找了个遍，经过一番摸排，最后把故障锁定在厨房的油烟机上，并成功排除了故障。

"是电器外壳与绝缘体上的螺丝松动，造成了短路。现在修好了，你们放心吧！"当屋子里的灯重新亮起之后，钱海军给女孩的父亲打电话反馈了修理结果。电话那一端，女孩父亲再三表示感谢。

慈溪以外的抢修，已经超出钱海军的服务范围，加之路途遥远，跑一趟相当不容易，他完全可以名正言顺地推掉。但钱海军并没有这么做。"他们信任我，才会打我电话，只要有时间，以后我还是会去的。"从江东回来后，钱海军又接到一位北仑住户的电话。初六、初七他一连去了两趟北仑。

钱海军就是这样一个人，宁可自己苦点累点，也不愿让用户失望。这些年，用户已然占据钱海军心中最重要的位置。他说，每天有再不开心的事情，只要一接到用户的电话，就什么烦恼都忘了。用他的话说，自己在帮人解决困难的同时也得到了最多的快乐。

长年服务，让钱海军车子的后备厢变成了一个"百宝箱"，里面放着日光灯、开关、插座、螺丝等各种备件，足可用"琳琅满目"来形容。因为常去五金店"进货"，钱海军不无得意地说："慈溪城区哪里有五金店，我一清二楚。"

为那些需要帮助的老人无偿付出，钱海军却甘之如饴（姚科斌／摄）

有人觉得钱海军很伟大，23年如一日，为素不相识的人无偿付出，不求回报；但也有人觉得，钱海军做的不过是一些我们大多数人都能做的琐碎事，不见得有多么了不起。这不由让人想起毛泽东讲过的一句话："一个人做一件好事并不难，难的是一辈子做好事。"平心而论，钱海军所做的服务确实不足以"感天动地"，然而他又何尝想过要感动天地？他的坚持无非是希望那些需要帮助的人能得到帮助。

人们常说，一个人受到的最高礼遇，不在权力、不在财富、不在名气，而在百姓的尊敬与称赞。而要赢得百姓的尊敬与称赞，不是说非得成就什么丰功伟业，而是要让小事变得有意义。如果一个人一辈子执着持久地为百姓做好事做实事，而且从中得到快乐，哪怕这事再小，也能蕴含或折射出伟大的光芒。

第三章

爱人者，人恒爱之

老人曾写信给国网慈溪市供电公司的领导，信上有这么一段话："我与钱海军非亲非故，他为什么待我这么好？我想他是出于一名共产党员的爱民之心吧。而且他不只是对我一个人好，对所有的老年人都好，我们的社会太需要像钱海军这样的人了！"而在一次采访中，老人更是对着媒体的记者接连说了27次"小钱——好人啊！"钱海军说："看着他幸福的样子，我觉得我也是幸福的。"

浙江卫视曾经播过一则题为《关爱来敲门》的公益广告，广告的内容讲的是一个邮递员给老人送报纸，他一边喊"李婆婆，李婆婆……"一边透过大门的缝隙看老人是否出来。结果，老人还没出来，邻居倒先出来了，告诉他老人年纪大了，动作慢，让他把报纸放在信箱里就可以了。然而邮递员却说："没事，我再等等，她订报，不光是为了看，更希望每天有人来敲个门。""吱呀"一声，门开了。"李婆婆你还好吧。"邮递员先向老人问好，然后才把报纸递给她。老人显得特别开心，回答"好"的时候脸上露出了慈祥而满足的笑容。离开前，两个人互相道别，但又好像是约定："明天见！""明天见！"

这个广告并未采用花哨的技巧，语言也素朴得像是一幅素描，然而就是这幅"素描"让很多观众看完之后为之动容，甚至有种想哭的冲动。对此，家里有老人的更是深有体会。很多老人年纪大了，不求吃得有多好，穿得有多好，只求自己没有被遗忘，儿女们每天出门的时候能同自己打声招呼，有空的时候能陪自己聊聊天，他们便很满足了。有时候，我们觉得老人太啰嗦，说话颠三倒四，但他们东拉西扯的无非就是希望能陪着儿孙多说一会儿话。他们甚至会刻意去关注一些年轻人喜欢的东西，以便聊天的时候可以找到共同话题多说几句。但还是有一些老人没有找到"被人记得"的感觉，他们有一个共同的名字：空巢老人。

100 多位空巢老人心里的"好儿子"

这些年，"空巢老人"这个名词越来越为人们所熟知。就字面上的意思来说，空巢老人指的是没有子女照顾、单居或双居的中老年人。但具体而言，空巢老人又分三种：一种是无儿无女的孤寡老人，一种是子女在同一个地方但与之分开居住的老人，还有一种就是儿女在外地不得已独守空巢的老人。空巢老人多患有"家庭空巢综合征"，一方面物质上面临年老体弱、无人赡养、就医困难等窘境，一方面精神上孤独寂寞、缺乏慰藉。

在堪称漫长的服务过程中，钱海军对后者的感触尤深。有个老太太曾经这样对他说："老太公在的时候，还有人一起说说话，现在老太公没了，老太婆臭臭了，没有人理我了，活着还不如死了干净啊。这些年还好有你钱师傅在，让我们有事的时候可以叫得应。"

《孟子·梁惠王上》有一句名言，今人时常将之挂在嘴边："老吾老，以及人之老；幼吾幼，以及人之幼。"其精神与孔子对大同之世的理解不谋而合："故人不独亲其亲，不独子其子，使老有所终，壮有所用，幼有所长，矜、寡、孤、独、废、疾者皆有所养。"这些寓意美好的话字不多，背诵起来也不甚难，但要做到并不容易。而钱海军这些年来一直用自己踏石留印、抓铁有痕的行动践行着这些理念。

对于居住在慈溪城区的100多位空巢老人来说，钱海军就是与他们没有血缘关系的"好儿子"。他虽然与他们非亲非故，却尽着为人儿女的义务。每个周末，只要不忙，他都会抽时间去陪伴他们，同他们聊天解闷，看他们是否需要帮助。只要他们说一句话，连排队买票、去菜场里买菜这种琐事他都乐意去做。若是碰到用电方面的难题，钱海军不管在哪儿，都会第一时间赶到，自掏腰包购置电线、开关、电灯等物件，从来不收他们一分钱，逢年过节他还会送去礼品和慰问金。有时钱海军去外面培训、学习，也会给他们捎一些当地的土特产。

人心都是肉长的，钱海军的付出，老人们看在眼里，感动在心里。但他们对于钱海军不肯收钱这件事都很有意见，也曾不止一次地向他提出"抗议"。有的说："你买香烟的钱拿个10块去，不然我们这些年纪大的要睡不着的。"有的说："海军你工钱不收，材料费一定要拿啊！"但是老人们都快

看到老人们开心了，钱海军比他们还开心（姚科斌／摄）

把嘴皮子磨破了，钱海军依旧坚持不收，他说："每个人家里都有老人，看到你们快乐、健康，我就很开心了。"

"虽无血缘，胜似亲儿！"老人们众口一词，让钱海军的形象瞬间变得高大起来。不过，在钱海军得到越来越多肯定的同时，质疑之声犹在。

有人问钱海军，这个社会需要帮助的老年人那么多，你哪里帮得过来？钱海军的回答是：帮一个，是一个。其实，他的心里还藏着另外半句话：多帮一个，就少一个。生活给每个人的时间都是相同的，为了多帮一个，钱海军只有比别人更加勤快一点。每天早上，当别人还躺在被窝里的时候，他已经出门了；每天晚上，当别人坐在电视机前享受天伦之乐的时候，他还留在老人家里；周末和节假日，当别人一家人欢欢喜喜出游的时候，他要么在给老年人服务，要么在同老年人聊天。钱海军说，没有什么事情比需要帮助的人得到帮助更有意义的了，我们既然做了就应该走点心，服务到老人的心坎里去，不能敷衍塞责。

　　与老人打了 10 多年交道的钱海军深知，老年人需要的不仅是优质的用电服务，还有出自真心的关怀。现在城市里子女不在身边的老人越来越多，他们特别渴望得到精神上的安慰，有一些身体不便、出不了门、一个人独居的更是如此。钱海军有时维修只要十几分钟，但陪着老人聊天一聊就是一两个小时，便是绝好的例子。为他们做一些力所能及的事，比如说说话、扫扫地、剪个指甲，远比给他们一千几百块钱更能让他们觉得开心。人与人之间，原是先有关心而后才有开心。

　　在钱海军服务的对象中有一个叫陈文品的老人，是位退休老教师，他与钱海军的感情颇为深厚，甚至将其视为知音，但很少有人知道，一开始的时候，他对钱海军也是持怀疑态度的。

　　2008 年 11 月，戴着志愿者袖标的钱海军来到古塘街道舒苑社区居委会，他问工作人员社区里是否有需要帮助的老人。社区工作人员想也没想，脱口而出："有啊，不过我们这里需要帮助的老人有很多，你帮不过来的！"

　　面对这样的回答，性格执拗的钱海军没有死心更没有被吓倒，他问工作人员要来了居民联系簿自己翻找起来。"这位叫陈文品的退休教师怎么样？"钱海军指着簿册上的一个名字问道。"哦，陈老师啊，陈老师就算了吧。"工作人员一副欲言又止的样子，劝他打消念头。

　　原来，老人有一个独子，患有智力障碍，40 多岁了生活还不能自理。他看见别人家庭幸福、其乐融融，自家却是这番模样，心结打不开，便长年把自己锁在家里，鲜少跟左邻右舍来往。钱海军听工作人员介绍了老人的情况，当即表示："我去看看他。"

　　"咚咚咚"，他敲响了陈文品老人家的房门。老人小心翼翼地将门打开，见是一个陌生男子，有些戒备地看着他："你找谁？""大爷您好，我是供电公司的志愿者，今天来，就是想了解一下您家里的情况。"老人低头看到钱海军衣服上的袖标，迟疑了一下，让他进了屋。

　　钱海军热情地向陈文品说明了来意，并递给老人一张名片，告诉他有什么事情可以随时拨打电话。老人的态度则显得有些不冷不热，似乎并不信他。在老人眼里，如今这个社会，人与人之间的冷漠已成常态，根本不可能有古道热肠的人，而钱海军也与先前许多批"上门慰问"的人没什么不同，不过是走走形式而已，当不得真。送走了钱海军，老人的生活依旧平淡，除了上街买菜，几乎闭门而居，足不出户。

两个月后的一天下午，陈文品家里的电磁炉坏了，不知道该找谁帮忙，情急之下，他突然想起了仅有一面之缘的钱海军。"我家的电磁炉坏了，能帮忙看一下吗？"陈文品拨通了钱海军的手机。"好的，好的，我马上来。"当时钱海军人在坎东，离陈文品的住所有些远，但听说老人碰到了用电难题，钱海军放下手头的事情，赶了过去。

"马上？明天能来就不错了。"老人暗自嘀咕了一声。但因为一时之间也找不到其他的人，只能选择信他。

45分钟后，门外响起了敲门声。老人打开门，看到满头大汗、气喘吁吁的钱海军站在外面，心里又是吃惊又是感动，他赶紧将钱海军请到屋里，准备烧茶给他喝。而喘息未定的钱海军喊了一声"大爷"，摆摆手，示意他不要倒茶，然后埋头查起了电磁炉的故障。经过检查，他发现故障是由电磁炉电源线短路造成的。钱海军去楼下的五金店买来材料，三下五除二，干净利索地把问题解决了。老人拿出吃的东西请他吃，并要把买材料的钱给他，钱海军说什么也不肯收，他对老人说："大爷，以后有事继续找我好了。"随后，拾起工具包一溜烟就跑没了影。

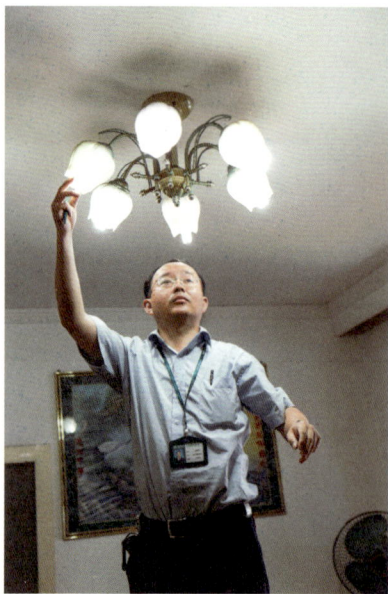
钱海军在陈文品家修吊灯（姚科斌／摄）

后来，这样的事情又发生了几次。一来二去，钱海军与老人成了老朋友。老人的房子年久失修，线路老化严重，钱海军给他拉上新的电线，换上新的电灯，并告诉他怎么用电磁炉才安全。见钱海军说得仔细，老人听着听着眼泪就下来了，他说，之前因为家庭原因很少与人交流，从来没想过会有人像钱海军这样关心他、帮助他，这让他感受到久违的温暖。老人的话让钱海军觉得自己应当给他更多关心。从那以后，钱海军每隔一段时间就会去看望老人，有时候忙了，就打电话向他问好，天气冷了，还和妻子买羽绒服给老人御寒。

2009 年，老人因犯心脏病住院治疗，老伴要在家照看智障儿子没法去医院陪护。钱海军每天忙完工作，就跑到医院去探望老人，给老人端茶倒水，同一个病房里的患者都以为他是老人的亲生儿子，不住地夸他孝顺。出院后，钱海军又多次开车带老人去宁波买药，渐渐地，积在老人心头的冰块一点点地融化了。"是海军让我走出了家庭不幸的阴影。"老人激动地说，"让我觉得生活又重新有了期盼和希望。"

世界上最遥远的距离不是生与死的距离，而是心与心的距离。两个人的心若是远的，纵然对面而坐，也好像隔着汪洋大海；反之，两个人的心若是近的，纵万水千山远，也会感觉如在眼前。换句话说，只要彼此肯将心扉打开，人与人之间的物理距离便不再是距离。因为信任，陈文品心里有什么话都愿意同钱海军讲。

有一次，老人向钱海军说出了自己内心的担忧："海军啊，你说如果哪天我们老两口不能动了，这个家可怎么办啊？"钱海军毫不犹豫地说："还有我呢，您就把我当成自己的儿子好了。"老人听完，眼泪"刷"的一下就下来了。但这眼泪不是苦涩的，而是幸福的。钱海军呢，用他如春风般温暖的关怀让老人觉得这幸福是自己可捕捉的。

2012 年 10 月 29 日，老人肺气肿发作。钱海军接到电话后来不及多想，穿着件短袖上衣匆匆赶到老人家中，开车送他去宁波一家医院住院治疗。由于老人的心脏不好，车不能开得太快，一路上听着老人的咳嗽声，钱海军的心里一阵阵发疼。到宁波的路他已经往返不下上百次，快的时候一个多小时，慢的时候两个小时，却从没有像那天那样让他觉得漫长，感觉怎么都到不了似的。

好不容易到了医院，挂完号交完押金，却被告知没有床位了。老人此时又渴又饿，累得一点儿力气都没有了，他虚弱地说："海军，要不我们还是回去吧。"钱海军知道以老人的身体状况回慈溪就诊恐怕来不及了，又怕老人着急，就骗他说自己有同学在医院里，要去打个电话开个后门，让他稍微再等等。钱海军给老人买来水和饼干，自己跑去找院方商量。他说："我是慈溪来的，老父亲病得有点重，能不能给帮帮忙？"在他的再三央求下，院方本着治病救人的悲悯情怀，经过与病人协商，同意在心血管科加一张床位。钱海军听说可以加床，当时高兴得跳了起来，如同一个稚气未脱的孩子初得玩具时一般欣喜。

钱海军给老人买好了饭票和洗漱用品，领来了热水瓶，并为他请了一个护工。他对护工说："我的父亲就拜托你了。"将许多细节一一交代之后，他

陈文品老人视钱海军为知己，同他讲述当年往事（姚科斌/摄）

顾不上休息，回到单位上班。第二天当他再次赶去的时候，病房里的人都冲他竖起大拇指，原来闲聊间老人把一切都告诉了他们。而钱海军觉得，这是自己应该做的。他有些不好意思地挠了挠后脑勺，憨厚地笑了。在老人住院的 27 天里，钱海军去看了他 6 次，而且每次去，钱海军从来不叫"陈老伯"，而是称呼老人为"爸爸"。11 月 25 日，钱海军去接他出院的时候，老人脸上的笑容堆成了"知足"二字。

渐渐地，老人的性格变得开朗了许多，平时与左邻右舍也会经常联系，偶尔还会参加社区组织的活动，认识了不少新朋友。而这一切的改变，都源于钱海军的真诚关爱。老人曾写信给国网慈溪市供电公司的领导，信上有这么一段话："我与钱海军非亲非故，他为什么待我这么好？我想他是出于一名共产党员的爱民之心吧。而且他不只是对我一个人好，对所有的老年人都好。我们的社会太需要像钱海军这样的人了！"在一次采访中，老人对着媒体记者接连说了 27 次"小钱——好人啊！"钱海军说："看着他幸福的样子，我觉得我也是幸福的。"

宁波妈妈和慈溪儿子

放眼慈溪，沐浴着钱海军"爱心春风"的远不止陈文品一人。他们有的空巢、有的孤寡、有的残疾，晚景不胜悲凉。而钱海军的出现，为他们洗去了许多生活的尘霾。

家住金山小区的陈亦如老人就是钱海军常去服务的对象之一。老人没有退休工资，每个月只有丈夫留下的 500 多块钱的抚恤金。老人虽有三个儿女，但不常能照顾到她。老人说，平时来看她次数最多的就是钱海军。几年前，钱海军在社区里了解到老人的情况后，就经常上门看望老人，帮忙收拾碗筷，打扫房间，甚至连帮老人洗衣服、剪指甲这种事情，只要有空，他也会做。

有一次，老人家里的马桶堵住了，马桶里的水倒灌出来，弄得卫生间一地污秽。钱海军也不嫌脏，自付工钱找了个专业人员，两个人从下午2点一直弄到晚上7点多，才把事情搞定。由于管子不合适，这一日，他进进出出跑了六七趟。老人本来也在一旁相陪，钱海军怕她累着，就让她先去休息："您去睡吧，我会给您弄好的。"问题解决之后，他清理完"战场"才回家，由于身上的异味太重，回到家中洗了好几遍澡才洗掉。

又有一次，老人晚上发病，打电话给钱海军。钱海军连夜开车带她到医院，一直陪到凌晨3点才回家。老人康复出院后，钱海军又去她家里帮忙照应，将妻子亲手做的糕点带给老人，还烧菜给她吃，糖醋带鱼、清炒卷心菜……怕老人没有胃口，他每餐都变换着花样。后来，因为手头的事情实在忙不过来了，钱海军给老人请了一个钟点工，照料日常饮食。"心情不好的时候，想到海军就好了，他比宝贝儿子还要好，"老人说起这些事情，差点就哭了出来，"要是没有海军，我早就完了。"

钱海军陪老人散步（姚科斌／摄）

陈亦如老人感受到的温暖，家住青少年宫社区的王爱春老人也深有体会。王爱春老人患有先天性小儿麻痹症，行动不方便，连走路都必须扶着椅子。而且她没有结过婚，也没有子女，独自一人居住在一个并不宽敞的小房间里，平时雇了一个钟点工负责一日三餐，日子过得很清苦。2010 年 1 月，老人家里的线路发生故障，她在社区打听到钱海军的电话，即打电话向他求助，从此便成了钱海军的重点服务对象。

钱海军上门服务过一次后，没有子嗣的老人便有了个贴心的"儿子"。这个"儿子"常常会扛着米、提着油、带着食物和生活用品来看她，而且他非常细心，每次都把菜洗好了才带过来。老人多次提出"抗议"："海军，以后你人来就好了，东西不要拿，给你钱又不要，这不好……"每当这时，钱海军都会告诉她："我是您的儿子啊，儿子看娘，捎点柴米油盐，天经地义！"钱海军是这么说的，也是这么想的。老人是退休教师，喜欢看书，钱海军就给她订了几份报纸杂志，时间久了，老人便戏称自己是个"只进不出"的进出口公司。

钱海军不光自己去看望老人，还常常带着妻子、女儿一起去。他们陪着老人聊天，为她打扫房子，仿佛三代同堂。钱海军说，给老人带去快乐的同时，他们自己也收获了快乐。

不过，钱海军有钱海军的坚持，老人也有老人的固执。她觉得这个世界上比自己更需要帮助的人有很多，钱海军不应该围着自己转，所以钱海军来看她的时候常常被她下"逐客令"："海军，你帮人家去，我这里好好的。"见钱海军不放心，她又说："我真碰到麻烦了会打电话给你的。"钱海军这才离开，转去下一个老人家里。

钱海军说，尽管老人身体有残疾，但她是一个特别阳光、特别有正能量的人。从老人身上，他也学到了很多东西。譬如老人碰到困难了，不会直接打电话给钱海军让他过来帮忙，而是会先发一条短信给他："海军，你空了到我这里来一下。"感觉就像是对待自己的小孩一样，特别体谅，这让钱海军心里暖暖的。而他也能第一时间读懂老人的心思，赶去处理。钱海军说，服务不是一方对另一方的施舍，而是彼此的互相成全。

像陈文品、陈亦如、王爱春这样的没有血缘关系的"父母"，钱海军认了足有百十位之多。他们之中年龄最小的 60 出头，最大的已经 100 多岁。看到老人们在他的照顾下，每天都是笑意盈盈的，钱海军说他很快乐。"我希望善待老人会成为生长在我们骨子里的一种风尚，等我到了 70 岁、80 岁的时候，也有年轻人为我服务，就像我现在为老年人服务一样。"钱海军坦言，为老年人服务已成为自己的一种本能，要是哪天没活干了还真不适应。

在慈溪，很多人都知道钱海军对待非亲非故的老人就像对待自己的父母一样，但是很少有人知道，慈溪之外，他还有一位"宁波妈妈"。

故事还要从 2013 年 3 月 5 日晚上举行的"最美宁波人"2012 年度人物颁奖典礼说起。当天的晚会是现场直播的，整个宁波地区的观众都可以通过电视看得到。颁奖结束后，高票当选"最美宁波人"的钱海军收到了几十条短信，回到家打开一看，有熟人发来的，也有陌生人发来的，内容多是感动于钱海军的为人，向他表示祝贺。而钱海军的注意力却被其中一条在有的人看来可能略显"矫情"的短信给吸引了："小钱，人生在世，生老病死是客观规律，谁也逃脱不了。有些人希望青春得以永驻，衰老得以延缓，身体得以健康。而我更注重精神生活，虽然身患重病，但我的心态放得很平，人生一世，草长一秋，既来之则安之吧。刚才，我在电视直播中观看了你十几年如一日的服务故事，我看见你在台上因爱而流下激动的眼泪时，你的女儿正深情地注视着你……你的事迹你的精神激起了我对美好明天的向往。愿你在新的一年里事事顺利、阖家安乐、身体健康！一位有求于你的空巢老人。"

"严重疾病""空巢老人"这些字眼瞬间从短信里脱离，一马当先涌入钱海军的脑海里。他看了一下时间，信息是 20 分钟前发来的，估摸着老人这会还没睡着，立即回了一个电话过去。老人在电话里跟钱海军说："我住在江北区中马街道义庄巷，我家里卫生间的灯坏掉了，但这盏灯晚点修不打紧。我晓得你住的地方离我家很远，没关系，不方便就不用来——我只是特别想见见你。"

老人的话前后矛盾，放下电话，钱海军久久不能入睡。第二天，他起了个大早，开车来到了老人居住的地方。对于换灯泡这种一个月要碰到好几十次的活，钱海军早已是轻车熟路了，"咔咔"两下，他就把灯泡给换好了，又仔细查看了老人家中的线路，排除了潜在隐患，前后不过20分钟，远不及路上时间的四分之一。准备返程时，钱海军看到老人眼里的那份不舍，他放下工具包，陪老人坐下，聊起了家常。老人把自己这些年闷在肚子里的话一股脑儿地倒了出来，说了足足两个多小时。从聊天中，钱海军得知：老人名叫余芝兰，退休前是个老师，她性格开朗，爱说爱笑，得空时还喜欢写写东西。余芝兰的老伴去世10多年了，孩子住得远，工作又忙，平日里都是她一个人待在屋子里，连个说话的人都没有。自从在报纸上读到钱海军的事迹后，一直很想见见钱海军本人，她不仅抄下了他的电话，还把有关钱海军的报道都收藏了起来。

从宁波回来以后，钱海军就经常惦记着给余芝兰打个电话，有空的时候陪她说说话、解解闷，偶尔还会抽时间赶到宁波去看她。余老太感慨地说："我常说一句话'一百个儿子不及丈夫的一条腿'，自从丈夫没了之后，生活已然没有什么乐趣，没想到老天却赐给我一个这么好的儿子。"

其后，钱海军又陆陆续续地去看了她许多次。每次钱海军出发去看她前都会发短信与她约定时间，老人的回信通常都是这样的："欢迎海军儿子，宁波妈妈等着慈溪儿子……"

搜寻空巢老人

2014年的冬天特别寒冷，因为这年冬天接连发生了两件事情。

第一件事发生在10月份。10月25日，在上海工作的陈先生风尘仆仆地赶回位于嘉兴市南湖区香菱坊小区的父母家中，推开门后险些当场昏厥，原来他牵肠挂肚的父母一个趴在地上、一个躺在床上，都已没有了呼吸，尸体上散发出阵阵恶臭。陈先生是嘉兴人，因为工作单位在上海，平时不常回家，家中只剩年迈的父母相依为命。母亲患有老年痴呆症，生活不能自理，平时吃喝拉撒睡都靠父亲照顾。三个礼拜前，陈先生打电话回家时发现电话无人接听，初时还没放在心上。然而之后一段时间，他屡次打电话回家，发现电话均无人接听，心里便七上八下的。担心家里出事，10月25日，陈先生坐高铁赶回嘉兴，没想到回到家就见到了这悲惨的一幕。

另一件事情发生在11月份的安徽省蚌埠市。11月21日，当地警方接到辖区居民报警，称楼上有一名年约六旬的空巢老人许多天没见踪影，家里豢养的狗却一直叫个不停。警方随即通知了老人的两个女儿，在她们的陪同下，进入老人居住的屋内，结果竟发现老人倒在客厅里早已离世，尸体遭所养犬只撕咬，身体躯干残缺不全，现场惨不忍睹。后经法医检验，老人已经死了有一个星期左右的时间。

嘉兴和蚌埠的空巢老人事件经过各个报纸、电视、网络媒体的转载报道和发酵，引发了国人对当今社会孤寡、空巢老人越来越多却缺乏有效照料的社会现象的隐忧以及如何关爱空巢老人的讨论。

很多人看到这样的消息，震惊之余，更多的是心酸。同是为人子女，我们似能听到新闻里的儿子和女儿们看见父母遗体时肝肠寸断、哭天抢地的悲号声，看到他们发现惨状时惊恐万状、痛不欲生的表情。

生活压力大，工作任务重，为谋生计远离家乡，没有足够的精力关注独居的父母，没有兄弟姐妹相帮衬……诚然，他们可以为自己的"失职"找到千万个冠冕堂皇的理由，但这无法改变父母离去的事实。想想，当看到父母遗体的一瞬间，他们一定在心里痛骂自己为什么不多与父母打打电话，为什么不常回家看看，为什么说好接父母一起住却迟迟没有行动。有句话说得甚好："父母在，人生尚有来处；父母去，人生只剩归途。"除了从此将背上不孝的骂名，内心的愧疚势必也将成为他们余生难以卸下的重负。

中国自古以来就十分注重孝道，很多文学典籍里都有关于何为孝顺、如何尽孝的记载。《孝经》里这样写："夫孝，天之经也，地之义也，民之行也。"《礼记》里这样说："凡为人子之礼，冬温而夏清，昏定而晨省。"《论语》里更是明诫："父母在，不远游，游必有方。"但人世间还是有太多"树欲静而风不止，子欲养而亲不待"的悲剧，老人死于家中无人知晓更是人生的大恸。对于这样的悲痛惨剧，我们除了扼腕叹息，更要深思原因，为最终破解谜题寻一条可行的出路。

显然，随着当今社会人口老龄化趋势的不断加剧，这样的现象绝不是个例也不会是个例。我们必须直面一个事实，那就是老人晚年生活质量和安全现状堪忧，"空巢之殇"更是一个非常严峻且无法回避的问题。但遗憾的是，对于如何才能让所有老人老有所养、老有所安、老有所乐，至今还没有形成一套可以称得上完善的应对机制，这不能不让人忧心如焚。

在浙江慈溪，老龄化和空巢老人现象也日益突出。据慈溪市民政局统计，截至 2013 年年底，全市共有 60 周岁以上老年人 22.45 万人，占当地总人口的 21.54%，属于中等老龄化社会，其中 80 周岁以上高龄老人达 3.46 万

老人渴望陪伴，几句温暖的话，几碗家常菜，便是他们最大的渴望（姚科斌／摄）

人。高龄化也直接导致失能老年人的数量大幅增长，全市失能和半失能老年人总计超过 1.5 万人。同时，城乡家庭空巢化现象明显，空巢老年人达到 9.66 万人，占老年人口的 43%。另外，据不完全统计，70 周岁以上、子女不在慈溪当地生活的老人约有 4000 户。

这些老人，有的子女在外地工作，有的虽然同处一个地市，但因为子女工作忙碌也很难见上面，他们内心有着对儿女的思念和牵挂，也有着日常生活碰到困难时的无助和担忧。与之相对，很多年轻人忽视了对老年人的关心和陪伴，有的啃老到老，有的以为只要给了赡养费就是尽了孝道，却不知这二者完全不在一个水平面上。总之，老年人的处境不容乐观。

也正因为如此，当嘉兴和蚌埠发生的事情通过网络进入到钱海军和同事唐洁的视线时，两个人顿时陷入了沉思。这些年他们做的很多工作都与老年人有着直接或者间接的关系，老年人的苦与乐他们早已深有体会，他们知道老年人最需要什么，最不需要什么。而唐洁因为之前遇到的一件事情感触尤深。

几个月前的一天夜里，时间已经 9 点多了，唐洁和家人从人民公园散步回来，发现路边坐着一位邋遢的老者，大热天的居然还穿着一身棉毛衫裤，脖子上挂着一只破旧不堪的老式公文包，神情茫然，形如乞丐。昏黄的灯光下，老人的眼神空空的，如同离了水的鱼儿，只有间或转动的眼珠子和不时发出的喘息声让好奇的围观者知道他还是一个活生生的人。

很多人都发现了老人的异样，但是谁也没有停下脚步，只是窃窃地私语几句，似在嘲笑，又似在议论。只有唐洁走到老人身边，问他住在哪里，为什么大晚上不回家。老人嗫嚅着，上下两片嘴唇碰到又分开。唐洁费了好大的劲，才听明白大概——老人说自己走了很多很多的路，走着走着忽然感到一阵头晕眼花，就坐下来休息，至于家在哪儿他也不记得了。唐洁无可奈何，只得拨打了 110，民警赶到后，在老人随身携带的破皮包里找到了几张证件，按照证件上所写的地址把老人送回了家。

唐洁和民警来到老人的住处，打开门，首先映入眼帘的是堆满半个客厅和卧室地板的报纸，然后是桌子上杂七杂八的药盒。从这些药盒来看，老人应该患有轻微的阿尔茨海默病，吃过药之后，老人的神志稍稍清醒了一些，看到守候在一旁的唐洁和民警，起身搬椅子给他们坐，嘴里含糊不清地说着："你们是客人，坐，坐。"

在与老人的交谈中，唐洁得知老人名叫胡民熙，已经93岁了，年轻的时候当过兵，从部队出来后，回到老家，被安排去中学教书。"我只会扛枪打仗，哪会教什么书啊？所以，别的老师在上面讲课的时候，我就去当学生旁听，等我学会了，再去教学生，一直到退休。"缓过劲来的胡爷爷特别健谈，话匣子一开，便关不住了，他一边讲一边还不时发出爽朗的笑声。说到伤心处，又不由得黯然神伤。老人膝下无子，只有一个侄子，平时都是一人鳏居。"我吃饭都是去外面小饭店解决的，年纪大了，不挑食，馒头、包子或者面条，好消化就行。吃完饭就回家看报纸，有时候也会乘公交车去公园里走走，不想今天犯病了，忘了怎么回家，亏得有你们。"

从老人家里出来后，唐洁唏嘘不已，因为她深知像老人这种情况，如果当时没有被自己发现或者以后的日子没有人照顾，结局极有可能就会同嘉兴和蚌埠的那几位老人一样。

说再多的可能，不如有一个脚踏实地的行动，虽然我们人微言轻，无力改变整个社会的现状，但是能够尽自己的本分做一点事情，那也是好的啊。本着这样的理念，一场以关爱空巢老人为主题的"暖心行动"在钱海军和唐洁的心里悄然成形。他们向单位的领导作了请示，开明的领导也很支持他们的想法。然而光有想法仍是不够。为了得到更翔实的数据和信息，慈溪市供电公司党群工作部和钱海军共产党员服务队开会讨论后，决定成立"暖心"工作小组，开展服务空巢老人专项行动。

他们一边组织人员在虞波社区、三碰桥社区、舒苑社区、团圈社区、青少年宫社区、白果树社区、金山社区、孙塘社区等8个共建社区进行实地走访，调查、了解空巢老人的情况，一边在微博、微信、报纸等新旧媒体上张贴"寻人启事"，全城搜寻那些70岁以上的、子女长期在宁波全市范围以外生活不常能回来陪伴左右的、遇到难处只能自己扛着没有人帮忙解决的空巢老人。

为了方便那些身边有空巢老人或者掌握空巢老人信息的知情人士联系他们，他们还专门开通了两条服务热线，24 小时接听来电，并将收到的老人的姓名、年龄、住址、联系方式等信息记在本子里，由志愿者与老人取得联系，上门前去了解情况。

时间过得飞快，一转眼已是半月有余，钱海军和唐洁带着其他志愿者走访了 98 户空巢老人，他们发现，这些空巢老人家庭情况各不相同，隐忧也分很多种，具体说来，大致可以归为以下几类：

第一类老人遇到困难无处求助，由此产生住养老院的想法，譬如上房小区的沈大爷。

沈大爷已经 84 岁高龄，老伴去世多年。因为平时家里只有自己一人住，他不太爱打理房间。用他的话说，打理了也没有人来，好比媚眼抛给盲人看，没什么意义。年深日久，房间里堆满了杂物，看起来乱糟糟的。

沈大爷有一个儿子，在澳大利亚定居多年。正因为儿子离得远，但凡有什么事情，沈大爷都只能靠自己解决。最近几年，大爷的耳朵越来越不好使，别人必须同他贴着耳朵"喊话"他才能勉强听得见。六七年前，老伴过世之后，沈大爷就思量着住养老院，免得万一不行了都没人发现。他去慈溪、余姚、宁波的几个养老院"考察"了一遍，想找价格适中又可以一个人住一间的，但打听一番，不是价格太高，就是环境太差，总之没有令他满意的。

说起与儿子之间的隔阂，沈大爷解释说，自己年轻的时候曾经离婚又再婚，再婚时遭到儿子的反对。沈大爷觉得自己应该找个伴相互依靠，便没有理会儿子的反对。没想到，从此父子俩的关系一落千丈。直到儿子出国前，两人还是形同陌路。

提及这些往事，老人从抽屉里翻出一张泛黄的名片，用手不住地摩挲着，说是儿子早年留给他的，上面写着某公司总经理。"最近儿子有来看您，或者联系您吗？"钱海军问他。老人回答："今年 10 月份来过一次，不过他是来看他丈母娘的，我只是带带进。"大爷又掏出一个同样陈旧的小本子，上面记着一个名字和手机号码。"儿子说，我有什么事就找这个人，打这个电话。""那您有联系过这个人吗?"老人摇摇头，算是回答了钱海军，失落的神情怎么也掩饰不了。

与沈大爷不同，第二类老人是因为心疼儿女，遇事都愿意自己担着，最具代表性的便是家住城西的熊大爷和陈大妈。

在中国，有很多老人辛苦了一辈子，临到老也不想麻烦子女，怕给他们增添负担。即使身体出了毛病，也是能挨就挨；至于生活上遇到的麻烦，更是一字不说，总是自己想办法解决。已过了古稀之年的熊大爷夫妻俩便是如此。

儿子和媳妇在宁波工作，只有过年过节时才会回一趟家。两年前一个冬天的夜晚，熊大爷的老伴邵大妈突然肚子作疼，脸色苍白不说，额头还直冒冷汗。大爷赶紧叫来邻居帮忙送到医院。医生一查，邵大妈得的是急性阑尾炎，要马上做手术。第二天手术完成，熊大爷才想起要给儿子说这事。儿子和媳妇赶到后，怪老人怎么不当天就通知，大爷说："大晚上的，你们开车危险。"

熊大爷说，儿子、媳妇如今也快40岁的人了，夫妻俩到这个年龄又要忙事业，又要照顾年幼的女儿，特别不容易。

同是过了古稀之年的陈大妈和老伴也是如此，因为儿子和媳妇工作、生活在上海，他们平时都是报喜不报忧。两位老人居住的小区是个老小区，平日里最担心出现的就是电器、电线等与电相关的问题。就在不久前，客厅的日光灯突然不亮了，大爷搬了把凳子，站上去想探个究竟。不料"砰"的一声，灯泡突然爆裂，把老人家吓得直哆嗦，站在凳子上一动也不敢动。事后，两位老人没有把这件事情告诉儿子。他们觉得，反正也没出什么事，说了只会让儿子担心。至于故障，还是钱海军到社区走访的时候帮忙解决的。

除了以上两类，还有一类空巢老人，他们盼着能有人每天说说话却苦于找不到对象，像中兴小区的陈大爷便在此列。

86岁的陈大爷有三个儿子，大儿子在慈溪，二儿子在北京，小儿子在宁波。老大因为住得近，每个月都会来探望老人，但老二和老三人不怎么来，电话也不怎么打，陈大爷甚至记不起最近一次和他们通话是在什么时候了。有一段时间，大儿子因为视网膜脱落，胆囊发炎，自顾不暇，自然也不能常去看望老人，于是，老人愈发寂寞了。

2013年，陈大爷遭遇了一场车祸，被撞伤了腿，就在他住院期间，老伴去世了。"她没有留下任何遗言，我也没见上她最后一面……"陈大爷说着说着，顿时眼眶就红了。

事后，车祸的肇事方为老人请了一个保姆，照顾了陈大爷几个月。陈大爷叹了口气："说句不吉利的话，还是受伤的那个时候好，至少有个人陪，后来保姆走了，都没有人跟我说话了。实在是孤单啊！"

好在老人家爱好文学，没事做的时候喜欢读书写字。为了打发时间，他一口气订了6份报纸杂志。"每天翻一翻，偶尔也作作小诗排遣排遣，时间很快就过去了——但这毕竟比不上有人在一起说说话啊。"

显然，与许多渴望生活上得到帮助的老人相比，陈大爷的要求来得更加地卑微，他只是渴望能够得到哪怕只是一丝丝情感上的关注。也许，一个陌生人不经意的一声问候，就会让他倍感关爱；也许，儿子们回家为他斟上一杯白开水，就可以让他整个冬季都觉得温暖。

表达灵魂的重要载体

美国散文作家、思想家、诗人爱默生说过："表达灵魂的重要载体当然是清晰明畅的语言，但它也同样醒目地表现在生命肌体的仪态、动作和姿势当中。这种无声而又微妙的语言，就是我们的行为举止。"而爱很多时候正是通过人的行为举止来表现的。为了使更多孤苦无依或者子女不在身边的老人感受到来自社会的温暖，"暖心"工作组从众多需要关爱的老年人中遴选了10户人家进行试点结对，并趁这个机会成立了钱海军志愿服务中心。

为了能够全方位地给老人们提供更好的服务，而不仅仅局限于电力方面的帮助，他们同时面向公司内部和社会招募志愿者。短短 3 天时间，就有 30 多名志愿者报名。

万事俱备，只欠东风。2014 年 12 月 2 日，以慈溪市供电公司钱海军志愿服务中心名义发起的"关爱空巢老人'暖心'行动"正式启动，来自新华社、中新社、工人日报、浙江日报等 16 家媒体的记者共同见证了这次"有温度"的活动。

"今天，我们为那些空巢、失独老人送上一份关怀和帮助。明天，当我们老了，也会有人像我们一样，给我们帮助和温暖。"在启动仪式上，时任慈溪市供电公司党委书记李广元介绍了成立钱海军志愿服务中心的初衷以及服务空巢老人活动开展的情况，并号召广大志愿者发扬钱海军精神，在服务空巢老人方面尽自己的一份心力。

随后，现场认领结对仪式正式开始。主持人在介绍空巢老人的情况时几度哽咽："93 岁的胡爷爷，很热的天，还穿着棉毛衫裤坐在路边，一脸茫然地在发呆，说找不到回家的路了；76 岁的朱奶奶，老伴今年刚去世，膝下无子，我们离开的时候，朱奶奶一下子抱住了我，她说舍不得我们走；71 岁的李奶奶患有严重的高血压和干燥症，常年服用大量药剂，每隔三个月就要去省级医院检查一次，她的老伴 74 岁的郭爷爷一坐长途车就要不停地上洗手间，不能陪同，他们经常说'我们这样的人，活着就是一种累赘'……"

老人们的现状让在场的志愿者们听得心酸不已，很多人多次落泪。当主持人问"谁愿意结对"时，浒山街道金山社区的张利珍主任第一个站了起来，表示愿意担负起照顾其中一对空巢老人李奶奶和郭爷爷的职责，并定期陪李奶奶去医院做检查。主持人请她谈谈感受，张利珍的回答甚是干脆："如果非得说，那么——我也想做个像钱海军一样的人。"

张利珍说，自己平时在社区工作，每天和居民打交道，经常有人同她说起钱海军和钱海军共产党员服务队的好，深入接触之后，她更被他们朴素的话语和真挚的感激之情所打动。"这些年，钱师傅一个人结对了那么多的老人，在生活上有求必应，在精神上体贴入微。他用他的实际行动改变了老人的精神状态，提高了他们的生活品质，也感染了我们身边一大批基层工作者，我觉得我们都应该向他学习。"

张利珍的话说出了很多人的心声，片刻之后，10 户空巢老人都已有了归属。

作为一对双胞胎儿子的父亲，慈溪市供电公司职工周海珍也成功与 88 岁的空巢老人朱奶奶进行了结对。他说："朱奶奶住得离我家比较近，照顾起来比较方便。我有两个孩子，现在正在启蒙的阶段，我想周末的时候带着他们一起去朱奶奶家里，陪她聊天，帮她整理房间，用我的行动给孩子树立一个榜样，让他们从小就有主动关心老年人的意识。我觉得这远比把孩子带到公园去玩更有意义。"《后汉书·第五伦传》中记载："以身教者从，以言教者讼。"想来，再没有比父母"以身作则"更好的教育方式了。

第一批空巢老人的顺利结对让钱海军和唐洁信心倍增，打消了心中原有的许多顾虑，很快，他们又制订了第二批次的结对计划。诗人华兹华斯有一句话用来形容他们可谓恰到好处："生活里没有真正的幸福，只有在智慧与美德中，我们才能够寻找到快乐。"很明显，他们是以一种满怀愉悦的心情去做所有事情的。因为愉悦，事后他们还对结对的老人进行了多次回访。

回访过程中，志愿者发现很多老人即便物质上没有大的改观，但是精神状态迥异从前，一个个脸上的尘霾尽去，人也变得开朗许多。其中改变最大的非朱阿姨莫属。自从在"暖心行动"中与钱海军志愿服务中心志愿者高栋寅结对之后，老人的脸上总是挂满了笑容。

唐洁至今仍然记得，朱阿姨第一次打电话过来的时候语气是很冷淡甚至是颇不耐烦的。当时，她在社区驿站张贴"寻人启事"，并表示老人若有电力方面的需求也可以拨打求助电话。恰巧，朱阿姨家里的浴霸坏了，看到告示，就拨通了电话。那时正是冬天，各种抢修、服务特别忙，唐洁将老人的信息作了登记之后，告诉她钱海军第二天会上门去修的。但朱阿姨并不买账，一连打了三个电话，语气特别生硬："怎么那么久没见你们的人

因为有爱，朱阿姨每天总是笑哈哈的（姚科斌／摄）

来？""怎么还不来啊？""你们怎么一直不来的啊？"那一天，等钱海军忙完各种抢修单子已是深夜，估摸着老人早已睡下。第二天，他便起了个大早赶去处理。修完后，等唐洁过去回访的时候，老人有些不好意思地说："原来你们还是不收钱的啊？怎么那么好的啦，钱不收，服务还好！"

几番闲聊，唐洁洞悉了老人的现状：老人没有子女，相依为伴的丈夫年初刚刚过世，这对老人的打击很大，一说起这件事情老人就忍不住掉眼泪，嘴边反反复复地说一句话："现在只剩下我孤苦无依一个人了。"不过，这是唐洁最后一次见到她伤心落泪，后来再去时，朱阿姨都是非常开心的。每次唐洁去看她，她都会亲热地打招呼："阿洁，你来了！"然后献上一个大大的拥抱，有时甚至是一个亲吻，平时她也会经常与唐洁和钱海军保持通话。

老人之所以有这样的转变，都是因为"暖心行动"。与朱阿姨结对的高栋寅下班后、双休日时常会抽时间去看望她，把她当成自己的亲奶奶一样，有时买菜，有时也做菜，而且他不光自己去，还会带着妻子和孩子一起去。

朱阿姨说，小孩认生，却肯让她抱，这让她开心不已。"以前觉得自己老公死了，小孩也没得，不愿意到社区里去，现在我儿子有了，孙子也有了，底气很足，隔三差五地跑去社区里凑热闹。"

朱阿姨的话，让钱海军和唐洁很有成就感。因为他们付出这么多的努力，无非就是希望通过志愿者的结对帮扶，为空巢老人提供力所能及的帮助，让他们的生活不再孤单。"谁家都有老人，谁都会有老的一天。今天我们为他们做点什么，等我们老了，相信也一样会有人来关心我们的。"钱海军说，"能坚持做志愿服务 10 多年真的是一件挺幸福的事，它让我收获了快乐，也得到了成长。在今后的日子里，我们会努力做得更多，做得更好。"

在"暖心行动"开展过程中，志愿者发现前期走访占去了他们的大部分时间，致使效率提不上去，为了温暖更多的空巢老人，钱海军找到了慈溪市民政局的相关负责人，想要得到一份慈溪空巢老人的详细名单——虽然在过去近 20 年的服务过程中，钱海军手头也记录了很多老年人的信息，但比起全市空巢老人的总数却是百不及一，他迫切地想知道所有空巢老人的位置分布，在能力所及的范围内，帮助更多需要帮助的人。

结果聊着聊着，他们发现与空巢老人相比，还有一个弱势群体更加急需帮助——残疾人。残疾人因为听力、视力、言语、肢体、精神、智力等方面的缺陷，谋生能力较差，而且还容易受人歧视，种种原因导致他们的生存状况十分堪忧，有不少人因病致贫、因病返贫。联想到习近平总书记提出的"精准扶贫"的理念，一个新的计划在钱海军等人心中形成了。他们决定在继续关注空巢老人的同时，将一部分精力用在服务残疾人贫困户上面——为残疾人贫困户排除家中的用电隐患，点亮一盏灯，这盏灯既是屋里的电灯，更是他们的心灯。

"只是心中点亮一盏灯，光芒照耀黑夜如明月，待到鲜花飞舞落缤纷，与你再相逢。"诚如歌词所唱，点亮一盏灯，屋子里就有光明；点亮一盏灯，年迈的老人将不再孤冷；点亮一盏灯，能给困境中的家庭温暖和希望。然而，点亮一盏灯，这在常人看来简单不过的事，对身体残疾的老人和贫困家庭来说却非易事。如果有一群人的出现，可以帮他们把灯点亮，那么灯亮了，他们的心也就暖了。

爱人者，人恒爱之

有人帮钱海军算了一笔账，这些年，他花在老人身上的钱都够在内陆省份买一套小户型公寓了。然而与对待老人的慷慨形成鲜明对比的是，他对自己却很吝啬。他的身上一年到头穿的都是工作服，因为抢修较多，衣服常被钩出许多破洞。平时他将有洞的地方塞入裤腰里，免得别人看见，但一开工就露了出来。

俗话说："你敬我一尺，我敬你一丈。"钱海军像对待自己的亲人一样对待这些老人，老人们自然也会以同样的方式回报他。有位叫朱可淦的退伍老战士因为钱海军帮他装了电灯又修了电扇还不肯收钱，待其忙完之后，老人坚持要送他下楼，钱海军本不答应，但老人说："送你下去对我来说是一件快乐的事情，你不能拒绝。"到了楼下，老人站得笔直笔直，向钱海军敬了两个军礼："看到你，我才知道'助人为乐'四个字的真正含义。请你接受一个退伍老兵最诚挚的敬意，敬礼！"这一声"敬礼"，让钱海军的从善之心愈加充实。

服务的次数多了，人也熟悉了。每次钱海军从金山、虞波、青少年宫等社区走过，社区里的老人总是热情地同他打招呼："海军，你来啦。"就像是日日见面的老朋友。在这些社区，钱海军还有一个"慈溪老娘舅"的美誉。邻里间发生了摩擦，只要他到场一劝，大家都变得和和气气的了，账也不算了，架也不吵了。

有一次，金山小区有对婆媳起了争执。婆婆80多岁了，和儿子媳妇住在一起。因为一些小事情，婆媳之间的关系闹得非常僵，儿子夹在中间左右为难，最后只能在房里用三合板隔一个空间出来。他们把钱海军请到家中，让他帮忙拉一根电线。钱海军赶来后看到这样的场面，心平气和地对那位儿

老人眼中的钱海军就是一个大写的赞，劳模是他当之无愧的代名词（钱海军供图）

媳妇说："我们以后也会老的，现在让着老人一点其实也就是在让着以后的自己啊。"朴实的一句话，让原本剑拔弩张的两个人的心瞬间都变得柔软了。钱海军又和他们聊了很多。最后，线也没拉，三合板也没隔，婆媳之间的关系慢慢地改善了。

得到过钱海军帮助的老年人对钱海军都很信任，他们有的不知道110、120，有的记不住子女的电话号码，却大多能背得出钱海军11位数的手机长号，有些老年人遇到事情的时候无论别人说什么都是一副将信将疑的态度，但是钱海军说一句话，他们坚信不疑。他们事无巨细，都会想到钱海军。有时甚至连门关不严实，也会打电话给钱海军："要么你来给我锁锁看?"于是，钱海军变得更忙了。

在从事义工的23年里，从刚开始的每周1至2个求助电话，到后来每天3至5次上门服务，钱海军的繁忙程度随着时间的推移与日俱增。翻看他的通话记录，你会发现，最多的时候他一天接到过21个求助电话，但钱海军觉得，为那些需要帮助的人排忧解难，自己责无旁贷。如果因为帮不过来就不去帮，那就太自私了。如今的钱海军俨然已经把服务当成一种习惯，把帮助别人当成一种乐趣。

有人这样对钱海军说，虽然你做了那么多的事，但是那些老人未必会记得你的名字。这话不假，有些老人记性不好，钱海军去过很多次了还是记不住名字，每当老人觉得不好意思的时候，钱海军就说："没关系，不用记住名字。您只要记住我的号码就行，有事情就打我电话。"私下里，钱海军说：

"其实，服务那么久，他们记不住我的名字，他们的名字我也记不全，但是我知道他们的号码，知道他们住在哪里，知道他们需要的时候怎么找到他们，这就够了。我们做事情，关键是要让人满意，让人感到快乐，干吗非得知道别人叫什么名字？"

"爱人者，人恒爱之。"社区居民用最朴实的方式回报了钱海军的赤子之心。2013 年 7 月，浒山街道虞波社区居民委员会换届选举，在选票的推荐人选一栏里，十几个居民不约而同地写上了钱海军的名字。钱海军并不是这个社区的居民，按说没有选举权和被选举权，但他们说："像钱师傅这样的好人都不选，我们还选谁呢？"

同时，他们对钱海军也有了更多的体谅。早些年的时候，除夕夜里，钱海军经常会接到各种求助电话，以至于他连续好几个年头没有同家人一起吃上一顿完整的年夜饭。但从 2015 年开始，老人们即使碰到问题也会等到正月初一再打电话，让钱海军能陪着家人一起好好地看场春节联欢晚会。等初一钱海军上门的时候，进门先给他一个红包、一杯糖茶，寓意新年里生活越来越甜蜜。钱海军说："虽然我不会收他们给的红包，也不会喝他们倒的茶，但是这种人与人之间的亲近感，让我觉得很温暖。"

还有一位老人以自己独特的方式记录了钱海军带来的温暖。老人的眼睛患有白内障，但她时不时会翻翻家里珍藏的一本记事本，记事本里记录的是钱海军为她做过的每一件事——这些内容大多是她怕自己记性不好，特意找人帮她记录下来的："10 月 24 日 10 点左右，海军又来看我了，他叫我注意身体，天气冷要注意保暖，有事给他打电话。看到我家的水龙头坏了，他说他记在心里了；10 月 28 日 10 点左右，他用自己的钱买来新的冷热开关龙头给我换上，我心里非常欢喜，给他买水龙头的钱，他坚决拒绝了，说我给他钱他下次就不来我家了。这样的好人真的太少见了……"

光阴在不断流逝，类似的故事也在不断上演。对于受助的社区居民（尤其是空巢老人）来说，钱海军提供的不仅是生活上的帮助，更是心灵上的慰藉。他把心掏给百姓，百姓自然和他心贴心。

第四章

别人下班了，我就该上班了

有人曾经这样问钱海军，"你也有自己的家庭，有父母，有朋友，也很需要时间跟他们相处，可是你每天服务那么忙，哪里还有时间陪伴家人？你这样做不觉得亏欠他们吗？……"

钱海军回答："说没有，那是假话，说不亏欠，更是假之又假。但是我想有些事情总得有人去做……我想不出不做的理由，所以我去做了，而且我的家人也支持我这么做。"

华灯初上，对于绝大多数家庭来说，是全家团聚、共享晚餐的时候。然而，对于钱海军一家来说，这样的温馨时刻少之又少。"下班后和双休日是我电话最多的时候，那些向我求助的居民通常都会这样认为：你上班没时间，下班总有时间吧。所以别人下班了，我就该上班了！"钱海军坦言，他每天至少有三分之一的休息时间都归社区居民所有。尤其最近几年，除去上班、出差和培训，钱海军的日常与服务形影不离。

有人曾经这样问钱海军，"你也有自己的家庭，有父母，有朋友，也很需要时间跟他们相处，可是你每天服务那么忙，哪里还有时间陪伴家人？你这样做不觉得亏欠他们吗？再者，每个人都有事情不顺、心情不好的时候，一个毫不相干的陌生人打一个电话，就让你为他做这做那，你难道就没有厌烦过吗？"

钱海军回答："说没有，那是假话，说不亏欠，更是假之又假。但是我想有些事情总得有人去做，如果我们每个人都只想着自己的小家庭，'各人自扫门前雪'，对身边的人、身边发生的事漠不关心，看到别人摔倒了不去扶，看到别人有困难不去帮，这个社会就太冷漠了。我不敢说我的想法就一定是对的，但是社会需要爱，老年人需要陪伴，我们能尽一份心力为什么不去做呢？我想不出不做的理由，所以我去做了，而且我的家人也支持我这么做。"

钱海军的话语看似轻描淡写，实则蕴含着他和家人巨大的付出。就像他说的，他能全身心地为用户提供优质的服务，离不开父母妻儿的包容和支持，但这种包容和支持换一个角度来讲，其实也是钱海军对他们的一种亏欠。

将往事如日历般一页页翻开，我们能找到许多这样的例子。

团圆之日总是少一个人

2013 年 2 月 9 日，除夕夜，天甚寒，钱海军带着妻子、女儿早早地就回到了周巷老家，打算与父母一起过年。母亲傅秋芬老人看见大儿子回来了，有些惊喜地说："儿子，今年除夕怎么回来得这么早啊？看来我们一家人终于可以坐下来好好吃顿团圆饭了。"往年的大年三十，钱海军总是要忙到九十点钟才能回家，有时甚至要忙到后半夜。这突然回来得早了，老人一时之间反倒觉得有些不适应了。

"嗯，今天没事，就早点回来了。"钱海军的回答模棱两可，似乎对能不能吃上团圆饭不是很笃定。

老人也怕有抢修电话打进来，待小儿子一家到了之后，早早地做起了年夜饭。谁知"头汤"（年夜饭的第一道热菜，当地人习惯称作"头汤"）刚刚端上来，中兴小区 11 号楼的傅建明傅大爷打来电话，说家里停电了，让钱海军过去看看。放下电话，钱海军跟家人说明了情况，从来不说什么的母亲开口道："你一口饭没吃呢，能不能跟人商量下稍微晚点再去啊。"钱海军有些为难，这时父亲拍了拍他的肩膀，说："去吧，儿子，换了自己家碰到这种问题也是要着急的。"钱海军放下手中的筷子，急匆匆地出了门。此时，户外鞭炮声声，空气里有幽微的硫黄味，好像在言说着除旧迎新的欢喜。

到了用户家中，傅大爷点着蜡烛焦急地在门口等候钱海军。钱海军进屋之后帮他整理了线路，排除了故障，没过多久，灯亮了，空调重新运转起

除夕夜的钱海军依然在忙碌（姚科斌 / 摄）

91

来，屋子里顿时又恢复了明亮和暖和。看着他们一家人热热闹闹地坐在一起吃年夜饭，钱海军觉得格外快乐，脑海中浮现了自己跟家人在一起吃年夜饭时的情景。他婉拒了傅大爷"一起吃点"的邀请，因为这时又有用户打电话过来了。

那天晚上，他一共跑了 4 户人家，等回到家已是夜里 11 点，放下工具包，觉得肚子有点饿，去楼下的小商店买了两包方便面用开水冲泡来吃，也算是给自己过了一个年。此时，妻子和女儿已经睡下，他在心里默默地说了一句："新年快乐！"

古人打仗素来讲究"照令行事"，击鼓进军，鸣金收兵。对于钱海军来说，用户的电话就是行军的号角。一个人的时候，他常常想，如果自己在洗澡时热水器坏了，供不出热水了，或者正在用的某个家用电器坏了，一定特别希望有人能立刻前来解决问题。正因为心中时时换位思考，所以每次只要用户的求助电话一响，他都能够深刻感知电话背后的焦急心情，觉得自己有责任把问题更快、更好地解决。他服务用户的时间多了，相对地，他能陪伴父母、妻女、亲戚、朋友的时间就少了。钱海军说，值得庆幸的是只要自己给家里人说明了情况，他们都会予以体谅，不会说"你在找理由啊"之类的话——这也是 23 年来他能坚持做志愿服务最大的凭恃。

2014 年的一天，钱海军的母亲在家忽然晕倒，摔了一跤，情况比较严重，需要马上住院动手术，而当时钱海军正在杭州学习。手术的前一天晚上，父亲给钱海军打电话："海军，你在哪里？"钱海军说："我在杭州出差。有事吗，爸爸？""要多久？""总共 6 天，我是前天到的。"父亲说："哦，那等你回来再说吧，我没什么重要事情。"

钱海军从杭州回到慈溪，先给父亲打了个电话："爸爸，你那里还好吗？"父亲说："还好，你忙吗？"钱海军说："我刚刚到单位，前几天人在外地，积了几个单子，现在正准备到老人家里去。"父亲说："好的，那你先忙吧，有空回家来吃饭。"老人怕儿子分心，没有把老伴住院动手术的事情告诉他，还叮嘱儿媳也不要说。

午饭后，钱海军在去五金店买插座的路上碰到弟弟，才知道母亲住院已经五六天了。他心里特别难过，作为大儿子，母亲住院动手术没能陪在身边，实在是说不过去，而父亲为了不影响自己工作居然还让妻子瞒着不说，他的心里一瞬间被自责填满了。他很想马上奔到母亲那里好好陪伴她、守着她。但是下午1点半有个检查，自己必须在场，他只能先把家里的事情放一放。"当私事公事挤在一起的时候，只能以公事为先，将私事放下了。"检查结束后，钱海军连饭都没吃，就跑到医院去探望躺在病床上的母亲。从私心来讲，他是希望能多陪母亲几天的，但最后他还是只陪了一个晚上。钱海军在医院的那个晚上，他的电话响了好几次，先后有3户人家家里的用电碰到了故障，让他前去查看一下。然而妻子和弟弟、弟媳等人都回去了，留下母亲一个人想喝水想吃点东西的时候怎么办？钱海军犹豫再三，打电话给一个相熟的同事让他替自己跑一趟。第二天，妻子买了早餐送到医院，钱海军拿上两个包子边走边吃，趁着上班还早，他到前一天打电话的那几户人家家里走了一圈。接下来的几天，在医院照料母亲的担子又落在了妻子和弟弟、弟媳身上。母亲从住院到出院总共经历17天，钱海军就陪了一个晚上。这在我们普通人看来，实在有点不近人情。

钱海军说，他曾经想过把这件事情记下来，一者是提醒自己对家人的亏欠，与家人相处的时候对他们好一点；二者他也想问问自己，这么做是对还是错，这个选择到底该怎么选才能两全其美。不过，这个问题似乎是个"悖论"，他找不出答案，至少于现在的他而言是无解的。所以，他只能先用心做好用户的服务。

类似的事情并不止这一桩。2015年8月26日是钱海军母亲70大寿的日子，钱海军答应母亲，为母亲过寿。江浙地区的人多有祭祀的风俗，做祭祀的时候儿女需要跪拜祖先。但是临到中午，钱海军因为要帮用户排除故障，午饭来不及去吃，做祭祀自然也没去。到了下午，电还是送不上去，钱海军满头大汗地忙碌着。妻子几次打电话来催促他，他每次都说："过一会儿马上好。"到最后，妻子忍无可忍，冲他发了脾气。5点50分，汗流浃背的钱海军终于排除了故障，他长出了一口气，对一直在旁边看他忙碌的两位老人说："今天是特殊日子，我得先回去了，就不陪您二位聊天了。"钱海军说，他没有告诉老人具体的事情，怕他们以后有困难了不好意思再叫他。出了门，钱海军穿着已经被汗水湿透的衣服，直接去了父母那儿。等他赶到时，亲戚朋友都已经吃完饭了。

亲戚们像是开玩笑又像是批评似的调侃他："到了这个时候怎么那么忙了？""就算事情再多，今天是你母亲 70 大寿啊，有什么东西放不下的？"倒是父亲和母亲在一边打圆场："他真的有事情，你们就不要说他了。"回头又安慰钱海军，"没事的，你不要放在心上，你心里有我们，就够了。"

对于钱海军的"不孝"，父母从来没有怪他的意思。他们只是说："孩子，你做的都是好事，我们打心眼里支持你。所以，别的也不说你了，不过你自己的身体一定要当心，毕竟是自己儿子，我们还是会心疼的啊。"

陈冬冬：在他心里可能工作更重要一点

"我觉得家人和工作，包括他所做的志愿服务，在他心里可能工作更重要一点，家人比起工作来只能排在第二位。"妻子陈冬冬这样评价钱海军的公而忘私。

在陈冬冬眼中，钱海军是个典型的"老好人"，自己当初嫁给他，就是看中他的诚实、热心："第一次同他打电话，声音很阳光、很正气，一听就有好感。见了面以后，觉得他人很正派，除了个子矮点，也蛮帅的，跟现在的小鲜肉比一点不差。而且跟他谈朋友的时候，他为人很热心，不管认不认识，只要跟他讲，他都能热情地帮助他人。我心想，这样的男人，对跟自己不相干的人都那么好，对我和父母、孩子肯定也会很好。"

但是结婚后，陈冬冬不免有些失落，钱海军好是好，可他的"好"分给她的却很少："他一日三餐基本都在单位吃，即使偶尔回家吃饭，也是求助电话响个不停，像完成任务似的匆匆扒上几口就背上工具包出门了，根本没有陪我吃饭逛街的时间。家对他来说，倒更像是一个旅馆。"由于钱海军素来不喜"表功"，做了什么事情从不对外宣扬，甚至对妻子这个枕边人也很少说起，所以两个人之间时常发生一些小摩擦。

刚结婚没多久，钱海军因为参加了社区里的义工组织，一有空老往社区跑，有时是晚上，有时是周末，而且常常一去就是好几个小时。妻子嘴上不说，心里却不由得嘀咕："一天到晚往外跑，干啥呢？"虽然她知道当时的社区文书是丈夫以前的老邻居，找钱海军过去就是到社区里帮个忙，可是具体做些什么事情她一无所知，心想晚上老出去又算个什么事儿。

有一回，两个人闹了别扭，陈冬冬问钱海军一天到晚到底在忙些什么事情。钱海军不肯说，陈冬冬就更生气了。为此两个人冷战了好些时候。后来陈冬冬在外出买菜的路上碰到了几个社区居委，他们同她开玩笑："冬冬，你们家钱海军做好事不留名啊，这个月已经有好几通表扬电话打到我们社区里来了。""钱海军在做好事啊？我都不知道。"陈冬冬这时才明白丈夫所做的事情。知道了事情的真相，误会就消除了，而她也很支持丈夫的行为。

有了妻子的体谅，钱海军愈发"得寸进尺"起来。到了后来，他将自己的双休日通通都奉献给了那些老年人。虽说知道丈夫的为人，知道丈夫做的都是好事，但有时陈冬冬还是会数落他："你那么喜欢那些老年人，跟他们过去！"对于妻子的责备，钱海军总是一声不吭，歉疚地笑笑，脑子里则想着：这时谁要是来一个电话多好啊，可以乘机走掉了。

两个人之间还常常上演这样的剧情：

妻子有事情想让他陪一下，知道他忙，就提前一天同他商量。比如，妻子要回娘家，就跟他说："海军，明天下午 3 点我们夫趟妈妈那里好吗？"钱海军的回答很爽快："好的呀，我们也有阵子没去了。"见钱海军答应，陈冬冬当然高兴啦，第二天梳洗打扮，就等着 3 点一到准时出门。结果出发前几分钟，用户电话来了，钱海军接起电话，就把答应妻子的事情忘得一干二净了："好的，好的，我马上过来。"有时说到一半忽然想起前一天答应妻子的事情来，就故意停顿一下，然后说："这个事情我懂的，很简单的，我马上就可以弄好的。"实际上对方根本没有说话，这话他是讲给妻子听的。

妻子在旁边又是努嘴又是跺脚："你昨天答应我什么事情还记得吗?"钱海军顾左右而言他："放心，我去一下就好了，很快的，你也知道，我是老师傅了嘛。"其实说这话的时候他心里一点把握都没有。妻子倒是相信他了："那你抓紧点，速去速回。"

钱海军到了用户地方，碰到简单的问题还好，处理完能及时赶回去，但大多数时候与他同妻子所打的"包票"有所出入。过了 15 分钟，妻子打电话问他："你快好了吗?""快了。"又过了 15 分钟，妻子见他还不回来，再打电话催他："快点快点，3 点已经超出了。""马上就好，马上就好，不要着急。"又过了 15 分钟，电话再次响起："都 3 点 40 多分了，你那里到底什么时候能好?""马上就好了，还有一个小零件没装上。"到第四个"15 分钟"的时候，妻子的声音变了，钱海军的态度也变了，这个问"你说话怎么不算话啊，说很快的，一个多钟头过去了还没好"，那个答"问题有点棘手，你自己去一下吧"。此时，若妻子回一句"好的"，钱海军最开心了，因为终于可以专心做眼前的工作了；若妻子不依不饶，等第五个第六个电话来的时候，钱海军怕起冲突，彼此间说出不好听的话来，就干脆不接电话了。

事后，钱海军仔细回想，其实这事也不能怪妻子不体谅，毕竟自己提前一天说好了的，说到底是自己失信在先，然而用户有突发事情打电话，怎么能不去解决呢，也许人家一年 365 天就叫了这么一回，不去可不叫人寒心吗? 虽然意识到了自己的问题，但回到家，钱海军说自己"从不低头"，因为低了头，下次就不好出去服务了。而妻子呢，似乎也把这件事情给忘了。于是，一个不追究，一个不道歉，冲突也就这样过去了。

陈冬冬私下里说："其实，我是懒得跟他吵，他这个人你跟他吵他都不响的，再者，有些事情也不是他能决定的。而且他没去，我妈妈非但没有怪他，还说这个女婿不错，为了帮助素不相识的陌生人能抛下自己的事情，思想很好，还要我向他学习。"

这样的事情发生了很多次，妻子对于钱海军"放鸽子"的事情也都司空见惯了，偶尔钱海军真陪着她去了，反倒觉得有些不可思议。

但人的忍耐力终归是有限的。终于有一次，陈冬冬还是忍不住"发火"了，那也是他们结婚以后吵得最厉害的一次。那是一个冬天的晚上，7岁大的女儿得了重感冒，烧得很厉害，陈冬冬心里特别紧张。当时家里只有一辆汽车，被钱海军开走了，陈冬冬给丈夫打电话，让他快点回家带女儿去医院。而钱海军正在用户家里忙着布线，让妻子自己打车过去。晚上10点钟，筋疲力尽的钱海军回了家。此时，女儿吃完药，刚刚睡下。钱海军进门之后，脱下鞋子，想问问女儿的情况，可夫妻俩还没说上一句话，手机铃声又响了。

"好的，好的，我马上来。"钱海军一边压低嗓门接电话，一边轻手轻脚地把鞋子穿上。

"干啥啦，又要去？你前脚刚回来，后脚就要出门，到底是那些老人重要还是你自己的家人重要？我也没有不让你去帮助别人，但是帮助别人也得有个限度吧，小孩子发烧你知不知道？"陈冬冬实在忍不住，冲钱海军嚷道。

面对妻子的斥责，钱海军不做声，手上的动作却没停下，他麻利地收拾好工具包就要出门。气头上的陈冬冬跟出去，一把拎起工具包，甩到了门外。工具包"啪"的一声重重地落在地上，也落在了钱海军的心坎里。钱海军其实也很想陪着女儿，陪着妻子，可是那些打电话来的老人怎么办？钱海军叹了口气，继续朝门外走了出去。陈冬冬原以为自己的愤怒会令丈夫改变主意，没想到他竟然不声不响，捡起工具包走了。她不由得又好气又好笑。

时隔多年之后，再回忆起这件往事，陈冬冬的眼眶里依旧泛起了泪花："我不让他去，除了他在家时，我们会觉得比较安心，更重要的原因是我真的很心疼他，白天已经忙了一天了，晚上那么晚才回来，结果连凳子都没坐热又要出去了，他这样下去身体要垮的。"

陈冬冬说她对丈夫只有一个要求，就是希望他多当心自己的身体："毕竟现在年纪大了，任何事情都要量力而行。"俗话说，知夫莫若妻。陈冬冬知道钱海军的性格，即使身体再不舒服他也不会跟人家诉苦。曾经有一次，刚刚挂完盐水、拔掉针头的钱海军接到老人的电话后，依然拖着虚弱的身体赶去查看情况、排除故障。所以，陈冬冬想让他晚上休息得好一点，她多次要求钱海军在晚上9点以后把手机关掉，服务的事情留到第二天再说。钱海军表面允诺，背地里悄悄把手机铃声设成了振动。他说，关机很简单，但是人家有难处了电话打不进来怎么办。有一次，他的电话忘了调成振动，铃声响了，陈冬冬接起一看，手机上显示的名字是"××老阿婆"，为了让钱海军多睡一会，她就告诉老人："阿婆，钱海军晚上经常抢修到很晚才回来，你以后有事晚点再打可以吗？"这个事情发生后的某一段时间里，老人打来的电话少了许多。钱海军却显得有些闷闷不乐，将一张脸拉得跟驴脸一样长。

共同生活了这么些年，陈冬冬对丈夫的秉性和脾气最是了解，丈夫是那种一根筋的人，一旦打定主意，就不可能改变。"既然改变不了，那就支持他吧！"陈冬冬想明白后不仅不再埋怨，还主动替钱海军分担起了压力。她对钱海军说："电路什么的我不懂，不过我愿意陪着你去看那些阿公阿婆。"最初，陈冬冬提出要陪钱海军一起去老人家里的时候，钱海军很不以为然："你去有什么用啊？还不如待在家里好好休息。"然而妻子的回答让钱海军改变了主意："陪你讲讲空话啊，省得你一个人孤单，万一黑灯瞎火的看不见，我还能给你照一下手电筒。"从那以后，钱海军晚上出去的时候，妻子经常会开车把他送到需要帮助的老人家里，也会帮忙购买开关、插座、电灯及其他的一些配件，还学习了不少的电器知识，周末得闲时更是与他一起去看望那些身体不便的老年人，带些自己亲手做的糕点与他们分享。后来她发现老人们牙齿大多不是很好，就买了一只烤箱，

陈冬冬经常同钱海军一起去看望、陪伴他所服务的那些老人（钱海军供图）

专门烘焙面包、蛋糕送给他们吃，可谓是"夫唱妇随"。因为丈夫的榜样在前，每次用户要给陈冬冬钱或者吃的东西，她也从来不要。

　　陈冬冬有时还在老人与钱海军之间充当着缓冲剂的角色。钱海军说话的嗓门比较响，有些用户不懂装懂，在他检查线路、安装插座的时候对他进行"指点"，钱海军怕被误导，会制止他们："你放心，我会弄好的，你在旁边看着就好了。"很寻常的一句话，但因为说话的声音响了点，不免让气氛变得有些尴尬。每当这时，陈冬冬就批评钱海军："你态度怎么这样的啦？说话不会好好说啊！"也不等钱海军辩解，扭头对老人说，"老伯伯（老婆婆），我们一边聊天去，不要管他。"说起这个，钱海军捋了捋本就不多的头发，畅快地笑了："说句真心话，我老婆其实挺好的！"

　　陈冬冬说，自己之所以会全心全意地支持丈夫，除了心疼，还有一个原因，那就是钱海军虽然忙，虽然将老年人的事看得比家里的事还重要，但只要自己或者女儿生病了，让他带点药，他从来不会忘记。"有时候有点感冒的症状，喝几杯水就好了，事后我忘了，他还记在心里。从这种小事上可以看出其实他心里是有我们的。所以他为那些老人付出我也能理解他。一家人，本来就应该相互扶持。他对我们好，我们自然也要对他好。"

　　陈冬冬说，丈夫其实是一个很简单的人，这么多年做这么多事就为图一个舒心。你只要能理解他，给他一些支持或者跟他一起做，他会非常开心。所以，平时家里的事情陈冬冬几乎一个人承包了下来，让钱海军能够专心做他喜欢做的事情，她对钱海军说："你做得高兴你就做，做得不高兴就不做，反正我和女儿永远站在你这一边。"对于妻子的理解，钱海军十分感激，他说："我的休息时间都交给老百姓支配了，只能让家人受些委屈。"

钱佳源：爸爸的眼里只有电

　　说起今年已经是 21 岁大姑娘的女儿钱佳源，钱海军心中充满了歉意：

"孩子都上大三了，这些年我陪伴她的时间很少，接送她的次数更是屈指可数。孩子小的时候，我也极少陪她做作业，甚至连她想全家一起旅行的愿望我也不曾替她实现。女儿曾在作文中埋怨说，妈妈很能干，什么事情都难不倒她；爸爸很忙碌，他的眼里只有一个'电'字。"钱海军说当他看到女儿的这段文字时，心酸不已。

每当有人问钱佳源，你想爸爸吗？钱佳源的回答是，想有什么用，他又不能来陪我。话是这样说，心里头却犹有期待。

"我觉得他陪我的时间好少啊，你说他平时上班也就算了，反正我也在上学，但是放了寒假、暑假他依旧是这个样子。周一到周五他出去，周六周日他也出去，晚上回来又那么晚，跟他交流的时间都没有，都有点陌生了。"初三那年，钱佳源和好朋友聊起各自的父亲时，她吐槽说自己都快忘记爸爸长啥样了。"我马上就初中毕业了，我想他带我去玩，远的近的都可以。"

"小时候，我爸带我去过北京，我们一起游览了长城、故宫、人民大会堂，还在中央电视台门口拍了照片，我想进去，但是站岗的人不让我进去……"聊起10年之前的那次北京之旅，钱佳源记忆犹新，说起其中的许多细节，让人感觉仿佛是昨天才发生的一般。朋友觉得很讶异，问她为什么会把10年前发生的事情记得那么牢。钱佳源笑着说，因为那次旅行是那么多年来父亲第一次也是唯一一次带她一起去旅游。

钱佳源上学之后，就很少再看见爸爸的人影。钱海军每天早出晚归，出门时钱佳源还在睡觉，回来时钱佳源已经睡下。平时钱佳源上学放学，也都是由陈冬冬负责接送。一开始的时候，钱佳源并不知道父亲整天在忙什么。后来知道父亲是在给社区里的爷爷奶奶修电灯的时候，她说，要是爸爸是超人就好了，留一半在外帮助老人，留一半在家陪伴自己。

钱佳源是个很容易满足的人，她曾经有一个小小的心愿：希望爸爸能陪着自己一起看场电影。这个心愿由钱海军的同事张璐等人改编成了微电影《三张电影票》，并请钱海军、陈冬冬和钱佳源本色出演。故事的剧情很简单，讲的是钱海军得知女儿的心愿后，答应陪女儿一起去看电影，结果连续两次买了票，最后都爽约了，留下钱佳源一个人在电影院。第三次，父女两人终于走进了电影院，结果看到一半，用户的电话又来了。这次钱佳源也不看了，她陪着爸爸一起去了老人家里。在老人那里，钱佳源感受到父亲的不易和老年人对他的尊敬，回去后她把父亲的三张电影票放入相册保存起来了，并在旁边写了一句话："爸爸终于陪我看电影了，我也陪爸爸去做服务了。"拍微电影的时候，谁也没想到这个虚构的故事后来真的会在钱海军和女儿的现实生活里十分雷同地演绎一遍。

钱海军说，在拍《三张电影票》前，父女俩真的一场电影都没一起去看过。妻子演完电影对他说："女儿说不说，但你也要多关心她一点啊。"钱海军没有应声，心里却觉得妻子说得很有道理。有一年正月初一吃过午饭，钱海军忽然对正在看电视的钱佳源说："源源，今天有什么打算啦？"见女儿不理他，又说，"现在有什么好电影啊，我们去看电影吧。"钱佳源简直不敢相信自己的耳朵："真的假的？"看爸爸不像是在跟自己开玩笑，随即雀跃起来："太好了，太好了！"看着女儿欢喜的样子，钱海军这才意识到，自己真的已经有很久没有好好陪过女儿了。他说："当然是真的啦。爸爸陪你连着看两场。"钱佳源连忙跑到隔壁房间把这个好消息告诉母亲，没过多久，陈冬冬走了出来，调侃他："钱海军，想不到你居然转性了。我记得今天早上太阳还是东边出来的啊！"钱海军在一边"嘿嘿"地笑着。

说走就走，钱海军带着女儿来到离家不远的小马电影院，乘着电梯来到4楼的售票厅。钱海军去柜台买了4张电影票，还给钱佳源买了一份10块钱一桶的爆米花。一路上，钱佳

那这样吧 我陪你一起去

《三张电影票》的最后，全家人一起去了老人家里（张璐/摄）

101

开心。然而就在电影即将开始的时候，钱海军的电话响了。电话来了，钱海军就要走了。不过这一次，钱佳源没有怪爸爸，而是很懂事地跟他说："爸爸，是不是抢修的电话？你去吧，没事的，不过第二场电影你要记得来陪我一起看啊。第二场在二号放映厅，你不要记错啦。"本来钱海军的心里还怪难受的，因为又要对女儿爽约了，然而女儿的反应让他很欣慰，他快步跑到楼下，开车去了用户家。由于故障有点复杂，钱海军修了将近 3 个小时，想起女儿还在电影院，他给妻子打了个电话，让她去接一下。妻子也乐了："钱海军你太不靠谱了，叫女儿去看电影，留下她一个人，接还要我去接的。"

显然，除了热心、专业、好人，不靠谱是钱海军身上的另一个很明显的标签。别看钱海军对老年人言出必行、有求必应，是他们心目中的"万能电工""贴心守护者"，对家人却常常说话不算话。他经常许诺一件事情，但最后总是不了了之。对妻子如此，对女儿也是一样。每次女儿跟他说想去哪儿玩的时候，他满口答应"好的嘛，下次有时间了我就带你去""好的呀，等到周末我们一起去"。然而，结果无一例外，下次永远是下次，有时间到最后永远是没有时间。

钱佳源说，爸爸做过的不靠谱的事情多到数也数不过来，而且似乎每一次的不靠谱都与他服务的那些老年人有关。有一次，陈冬冬有事外出，钱海军送钱佳源去学校，学校规定星期天下午 2 点钟以前必须赶到，不然当作迟到处理。那天钱佳源算了算，时间本来是很充裕的。路上，钱海军接到一个电话，跟女儿商量："源源，爸爸去个地方，马上就好，你稍微等我下好不好？"说着，他将车开到一个小区门口，三步并两步地上楼去了。钱佳源一直坐在车里等，眼看 2 点就要到了，钱佳源忍不住找旁边的人借了手机给钱海军打电话。钱海军给老人修完吊扇正忙着拖地，接到电话这才想起女儿还在车里，自己还要送女儿去学校，匆匆忙忙下楼来。一路上紧赶慢赶，在 1 点 58 分的时候赶到了校门口。

还有一次发生在钱佳源年纪还很小的时候，钱海军带着熟睡的女儿从周巷老家返回浒山，忽然想起长河有个老人前段时间给自己打过电话，就顺路去了趟长河镇。到达目的地后，钱海军自己上楼修东西去了，下车的时候顺便把车门锁了，只在车窗处留了一个很小的缝。钱佳源醒来后发现爸爸不见了，车门也被锁住了，特别害怕："我爸呢，我爸呢？"说着说着就哭了。她在车里哭了很久，旁边那些骑车经过的人听见哭声，都来围观。钱佳源就喊："救命啊，救命啊……"那些围观群众不知道这个小女孩在哭什么，看她哭得很伤心，车里又没有大人，准备打电话报警，这时钱海军从楼上下来了，钱佳源破涕为笑："老爸，老爸……"钱海军快步跑了过来，脸上略带着歉意。事后，钱海军说，下车的时候心里只想着老人的事情，以为很快能解决，谁知一弄弄了两个小时，竟忘了女儿还在车里。

与很多对儿女温柔以待的父亲不同，钱海军像要求自己一样严格要求着女儿。2012年3月发生的一件事，让钱佳源在很长的一段时间里一直耿耿于怀。那天，全家人一起在爷爷奶奶家吃饭。刚放下筷子，钱海军的手机就响了，金山新村的一个用户打来电话说，家里的电灯突然变得很亮，好像要炸掉似的。钱海军叮嘱对方先把所有的灯都关掉，等他到了再说。因为钱佳源还有很多作业要做，妻子便让钱海军把女儿先送回家。

路上车很堵，钱海军怕对方等得着急，直接带女儿去了用户家。结果到了那边，好几个住户家里都出现了相同的问题，钱海军让钱佳源在楼梯口等着，自己先排查故障去了。在钱海军埋头检查时，有个老大爷领钱佳源到三楼，楼上的一位阿姨拿了瓶酸奶给她喝，钱海军正好在这个时候走了上来，见状顿时拉下了脸："钱佳源，你怎么可以喝人家的牛奶！"旁边的老大爷见状，忙说："你这是干什么呀，不就一瓶酸奶的事情，犯得着这样吗？"钱佳源见爸爸当众训斥自己，觉得特别委屈，泪水"吧嗒""吧嗒"直往下掉，任凭别人怎么劝都不肯再喝一口，还赌气跑回了车里。

电力故障从7点修到9点，钱海军打开车门时，看到女儿已经在车上睡着了，脸颊上还挂着两道泪痕……那晚，钱佳源完成作业已是凌晨。

再度提起这件事情，钱海军脸上的神情很复杂："女儿太小，她难免会埋怨我。"他说事后自己也跟女儿交流过，并告诉她爸爸为别人服务，从来没喝过人家一杯水。"等她长大后，我想她会理解我的。"不过，女儿的成长显然要比钱海军想象中来得快。她不但"原谅"了爸爸，更认同了爸爸做事的原则。

2013 年 3 月 5 日晚上，"最美宁波人"2012 年度人物颁奖典礼在宁波大剧院举行，现场播放的短片中出现了钱佳源的作文片段："妈妈很能干，什么事情都难不倒她；爸爸很忙碌，他的眼里只有电……"这些话触碰到了钱海军内心最柔软的地方，他站在台上，眼眶有些湿润，当主持人让他给女儿说几句的时候，他接过话筒深情地说道："女儿，也许你现在还不理解爸爸，觉得爸爸太固执，太不近人情……但是有一天你会明白，爸爸做的事情是很值得的。还有，爸爸永远爱你。"这是钱佳源懂事以来第一次听爸爸对自己表露心声，坐在观众席上的她看到满场观众都在用雷鸣般的掌声向父亲致敬，她也举起了小手。掌声息了，钱佳源趴在妈妈耳边说："我的爸爸，其实是个了不起的好爸爸。他为老年人付出了很多，为这个家付出了很多，我们应该理解他、支持他。以后，我也会像他一样的！"陈冬冬疼爱地摸了摸女儿的头，觉得女儿长大了。

其实，打从记事以来，钱佳源嘴上虽然常常埋怨父亲，埋怨他不能像别的学生家长一样带自己玩，接自己上下学，但心里一直以父亲为荣。由于自小耳濡目染，在钱海军的影响下，她幼小的心灵里早已播下了助人为乐的种子，节假日里时不时地会跟随父亲的脚步，从事一些力所能及的公益活动。进入初中以后，她有心组织同学们利用课余时间做一些有意义的事情，比如做交通志愿者、结对助学、

"感动慈溪"颁奖结束，钱海军与女儿钱佳源合影（岑雷扬／摄）

104

钱海军的家人也时常参加钱海军志愿服务中心的各种活动。图为钱海军的家人和志愿者一起包饺子给老人吃（姚科斌／摄）

爱心义卖等等。她所在的慈溪市新世纪实验学校因势利导，索性以钱佳源的名字命名，成立了一个志愿社团，起草了章程、制度，让学生们在认真学习的同时，服务社会，奉献自己的爱心。后来，钱佳源升了高中、读了大学，她始终没有忘记父亲的教诲，善小常为，赠人以玫瑰。也正是在做好事的过程中，她对父亲有了更深的理解、更多的敬重。

这些年，家人对钱海军越来越支持，钱海军做志愿服务也越来越有底气了。他说，如果可以，他想一直做下去。等到很多年以后，他也老了，老年人碰到用电问题时还是会说起：那个头发没有的、个子矮矮的老头现在还在修吗？他可是给几万个人修过灯啊，要么让他来看看？只是不知道他现在年纪那么大了，还走不走得动啊？有这样一句话，此生就值了。钱海军说，哪怕到时自己走路颤颤巍巍了，不能爬上爬下了，给人递个插线板，那也是一种幸福。

第五章

风雨中的逆行者

几乎所有的天灾人祸降临人间，都会出现一个相同的现象：当民众开始往安全地带撤离的时候，总有一些"逆行者"，朝相反的地方前进，这些"逆行"的人中有消防员，有武警官兵，也有头戴安全帽、身穿工作服的供电人员。面对"菲特"来袭，国网慈溪市供电公司钱海军共产党员服务队的队员又一次冲锋在前，像一盏明灯，驱走了余慈两地人民心中的黑暗。

很多年以后，当余姚、慈溪两地的人们谈论起自己曾经亲历的五十年一遇、六十年一遇的自然灾害时，仍会将 2013 年那场台风挂在嘴边。它带来的破坏，它造成的损失，还有为了对抗它，余慈大地上发生的感人故事，都在人们的心头烙下了深深的印记。

台风对于中国东南沿海的人们来说，绝对算不上陌生，每年都要来走上几遭，有时行至半路就回去了，有时要一连扫荡好几个省份。它若心情好时，也会给予大地一些礼物，比如丰沛的雨水，顺便给"秋老虎"降降温，但是它若心情不好时，所过之处如同遭遇兵燹灾劫。

当我们把时间的指针往回拨到 2013 年 10 月，第 23 号强台风"菲特"是一个避不开的名词，它对中国造成的经济损失达 623.3 亿人民币，更使浙江全境出现了罕见洪涝灾害：素有"塑料王国"之称的余姚，因这一场降雨量相当于 75 个杭州西湖水量的狂风暴雨变成了一片汪洋，余姚全市及县区乡镇 60% 电力供应中断，24 万多户用户停电，整座城市陷入黑暗与恐惧中；与之相邻的慈溪市横河镇，也在台风带来的强降雨和上游水库泄洪的双重压力下，旱地成河，人车难行，积水漫过了路，漫过了桥，让平日里熙来攘往的街道变得静悄悄的……

当灾难来临时，伴随着痛苦而生的往往是温暖。得知余姚受灾的消息后，大量的救援人员从天南地北赶来，无数的救援物资从四面八方涌来，而且其中有相当一部分人员和物资还是来自同样受灾严重的慈溪。这正应了《吕梁英雄传》里的一句话："邻家邻舍的，总要守望相助，疾病相扶。"因为无私付出，那一年，来自慈溪的"擎天柱"上了许多媒体的头条；那一年，同样来自慈溪的钱海军共产党员服务队得到了浙江省委领导的称赞。

　　几乎所有的天灾人祸降临人间都会出现一个相同的现象：当民众开始往安全地带撤离的时候，总有一些"逆行者"，朝相反的地方前进，这些"逆行"的人中有消防员，有武警官兵，也有头戴安全帽、身穿工作服的供电人员。面对"菲特"来袭，慈溪市供电公司钱海军共产党员服务队的队员又一次冲锋在前，像一盏明灯，驱走了余慈两地人民心中的黑暗。

　　与他们有过交集的人们不会忘记，在污水浸泡的变电站，在倾斜的电杆旁，在黑暗的乡村小路上，在满目疮痍的民房村落间，一个个身着红马甲的钱海军共产党员服务队队员蹚着污浊的水，扛着重重的检修工器具，抬着送给灾民的蜡烛、手电、干粮和水等物资，与天灾奋勇搏斗。一日又一日，一夜又一夜，他们熬红了双眼，喊哑了嗓子，划伤了腿脚，累出了毛病。而在他们的努力下，台风中受伤的城市重新站了起来，一盏盏灯被点亮，一颗颗心被抚慰，一个个村镇又迎来了幸福和希望。

风雨中的逆行者（姚科斌／摄）

险情就是集结号

"钱师傅，我们家的架空层进水了，电又关不掉，你赶快来看一下啊！""海军，我昨天晚上窗户没关好，现在厕所间的水都漫到客厅来了，把地上的插座浸湿了，你能不能帮我想想办法啊？"2013年10月7日凌晨5点左右，钱海军的手机已经被金山新村的几十位老人打爆了。他从床上跳了起来："雨下得这么大吗？"拉开窗帘，见识了疾风劲雨的威力，他穿上衣服夺门而出。

刚进入老人所在的小区，钱海军被眼前的景象惊呆了：金山新村的积水普遍已经没到小腿，菜场附近更是深至齐腰，没走几步，他脚下的高筒雨靴就"装"满了水。虽然生活在慈溪这片土地上的人们几乎年年都能见到台

钱海军冒雨查看电表箱（姚科斌／摄）

110

风，但像眼前这么大的风雨还真是少见。钱海军没有犹豫，蹚着水，依次关掉了居民楼架空层的隔离开关。

想到其他小区也可能存在类似的情况，钱海军在共产党员服务队的微信群里发了一条信息，20分钟后，8名队员陆续赶到。钱海军将人员分成4组，冒雨对附近的小区一一进行查看。而这些小区里的住户显然不知道，在这个暴风骤雨的清晨，当他们还在与周公下棋的时候，钱海军共产党员服务队已经在忙着为他们排除用电安全隐患了。

就在钱海军率领队员们保卫家园的时候，另一路人马早已集结待命，准备奔赴抗台最前沿。

当日凌晨1点15分，2013年第23号强台风"菲特"在福建省福鼎市沙埕县沿海登陆，位于浙南地区的温州市苍南县首当其冲。苍南县因受台风侵扰较多，一度被人称为"台登县"，此次台风登陆地虽不在苍南县，但是该县仍旧不能幸免于难，受灾严重，电网设施亦在其列。

上午7点30分，由58名精兵强将组成的钱海军共产党员服务队抢险突击队奔赴抗台第一线支援苍南县的电力抢修。当时，室外雨横风狂、视线极差，支援车辆顶风冒雨，一路克服高速封道、路障堵道等困难，在天黑前艰难抵达抗灾前线。次日清晨，面对台风过后成排倒下的电杆、断裂散落的电线，以及被连根拔起的大树和四处漂浮的垃圾，钱海军共产党员服务队的队员们不顾前一日路途的惊险和辛劳，立即展开抢修，并给自己定下了半日指标：中午12点前，将安平792线31基电杆全部扶正——这可是正常情况下七八十人一天的工作量。

由于前一日的雨下得很大，而电杆又大多位于稻田中间，土质泥泞、极不受力，电杆就算立起来了也容易发生二次倾倒。"砰砰砰"，几名经验丰富的队员抢起大锤凿向了路边的巨石。碎石翻飞，好似要穿空崩云一般，站在一旁的人纷纷退了开来。待他们敲得差不多了，其他人就端起敲下来的石块填塞在电杆底部，很快那些原本瘫成一团的淤泥像是被水泥浇筑了似的，把电杆稳稳地固定住了。有了一个好的开头，接下来的事情就简单得多了，

钱海军共产党员服务队支援温州，台风后开展电力抢修（岑雷扬／摄）

队员们如法炮制，4个小时后，安平16号至46号电杆一扫之前的颓势，像一队接受检阅的卫兵一样笔挺站立。但大家顾不上高兴，再次集合开"站班会"，制定下一个"半日指标"。

经过两天的奋战，胜利的曙光已在眼前。这时，一个令人震惊的消息传来：受灾最严重的不是温州，而是与慈溪毗邻的余姚。受"菲特"影响，余姚遭遇了中华人民共和国成立以来最严重的一次水灾：城区大面积受淹，主城区交通瘫痪，大部分住宅小区低层进水，进水还导致部分变电所、水厂、通信设备出现障碍，供电供水困难；余姚市辖区内的21个乡镇、街道均有不同程度的受灾，受灾人口达到80多万人。雨情大、水情险、灾情重，是摆在余姚人民面前的亟须破解的一道大难关。

险情就是集结号。得知余姚受灾的消息后，慈溪市供电公司总经理王伟当即拍板，组织力量增援余姚。10月9日早上6点，天还没有大亮，临危受命的钱海军共产党员服务队农电分队已经在去余姚的路上了。

从慈溪市供电公司到国网余姚市供电公司不过 20 来公里的路程，然而，抢修分队这一路行来并不顺利，甚至可以说是险象环生。马路上到处都是积水，看不清路况，车辆行驶途中颠簸不断，好似开在河中央。若是身体素质差一点的人，光是这一段"旅程"就足够他们喝一壶的。

当抢修队伍到达姚江边的时候，更大的危机降临了。队员们发现这条昔日对余慈两地人民来说再熟悉不过的江河如今已经变样了：它与周围的道路重叠在一起，桥已不成桥，路已不成路，去国网余姚市供电公司的通道就这样被阻断了，如果换一条路绕行需要花费很长的时间，而且也不能确定一定可以通过。怎么办？担任临时队长的马旦果断决定，寻找附近受灾严重的小区，就地展开救援。

马旦从通讯录里翻出国网余姚市供电公司相关负责人的电话，按下了拨出键，但是现场的通信信号时有时无，他只能反复拨打，原本 1 分钟就可以问明白的事情用了 20 分钟。等他挂断电话，另一名队员也从附近居民口中问来了信息。两下一合计，农电分队将此行的第一站锁定在了余姚主城区受灾最严重的花园新村居民小区。

当队员们辗转来到小区门口时，虽然心里早有准备，但还是被现场的"壮观"景象"震撼"到了：这里的积水浅的齐腰，深的没过胸口，水的颜色呈灰褐色，间或还有泥黄色，水面上漂着厚厚的油污，还有多到让人迈不开腿的垃圾，气味十分难闻，像在垃圾桶里放了半年的牛奶与臭了半个月的鸡蛋搅拌在一起，隔 10 米远嗅到味道，都能让人胃里反酸，吐上两天。但是，钱海军共产党员服务队里没有退缩的兵，抢修队员互相鼓励，互相搀扶，拨开了拦路的垃圾，蹚着污水一路涉险前行。行不多久，他们穿在身上的衣服湿透了，变成了累赘。短短 1000 多米的路程显得格外遥远和漫长。

"这么大的雨你们还来呀？""师傅，什么时候能来电呀？"看到抢修人员头上的帽子，花园新村小区里那些原本趴在窗前愁眉不展、神情颓丧的人们忽然有了生气。

看着一双双满是殷切期盼的眼睛，队员们忘掉了所有的疲惫。小区里的住户显然不知道，这支队伍原本的任务只是协助国网余姚市供电公司查勘灾情，消除安全隐患，可看到因为停电而陷入焦灼的居民，队长马旦经过初步勘查，作了一个大胆的决定：为这个小区实施临时供电的"亮灯工程"。这无疑给队员们增加了1倍以上的工作强度，但谁也没有说一个"不"字，大家表示无条件支持队长的决定。

很快，20多名队员被分成两组，一组对原有线路进行拉网式检查，一组在居民楼里放临时线。负责检查的组员按计划对原供花园新村的10千伏线路上的电杆逐一进行排查，并拉掉位于电杆上部的开关。湿透的电杆有带电风险，不能直接攀爬，而现场又没有皮划艇一类的工具，怎么办呢？急中生智的队员找来了居民家中被洪水冲坏的门板。门板浮在齐腰深的水面上正好可以充当小船用，一名队员站在门板上将手中的令克棒（绝缘棒）高高举起，断开了开关。然而因为脚下不稳，险些从晃动的门板上掉下来，幸得几名队员跳过去帮他扶住，"门板船"才没有"说翻就翻"。另一边，负责放线的组员也在重重困难中紧张有序地忙碌着。

夜幕降临了，队员们又累又饿。他们从清晨出发忙到现在，只吃了一顿早饭，肚子里早已鼓声震天。有些住户不忍心，从家里拿来矿泉水，也有的劝他们改日再修："师傅，那么晚了，要不你们先回去吧，电明天送也没关系。"行百里者半九十，队员们显然不愿意半途而废，实在累得扛不住了，就坐在脏兮兮的地上休息一会儿，休息好了继续起来干活。就这样，在洪灾初期，钱海军共产党员服务队凭着钢铁般的意志，当晚就点亮了余姚灾区黑夜里的第一盏明灯。

而在同一天下午，国网慈溪市供电公司另一支由3辆应急抢修车、10余名骨干精英组成的支援队伍抵达国网余姚市供电公司，共同商讨抢修任务，分配抢修区域。接下来的几天，更多的钱海军共产党员服务队队员被派到余姚。从10月9日至14日，国网慈溪市供电公司共出动465人，最多一天达到203人。"帮助兄弟县市尽快恢复通电是我们的任务。"简明扼要的话语，踏实有力的行动，记录着余慈两地人民的情谊。

往水最深、房最破的地方去

旧时的说书先生在交代两条并行的线索时常用"花开两朵，单表一枝"进行过渡，此处我们也来表表另一条线索——在钱海军共产党员服务队倾力支援温州、支援余姚的同时，慈溪本土的抗台抢险也在紧张进行中。

"菲特"过境，在其带来的强降雨以及上游水库泄洪的双重压力下，位于慈溪南郊、毗邻余姚的横河镇成了和余姚不相上下的重灾区，一些低洼地带积水超过一米深，山区里还发生了泥石流等地质灾害，多个村子受到影响，许多村民家中的积水严重危及安全用电。没有什么比人身安全更重要！为了防止触电伤亡事故的发生，慈溪市供电公司对秦堰村、子陵村、乌玉桥村的部分区域进行了停电。

台风来得快，去得也快。只不过，台风成了过去式，可它带来的降雨仍

风雨虽疾，挡不住电力人的脚步。图为钱海军在排查路上（潘玉毅／摄）

在持续。由于水位下降得很慢，一些积水深的地方，老百姓被困在家里出不去，甚至连饭都吃不上。刚刚结束城区走访工作的钱海军闻讯后，从每个供电所、服务站抽调了2名钱海军共产党员服务队队员组成一支28人的队伍。他们披着雨衣，蹚着积水，把方便面、蛋糕、矿泉水、手电筒、药品等救灾物资及一份《致横河居民安全用电告知书》挨家挨户送到数千户居民家中。出发前，他们先开了一个站班会，钱海军老调重弹，向队员们强调了安全和纪律，要求做到像平时一样，不喝用户一杯水，不抽用户一支烟。

他们最先到的地方是积水较深的梅川社区，梅川社区河滨西路上有位叫陆华明的低保户，50多岁了，长年一个人独居。这次大水把他家门前的院子淹了，还堵住了外出的唯一一条通道，老人被困在家里，无计可施。钱海军和队员们携带物资赶到的时候，发现通往老人住所的路上积水足有五六十厘米深，穿着雨鞋也走不进去。他们借来了皮划艇，划着皮划艇为老人送去了面包、水等食物，并嘱咐他不要使用被淹过或受潮的家用电器。

离老人住所不远处的一间老房子里住着一位老阿婆，子女外出了。眼看着屋里的水越涨越高，她让邻居帮她把冰箱等家用电器抬到长凳上面，以为只要电器不碰着水就没有隐患了。队员们经过检查，发现冰箱上有感应电，建议她把插头拔掉，但老阿婆说冰箱里存放着好几条带鱼，如果插头拔掉了，担心鱼会发臭。钱海军和队友反复劝说，才让她改变了主意。

类似的事情，队员们沿路碰到好几起，老年人通常都比较固执，对安全用电的知识了解得又不多，觉得只要还没跳闸，水还没淹没插座和电器就是安全的，队员们只能一遍又一遍不厌其烦地跟他们解释，直到把他们说服为止。

随后，队员们又来到了靠近河边的横河老街，这里的积水并不是很深，然而形势却不容乐观。饱受风雨摧残的老街简直可以用颓败来形容，一排排的老店关的关了，搬的搬了，如一个身子佝偻、茕茕孑立的老人，再没有昔日的风采。要知道，在十几年前，这里绝对是一个繁华街道，镇里百姓需要的生活用品几乎没有买不到的。那时候的老街就像一个正值好年华的姑娘，

因为水太深，钱海军和唐洁只能划着皮划艇进去（张璐／摄）

吸引着整个镇子里的人都往这儿跑。那时到老街去多半得倚赖双脚或者自行车，常常一行就是半个小时，路远的还得坐上几个小时的三卡车，再走上个把小时，但是谁也不嫌长，谁也不嫌累。熙来攘往的赶集人挑着担或是推着自行车从七星桥走上走下，甚是繁忙。即使随着城市的发展日新月异，与林立的高楼、喧闹的街市相比，老街显得越来越不起眼，但还是会有人时常来这里走走逛逛。而"菲特"的造访中断了这种"时常"。

经过连续几天的降雨，东横河的水位已经高出路面稍许，河堤低矮的地方，河水已经倒灌进了紧挨老街的房屋，屋里的水排不出去，积了一尺来高。远处的河边上，穿着制服的武警官兵正在扛运沙袋，对堤坝进行加固加宽。钱海军共产党员服务队的队员们也不敢掉以轻心，逐户排查隐患，叮嘱用户注意用电安全。

在沧田弄一带有许多出租屋，且大多是老房子、老线路，不少线头裸露在外面，非常不安全。队员们对室内室外的用电线路和设备进行了摸排，对能处理的隐患进行了处理，对不能处理的隐患进行了登记，并把没有离开的住户叫到一起，给他们上了一堂"安全用电课"。

走出沧田弄，雨越下越大了，队员们的眼睛都有些睁不开。他们身上的雨衣，没能挡住风雨来袭，忙碌了大半天，雨衣下面的工作服鲜有干燥的地方。但是谁也没有叫苦喊累，因为大家的心里都存着同一个信念：我们多查一点，用户就会更加安全一点。队员们的努力，沿途的居民显然也看在眼里，当他们离开或者经过的时候，很多居民站在屋檐下向他们行注目礼，有人说："师傅，你们辛苦了，休息一下吧！""师傅，雨那么大，你们先进来避避雨啊！"碰到一些水深的地方，有人好心地为他们指路，还有人推着自行车要来载他们。这让队员们心窝里暖暖的。

村子里小巷深幽，有些地方连路都找不到，但队员们没有退却，反而专向水最深、房最破的地方走，因为他们知道，那里才是最需要帮助的地方。当他们经过一间破旧不堪的老房子时，看到门是反锁的，房子底部还浸泡在污水中，向邻居打听之后得知里面住着一位80多岁、患有老年痴呆症的戎老太太。老太太的丈夫去世已经很多年了，大儿子几年前也得病死了，现在只剩下她一个人独自居住在这间破旧不堪的老房子里，由经济并不宽裕的大儿媳和小儿子轮番照料。所谓照料，无非就是每日里给她送点吃的过来。这次台风，大儿媳和小儿子家里也遭了灾，已经有一天没来了。

队员们设法将门打开，看见老人有气无力地躺在床上。床很旧，用手一推，"吱吱"作响，感觉一不小心就会散架。简陋的小屋里光线昏暗，所幸地势还算高，积水已经退得差不多了，透过残留的痕迹，依稀可以看到屋里的水也曾泡到床板底部。老人看到有人来了，一连说了三个"渴"字。队员们见状，鼻子酸酸的，赶紧打开矿泉水喂给老人喝。当老人的嘴唇触碰到水瓶的那一刻，她没精打采的眸子陡然变得鲜活起来，一把抓过瓶子抱在手里大口大口地喝着，但队员们分明发现，有两行泪水顺着老人眼角的皱纹滑落到了枕头上。女队员唐洁心思细腻，怕老人喝得急了会呛着，轻声地跟她说："阿姨，你慢点喝，我们这里水还有。"她打开了一包面包，塞到老人嘴边："阿姨，您饿了吧，吃点面包。"老人猛地点了点头，嘴里含糊不清地说着"嗯"。唐洁坐在床沿，一只手拿面包，一只手拿矿泉水，像服侍自家的长辈一样服侍着老人。待其他队员检查完毕，确定老人家中的电力线路没有安全隐患后，她又将几只面包的外包装撕开、将几瓶矿泉水的瓶盖拧开，放在老人近前的桌子上，这才离开。

一路行来，老百姓殷殷期盼的目光，翘首以盼的画面，成了队员们脑海中挥之不去的影像，让他们对自己身上的责任与担当有了更进一步的认识。

"蹈海"英雄

古语有云："狭路相逢勇者胜。"为了加快横河地区复电的步伐，慈溪市供电公司集结了宗汉供电所、横河供电服务站、胜浦供电服务站、农电公司的精兵强将，亮出共产党员服务队的大旗，分区分块对受灾地区的配电设施、线路、电表、用电设施进行检查，对电力线路、插座等电气设备无浸水受潮情况的及早进行送电，对存在隐患不能送电的用户做好解释工作，安抚他们的情绪。在整个过程中，每一个队员每一天的表现都很优秀，可以这样说，随手一抓就是典型，随口一讲就有故事，比如袁国英和田刚。

袁国英和田刚是高压巡视组的一组队员。

10月10日早上7点不到，两个人便准备好行头出发了，当天他们要巡视的是秦堰线的其中一段。由于地势低，秦堰村的积水相当严重，全村1900余户人家，家中进水的将近1300户，村民家里的用电设施均不同程度受到水淹影响。恰巧村里排水用的翻水站又出了故障，所以尽管台风已经过去了两天，防汛形势依旧严峻，抢修车辆通行受阻，很多地方甚至连道路都看不见。如果换作一般人，早就望而却步了，但是这两个人没有。

他们沿着秦堰线仔细地查看着水位和相关配电设施的情况，不放过任何一处潜在的安全隐患。虽然工作任务很重，但他们忙而不乱，做事井井有

巡视路上，齐心协力（傅立韵/摄）

条。有些路段靠近河边，积水早已没过路面二三尺高，肉眼看去白茫茫一片，分不清哪里是路哪里是河，他们只能凭着感觉和两边的参照物缓缓前行，尽量不让自己摸到河里去。

路上的水真深啊，以至于连走路这种稀松平常的事情在此时都变得格外艰难，袁国英和田刚每走一步，水就"哗哗哗"地响几声，随之而来的便是强大的阻力。而且最糟糕的是这些水的水质很差，水面上东一簇西一丛地漂着亮闪闪的油花，让人看了就觉得恶心。但是袁国英和田刚似乎一点都不怕脏，一丝不苟，一基电杆一基电杆地排查着。

其中有一基电杆立在田中央，两边是河，一面是沟。稻田里种植的毛豆已经看不见了，只有水面上浮起的叶子让人知道它是毛豆这种作物；棉花个子高，但也仅能看见些"头发"，而且黑黑的，已经开始腐烂了。袁、田二人无所畏惧，把脚扣背在肩上，扛着令克棒，踩着污水沟，从田里绕道过去。田里的淤泥本就泥泞，在污水的作用下，变得更加黏了。脚下一使劲，整个人就不住地往下陷，再想要提起来就特别费劲，只能努力向前"挪移"。

10米，9米，8米……电杆越来越近，终于到"目的地"了，两个人不约而同地笑了起来。谁知脚步移动的时候碰到一块石头，袁国英一龇牙，一个趔趄，掉进了旁边的污水沟里，水一直淹到了下巴的位置。袁国英一回头，把田刚笑得前俯后仰，原来污水把袁国英的国字脸涂成了京剧里的大花脸。

但笑归笑，工作可耽误不得。田刚将脚扣扣在电杆上，小心翼翼地往上爬。当他登上电杆时，裤管就像打开了的水龙头，汩汩地往外喷水。袁国英把令克棒递给他，只听"嗒"的一下，令克（跌落式熔断器）便断开了。这在往常轻而易举就可完成的事情，今天却花费了他们大半个小时的时间。

整整一个上午，他们像"浪里白条"一样，在水里蹚来蹚去，身上的衣服湿了又干了，干了又湿了。由于长时间在污水里泡着，他们身上的皮肤表面出现了一个个红红的斑点，像是因为水质不好而引起的过敏。事后有人问袁国英和田刚抗台这几天累不累的时候，他们说："累是累的，但既然做了这份工作，这些都是应该的。如果我们怕苦怕累，那些老百姓就要倒灶（倒霉）了。"

有时，沿途还会碰到一些用脚"走"不进去的地方，他们就从别处调来皮划艇，划着艇向前行进，把需要解决的故障解决掉。但如果安全条件允许，多数时候他们宁愿湿漉漉地蹚水也不愿划艇，因为"速度太慢"，影响工作效率。他们是如此朴实的一群人，以至于沿途不管碰到用户询问什么时候能送电还是有些不讲理的人对他们恶语相向，他们都耐着性子一一做好解释，跟他们交代安全用电的各种注意事项。

这多半天的活干下来，袁国英和田刚累得腿都抬不起来，话都不愿多说。休息的时候，他们一屁股坐在地上，脱下雨鞋顺势一倒，里面全是水，味道还特别不好闻。两个人的脚因为长时间浸泡在水里，早已蜇得肿胀不堪，还隐隐发疼，但他们哼着小调，浑然没将这些放在心上。中午吃过便当，稍事休息之后，他们又开始忙碌了。

正是在许许多多像袁国英、田刚这样的队员的努力下，当地停电区域第一时间恢复了供电。送电之后，他们也没有放松，走进用户家中了解用电情况。"阿婆，电送上了啊？一切都还好吧？要注意用电安全啊！""大伯，家里电通了没？电器使用情况怎么样？"街头巷尾都是他们的声音。对于已经通电的住户，队员们忙着检查用电设备，消除用电隐患，宣传用电知识；对于仍不具备通电条件的住户，他们动之以情，晓之以理，耐心解释无法通电的原因，做好用户的心理疏导工作。

可以这样说，恢复供电后的回访过程与排查险情、抢修服务比起来，并不轻松多少。尤其是很多人都已习惯了灯常亮、家用电器常开的日子，忽然没有了电，这日子变得甚是难熬，难免有用户将怨气转嫁到电力职工身上。队员们冒着风雨奔波来奔波去，到最后还落得个被数落的结局，按说换谁都得生气，但服务队的队长钱海军说："我们被数落不要紧，重要的是确保了他们的安全。"

经过 8 天的艰苦奋战，慈溪电网于 10 月 14 日全部恢复正常运行，实现了横河镇和其他乡镇、街道受灾居民"户户复电"的目标，比原定计划提前一步取得了这场"战役"的胜利。然而，对于钱海军共产党员服务队来说，攻坚任务尚未结束。10 月 14 日、15 日，完成本土复电使命的服务队也相继奔赴余姚，与在余姚支援的服务队合兵一处，共同展开工作。

就是要弘扬这种精神

连日来，因为忙着排查险情，一日三餐有一顿没一顿的，到了后期，钱海军的胃病发作得很厉害，他一边吃着胃药，一边照常忙碌。队员们都劝他注意身体，他说"我没问题的"，坚持要与大家同行。

10 月 14 日，钱海军共产党员服务队按照计划对安居乐、新西门路等小区进行用电检查及表后线服务，发现一起故障处理一起。钱海军则在接到指令后，与另两名队员来到了余姚城区受灾最严重的花园新村小区，开展灾后回访与用电隐患的排查。

与第一次马旦等人到来时不同，如今除了少数区域，积水基本已经退去，但墙上的、车上的痕迹十分醒目地提醒着每一个经过的人这里曾是此次台风的重灾区。灾后的小区到处都是垃圾，路边上还堆满了淤泥，即便戴着口罩也挡不住浓浓的恶臭。小区里的住户们正趁着天气放晴把屋里受潮的家具、家电搬到屋外进行冲洗和晾晒。

　　钱海军三人循着到处都是淤泥和垃圾的小巷子，沿途查看用户家中的用电设备和用电情况，提醒他们注意安全，并向一些暂时通不上电的住户做好解释工作。走到莫家弄 31 号时，户主徐林江看到钱海军头上的安全帽，拄着拐杖走了出来："师傅，你们来得正好，我有问题想要请教你们。"原来，小区送电之后，徐林江家里的灯也亮了，但是考虑到先前积水有一米多高，他的心一直悬着，生怕出什么意外。他问钱海军是不是可以把被水浸过的线路剪掉，让楼上可以安全用电。

　　徐林江的一只脚在发大水的时候扭伤了，现在脚上还打着石膏。钱海军赶忙让他坐下："你不要着急，我们先查看一下再说。"说着，他走进屋里四下一瞧，看到室内有两条插线板的线路是用钉子固定在墙上的，从开关处一直沿墙壁延伸，插线板已经老旧不堪。钱海军拿出漏电检测仪和绝缘电阻表对室内的线路一一进行查看，发现存在严重的漏电现象。

　　看到墙上还未消除的水渍，钱海军和两名工作人员经过对插线板仔细测试和排查，发现插线板浸过水以后，里面电子的绝缘性已达不到规定要求，现在只要一通电整个插线板都带电，如果用户不小心碰到就会导致触电，后果不堪设想。

　　听钱海军这么说，徐林江的妻子很快从隔壁小店里买来插线板，她说："师傅，我们不会弄，你们可不可以安装一下啊？"钱海军和队员们二话不说，接过插线板便忙活起来。他们动作麻利地剪掉原来的插线板，把新的换上，并重新放了线，虽然房间里光线有点暗，但队员们干活丝毫不受影响，前后总共用了不到 10 分钟便干完了。钱海军拿起工具继续排查，在他排查的时候，徐林江拄着双拐在旁边专心地看着，不时和钱海军交流几句。当钱海军发现用户的熔断器是用铜丝连接的时候，建议安装漏电保护器，并跟用户讲解其中的原理。钱海军说："安全问题麻痹不得，像你们家里的情况，即使现在水退了、墙干了，老的电源线也不要再用。而且在送电之前，最好由专业人员检测一遍。"徐林江听了，不住地点头，表示一定会按他说的做，同时感激地说："师傅，辛苦了！"

离开徐林江家，队员们又马不停蹄地沿路排查、走访了好几户人家。实在走得累了，就贴着墙壁靠一会儿，休息一下，继续出发——他们的努力，换来了小区居民用电的安全。当然，除了居民，企业的用电安全也被他们牢牢地记在心中。

10月15日，浙江省委书记、省人大常委会主任，浙江省委常委、宁波市委书记一行到余姚耀泰公司了解企业受灾和恢复生产情况。当得知电力员工夜以继日对企业受损供电设备进行修复，并于当天凌晨4点恢复了供电后，浙江省委书记频频点头，对他们所作的努力表示肯定。"有了电，企业恢复生产才有保证，这段时间你们电力员工辛苦了。"还指着钱海军共产党员服务队红马甲上的标识说，"这个时候更需要你们党员发挥先锋模范作用，继续为老百姓和企业服务好用电。"后来，他在《浙江电网抗台救灾工作专报》中批示："就是要弘扬（钱海军共产党员服务队的）这种精神！"

在史无前例的余姚洪灾面前，钱海军共产党员服务队像一盏明灯，驱走了余姚人民心中的黑暗；同时，又像一座灯塔，引领着整个宁波抗洪救灾的电力大军。在此次抗击"菲特"过程中，国网宁波供电公司干脆将整个抢修大军统一命名为"国网浙江（宁波钱海军）钱海军共产党员服务队"，除了慈溪的钱海军共产党员服务队之外，更多的优秀共产党员涌现了出来：10月7日，白天刚在家为老父亲办完丧事的国网余姚市供电公司职工徐晓进深夜从老家赶回余姚，一路蹚着齐腰深的水，爬铁路、翻栏杆，投入到抢修服务队的大军之中。被称为"活地图"的他，凭借着20多年的工作经验，准确把握已淹没在水中、看不见又摸不着的梨洲街道42条10千伏线路的走向，以及170台公用变压器和586台专用变压器的地理位置，为抢修提供了坚强后盾。而他自己的家里水最高时涨到1米多深，老母亲和妻子还是在邻居的帮助下才逃了出来。

奉化地势低洼的西坞在洪水中也变成了一片泽国，近万只计量箱分路开关跳闸。11月7日早上6点，共产党员服务队员张龙彪离开被水围困的家中，拄着木棒蹚过深水赶赴单位，与其他的抢修队员一起坐上冲锋舟赶往医

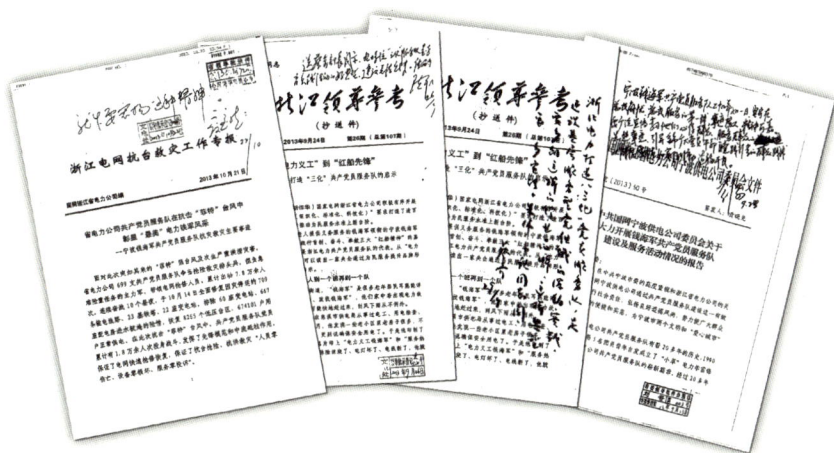

钱海军共产党员服务队事迹得到多位省部级领导的批示

院、学校等重要用户查看情况。直到 10 日下午 5 点钟，抢修了四天三夜的张龙彪才拖着疲惫不堪的身体回到家中，入眼而来的是满屋的淤泥，家里的电视机、电冰箱、洗衣机几近报废。

高风所泊，薄俗以敦。正是因为钱海军共产党员服务队这种舍己为人的精神，越来越多的人被打动，记在了心里。洪灾过后，百废待兴，服务队又参与了余姚电网恢复重建大会战。涓涓滴滴，不遗余力，书写的正是"共产党员"四个大字。

第六章

钱海军共产党员服务队

　　然而名称虽然变了，队员们的服务态度和精气神始终如一，在日常抢修、抢险救灾、志愿服务等每一个需要有人冲锋和担当的关键时刻挺身而出，用行动证明："哪里需要我们，我们就去哪里！"

"有你们，真好！"许多在慈溪生活或者有亲人在慈溪生活的人都这样说。每次有需要的时候，不论晴天还是雨天，只要一个电话，钱海军共产党员服务队"招之即来，来之能战，战之必胜"。

钱海军共产党员服务队的全称是"国网浙江（慈溪钱海军）共产党员服务队"［后来在宁波大市范围内推广，更名为"国网浙江（宁波钱海军）共产党员服务队"］。它是一支由国网慈溪市供电公司党委领导的，以共产党员为主体、以全国劳动模范钱海军为引领的为社会、为群众提供电力急难险重任务抢修服务、供电营销优质服务、爱心志愿服务为主要内容的先锋队，在当地老百姓中有着较好的口碑。

共产党员服务队一直在路上（姚科斌／摄）

2018 年 4 月 11 日，国网浙江省电力公司举行"红船精神、电力传承"国家电网浙江电力红船共产党员服务队授旗暨"人民电业为人民"专项活动启动仪式，将之前组建的具有地方行业特征的服务队全部整合，以"红船"统一命名全省共产党员服务队。钱海军共产党员服务队自此更名为"国家电网浙江电力（慈溪）红船共产党员服务队"，然而名称虽然变了，队员们的服务态度和精气神始终如一，在日常抢修、抢险救灾、志愿服务等每一个需要有人冲锋和担当的关键时刻挺身而出，用行动证明："哪里需要我们，我们就去哪里！"

服务队的起源

冲锋在前是共产党员的本色。钱海军共产党员服务队成立以来，在抗冰救灾、抗台抢险、服务重大市政工程等急难险重任务面前，奋勇向前，充当着先锋角色。

2008 年，面对五十年不遇的冰雪灾害，钱海军共产党员服务队发扬不畏艰险、敢打敢拼的精神，团结带领慈溪电力干部职工以最快速度完成慈溪当地的抢修任务。抗灾自救的同时，国网慈溪市供电公司从服务队中挑选了 37 名线路检修能手、安全员、后勤保障人员组成抢险突击队，于 2 月 5 日奔赴丽水龙泉，全力支援龙泉抗灾抢险保电工作。在龙泉，抢修突击队承担了该市最艰巨的龙南乡的抢修任务。龙南乡海拔 1100 多米，线路横跨山头，跨度长的接近 100 米，落差 50 多米，加上气温很低，杆子、横档覆冰严重，突击队员长时间在杆上作业，寒风吹裂了脸庞，雨雪浸湿了绝缘鞋，加上双脚得不到活动，都长出了冻疮。经过 10 天鏖战，恢复供电台区 10 个，共计 1025 户逾 2500 个灾民"重见光明"。在抢修间歇，队员们走村进户，访贫问苦，把温暖送到村民手中。当年，这支队伍获评"感动慈溪"年度人物。

2012 年 8 月，六十年一遇的超强台风"海葵"在宁波象山登陆，钱海军共产党员服务队连夜驰援，第一时间赶到重灾区。为了让当地老百姓早一分钟用上电，队员们只睡三个小时就投入工作，在大型机械进不去的地方，所有的工作都要靠手拉肩扛，有两名年轻的队员为了架起沉重的水泥杆，甚至奋不顾身地跳入蚂蟥乱窜的河中。在满是淤泥的水稻田里、在陡峭的山崖上和茂密的灌木林中，队员们奋力竖起新的电杆，拉起新的电线，把灾害带给电网和用户的损失降到最低。2013 年 10 月，台风"菲特"来袭，浙江多地受灾，钱海军共产党员服务队在温州、余姚、慈溪三线作战，三线告捷。

2020 年春节，新冠肺炎疫情牵动着 14 亿中国人的心，一场没有硝烟的战争随即打响。抗击新冠肺炎疫情期间，钱海军共产党员服务队（此时已更名为"红船共产党员服务队"）第一时间对各大医疗机构开展供电线路、用电设备特巡工作，对变电房、配电箱进行全面"体检"，让医院等重点单位的用电更有保障，同时服务队"三顾"浙江蓝禾医疗用品有限公司，主动上

台风来临前，为加固线路，腰部受伤的钱海军共产党员服务队队员利用身体重心打地锚桩，人称"护腰哥"（潘玉毅／摄）

门查看企业专用变压器和配电线路，以贴心、优质的服务保障防疫物资生产进度。后来，队员们还在钱海军的带领下，主动请缨加入地方政府联防联控党员先锋队，连续54天坚守在慈溪疫情最严重的乡镇。为支援武汉疫情重

白衣披战袍，红衣保家园（姚科斌／摄）

灾区，钱海军带头捐款2.6万元，其他队员也纷纷慷慨解囊，最终国网慈溪市供电公司共筹集善款21万余元。不唯如此，那些没能加入地方政府联防联控党员先锋队的队员，也各展所能，当社区志愿者的当社区志愿者，为防疫隔离点保电的保电，生动地诠释了何为"聚是一团火，散是满天星"。他们的话都很朴实："我们不是医生，不是战士，去不了武汉，帮不上忙，但是我们想尽己所能做一点事情。"

一件件事迹，一笔笔善款，让钱海军共产党员服务队彰显了铁军本色。

如果追溯源头，钱海军共产党员服务队的前身是国网慈溪市供电公司原城区供电所于2002年成立的志愿服务团队——"阳光工程"。最初的成员只有营业厅的8名窗口服务人员，而且是清一色的女子，她们利用营业厅的三尺柜台搭建起一个与客户交流沟通的平台。起初，"阳光工程"把以电力优质服务为主打品牌的主业工作做强做好当成信条，组织开展"走进社区、和谐共建""走进校园、培育未来""走进企业、共谋发展""走进农村、服务万家"等一系列活动，在系统内外引起了较好的反响。

"阳光工程"的出现和兴起，吸引了许多一直"孤军奋战"、默默地参加社会公益活动的员工，及至后来，一些朝气蓬勃的青年团员也加入了这支"娘子军"队伍。他们在推广优质服务的过程中发现，就整个社会大环境而

言，志愿者的需求量很大，有一技之长的志愿者尤其稀缺。而自 2005 年 4 月农村电工用工体制改革以后，原先的"电工师傅"变成了供电企业的专职村电工，农村表后用电的维护管理出现了"断层"。

经一些有识之士建议，"阳光工程"决定把握时机进行转型。他们除了主业工作，也开始尝试着做一些表后、帮扶方面的延伸服务。这次转型，让城区供电所的服务变得比以前更规范、更接地气、更人性化，服务质量得到了很大的提升。2009 年，城区供电所（营业厅）还被评上了"全国巾帼文明岗"，也就是在这一年，慈溪的"小草"开始萌芽。

当时因国网宁波供电公司提出要大力弘扬奉化"小草"默默坚守、无私奉献的大爱精神，在宁波地区统一打造"小草"服务品牌，国网慈溪市供电公司负责此项任务的张志民、马旦等人赶赴杭州、嘉兴，向"嘉兴红船""杭州阿斌"取经，最终提出了以准军事化管理、"海尔式"服务为核心内容的具有慈溪特色的"小草"品牌的创建思路与规划，并从 500 多名农电职工中挑选了 11 人进行试点，很快就得到了正式授牌。随后，又经过一年时间的发展，到 2011 年 7 月，国网慈溪市供电公司共成立了 16 支"小草"服务队，当初的"小草"已然成长为一棵参天大树。这些服务队发挥电力行业技术专长，积极履行社会责任，不断拓展服务对象、延伸服务领域、创新服务形式，全方位、多维度地满足社会不同层次的服务需求。

"草色如眉时候，向来颇可发挥。"在晨云未染时，在街灯亮起时，"小草"服务队的身影穿梭在慈溪的大街小巷，为城乡居民解决用电难题，向他们宣传用电、节电知识，并为农村孤寡老人送去温暖，很快引起了全社会的关注，锦旗、表扬信、感谢电话纷至沓来。老百姓有的到报社要求宣传他们的事迹，有的让社区打电话指定要"小草"队员为他们服务……

而在"阳光工程""小草"服务队取得成功的同时，钱海军的事迹借由社区居民的感谢信进入了时任国网慈溪市供电公司党委书记张志民的视线。看着桌子上的感谢信越积越多，张书记考虑再三，决定把钱海军调到客户服务中心担任社区经理，让他能够更好地施展所长，服务社区居民。

事实证明，这是很有远见、很有意义的一步棋。随着电与生活的关系越来越密切，老百姓希望能有更多像钱海军这样勤勤恳恳、服务优质的电力维修人员来为自己服务，也需要"阳光工程""小草"服务队都能像钱海军这样，不仅懂得电力知识，也懂得电器维修——这就为两者的结合提供了一个契机。

五个人一个班

2012 年 1 月，以钱海军名字命名的钱海军服务班"破壳"而出，很快它就成了国网慈溪市供电公司的一个服务品牌。一个人、一个班的名字能成为一个品牌，并不是说这个人、这个班的身份有多么显贵，地位有多么崇高，而是说明他（它）跟群众有多么贴近，他（它）的服务是多么地让群众认同。

钱海军服务班成立之初，主抓社区共建工作，但也不局限于这项工作。

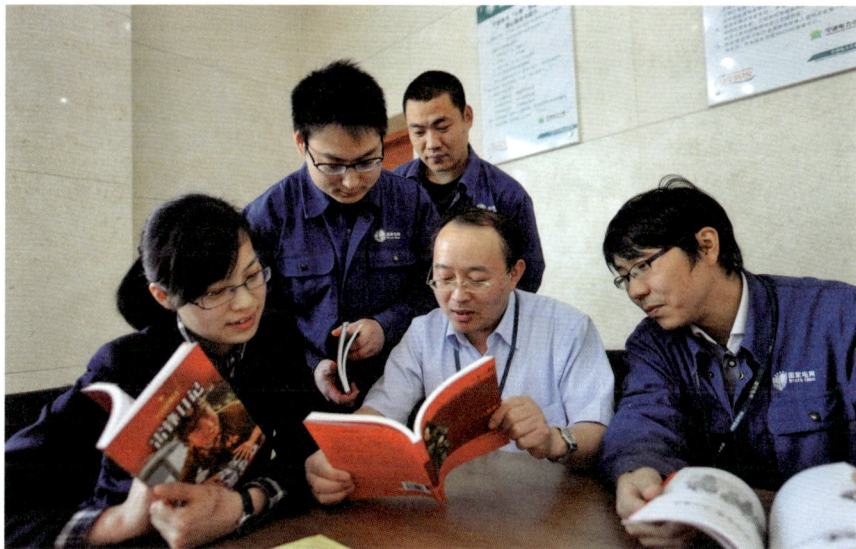

钱海军服务班"五人组"（姚科斌／摄）

除了停电预告、用电咨询等 12 项便民服务外，他们还为那些爱心卡持有户、劳模家庭和 8 个共建社区共计 1700 多户居民提供 24 小时免费电力维修服务。

除钱海军外，这个班组里还有姚乙鸣、林吉园、胡海峰、唐洁四名成员。俗话说："火车跑得快，全靠车头带。"在这支英勇善战的队伍里，钱海军以其人格魅力感染和引导着年轻的队员。私底下，大家喜欢管钱海军叫"钱老总"："他就是我们这个班组的'火车头'，我们跟着他干，特别安心。"而在钱海军心里，这四位年轻人都是将电力爱心志愿发扬光大的"助推器"。

姚乙鸣、林吉园原先是从事变电抢修工作的，对一些家用电器的维修不太了解。钱海军就将自己长期积累的操作技能、工作经验、服务心得倾囊相授，毫不保留。"刚进入班组时，复杂点的故障不会修理，师傅总是一边作业一边给我们指导，跟着他学了半年时间，收获很大，现在我们基本上都能独立完成操作了。"队员姚乙鸣说。

当然，队员们从钱海军身上学到的，不仅是排除故障的能力，更多的是乐于奉献、热心助人的精神。姚乙鸣最早看到钱海军的事迹是在 2011 年单位张贴在宣传栏的海报上，当时不以为意："不就是给老百姓提供电力服务嘛，只要想去做，很多人都能做到。"后来被挑选进了钱海军服务班，跟钱海军有了近距离的接触后，才发现他特别不容易。"一个人做一件好事并不难，难的是长期坚持，钱师傅做了这么多年的好事，几乎牺牲了自己所有的业余时间，试问这有多少人能做到？"而对林吉园来说，钱海军最打动他的是舍己为人的服务理念和强烈的社会责任感，他觉得跟钱海军在一起干活，不会觉得累，而且由衷地感到快乐。在钱海军的影响下，林吉园后来也成为了一名注册志愿者。

"我认为钱师傅身上最值得学习的是无私的精神，他把别人的事情看得比什么都重。有一次他发高烧，本来打算去看医生的，但中途接到用户的求助电话，坚持先去用户家里服务，帮用户把问题解决后才去的医院。"指导员唐洁说。

"以前对钱师傅不理解，觉得他为了服务用户没日没夜挺傻的。但是跟着他服务的次数多了，从他服务的那些老人溢于言表的感动里我真正认识了这种服务的价值，能和钱师傅一块儿共事，成为钱海军班的一员，这是我的荣幸。"驾驶员胡海峰因为经常要开车带钱海军去那些寻求帮助的老人家里，经年累月之后，脑海中已经储存了一张地图，每次钱海军一说去"某某家"，他很快就能找到地方。在那段并肩作战的日子里，他俨然成了钱海军的最佳拍档，当钱海军在给老人送去暖心服务的同时，他承包了打孔、拧螺丝、固定电线这些"力气活"。

在组员眼里，钱海军不仅是他们学习的榜样，还是他们贴心的好大哥。姚乙鸣、林吉园、胡海峰的家均不在城区，为了让队员们不必来回奔波，钱海军揽下了大部分的夜间抢修任务，他说："他们一来一回要一个多小时，夜间驾驶容易疲劳，作为班长，我要爱护我的兵。"精神是一种流动的传承。钱海军的体谅加强了整个班组的凝聚力，大家纷纷表示："我们会像钱师傅一样，多热忱一些，多付出一些，多担待一些，不去计较利益得失，把更多的心思用在服务上。"

众人同心，其利断金。钱海军服务班在钱海军的带领下，谱写下一段段真心诚意为民服务的感人篇章。每年冬春之交，随着气温复苏的除了庄稼和植被，还有各种隐患。每当这时，钱海军服务班都会到各个社区进行走访，开展用电安全检查，那些老旧小区是他们的重点排查对象。

这些老旧小区除了为数众多的老年人以外，还蜗居着·大批外来务工人员。为了节省开支，他们不得不租住在小区的车库和架空层里，用电环境极差。来

钱海军和组员放弃周末休息时间，义务为居住在中兴小区的离退休老干部检修电路（慈溪日报记者拍摄）

135

自贵州常顺的石清光便是诸多蜗居者中的一员。他以在工地打零工为业，钱挣得不多，还得定期寄给家中的父母和孩子，只能与妻子租了孙塘新村一户人家的车库作为居所。车库没有通电，他们就让老乡私自拉了一根电线。钱海军在一次检查中发现了这个情况，马上对裸线进行了绝缘处理，并为他们免费安装了漏电保护器。钱海军说："你们在外打工不容易，但是用电安全不能马虎。"他带着组员将小房间里所有的用电设备细细地查了一遍，一边查还一边将情况说与石清光听。石清光激动地说："谢谢你们把我们当家人一样看待。"

与不善言辞的石清光不同，虞波花园 7 号楼的王老先生在钱海军和姚乙鸣帮他把客厅里的吸灯修好后，用一首小诗表达了自己对钱海军服务班的谢意："小钱小姚手灵巧，两盏吸灯皆放光。汽车往返好多趟，百姓便利不曾忘。"

"群众的褒奖，让我们信心倍增；社会的肯定，激励着我们鼓足干劲坚定前行。"钱海军说，他将和钱海军服务班的成员一起，最大限度地发挥自己的光和热，为更多有需要的社区居民送去温暖和光明。

哪里有需要，哪里就有钱海军

5 个人的力量毕竟还是十分有限，尤其服务时间越长，钱海军等人发现的需要帮助的人也越多。为了扩大钱海军义举的带动力，让钱海军和他的班组不只是发出一个灯泡的光亮，更能发挥一座灯塔的能量，2012 年 5 月，钱海军共产党员服务队应运而生。从此，慈溪乃至宁波地区多了一群穿红马甲的电力人。

钱海军共产党员服务队是在原"阳光工程""小草"服务队的基础上，采用组织选拔和自愿申请相结合的方式，精心挑选出 126 名业务好、技术精、肯付出、讲奉献的员工组成的一支组织机构健全、队伍配备专业、管理制度齐全、工作纪律严明、动作规范有序、服务质量优秀的服务团队。

　　服务队下设钱海军共产党员服务队总部和钱海军志愿服务中心，分别对应"在急难险重任务期间担当主力攻坚团队的重任"和"长期开展富有特色的志愿服务活动"两种功能。而在机构设置上，前者由钱海军服务班和22支服务分队组成，在8小时内，做好主业工作，尤其面对近年来的超强台风、罕见冰灾、重大保供电等急难险重任务，服务队发扬特别能战斗、特别能吃苦、特别能奉献的电力铁军精神，始终战斗在抗灾保电第一线；而志愿服务中心在8小时外，只要群众用电方面需要帮助，他们总是第一时间抵达，也时常以"项目制"的形式灵活组织开展各类公益活动。

　　为了规范管理，钱海军共产党员服务队还出台了《国家电网浙江电力（宁波钱海军）共产党员服务队标准化管理手册》和《国家电网浙江电力（宁波钱海军）共产党员服务队标准化服务手册》，对服务队的组织建设、服务内容、服务流程、管理规范和考核评比等进行细化和量化，健全服务队组织运作，拓宽覆盖范围。与此同时，他们适时地提出了"多行一步，多帮一点"的服务口号，促使队员们更近距离接近客户、更深一步融入社会。

　　钱海军共产党员服务队自成立以来，立足本职，深入开展"六走进"（走进企业、走进社区、走进校园、走进部队、走进农村、走进家庭）活动，与慈溪城区的8个共建社区建立"社区经理"用电服务联动机制，选派服务队中的党员骨干担任"社区经理"，在社区电力客户群体中广泛推行人性化、"零距离"服务。随着队伍建设的不断深化，服务队还以社区客户经理为服务抓手，在全市各个乡镇、街道设立了48个服务驿站，在一些较大的村子设立便民服务中心，开展用电业务代办、安全巡视、用电纠纷调解、用电知识宣传等工作，以此满足百姓的需求，形成供电企业、社区和居民三方交流互通、合作共赢的良好局面。其后，服务驿站、便民服务中心的数量和名称虽曾几度变更，但他们的服务质量从未打过折扣。

　　对于老百姓来说，他们像是一支既送光明又送温暖的机动部队，用娴熟的技艺、贴心的服务在供电企业与群众之间架起了一座和谐光明的桥梁。排灌的季节到了，他们就来查看翻水站；田里的作物快收了，他们就来查看烘

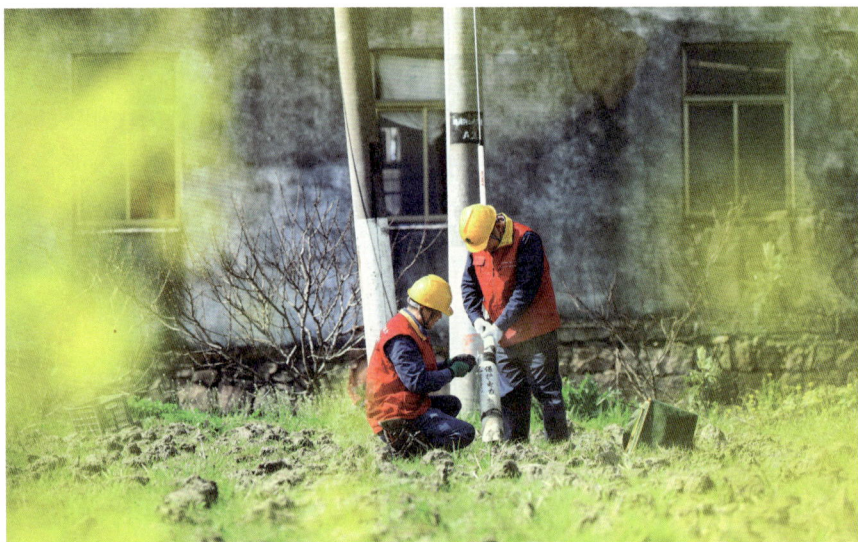

春耕季节到了，钱海军共产党员服务队为农民、种植户提供"满格"服务（姚科斌／摄）

干机……很多时候，用户还没有打电话，服务队就帮他们把问题都解决了。这就给人一种感觉，仿佛服务队每时每刻都知道用户的需求似的。这种"急用户所急，想用户所想"的品质是钱海军精神最显著的特征。

为了把这种精神传播到每一个生产、服务岗位，让更多用户享受到钱海军式的服务，国网慈溪市供电公司每个月都会抽调 35 名员工到钱海军共产党员服务队总部进行轮训。其实，所谓的"轮训"说白了就是让基层员工跟着钱海军一起去抢修、去服务，在这些过程中加深他们对优质服务的认识，从而达到提升全员服务意识和技术水平的目的，最终形成"树立一个、培养一批、带动一方、造就一代"的好局面。队员张志雄在加入钱海军共产党员服务队之前也是个乐于助人的人，平时没事的时候常去养老院看望那些孤寡老人，然而他在跟班一天后感慨地说："跟钱师傅一起干活，我看到了差距！"而今，国网慈溪市供电公司新员工入职头一件事便是到钱海军共产党员服务队体验生活。

著名哲学家康德说过，"世上有两种东西，对他们的思考越是深沉和持久，在心灵中唤起的赞叹和敬畏就会越来越历久弥新，一是头顶浩瀚灿烂的星空，一是心中崇高的道德法则。"许多基层站所的员工学习了钱海军的事迹后深受感动，立志向他学习，他们对他说："钱师傅，以后我们这边有抢修，你人就不用过来了，只要一个电话，我们去解决，保管和你服务得一样好。"钱海军共产党员服务队的队员们则表态："我们会像钱师傅一样，全心全意为群众服务。"他们是这样说的，也是这样做的。2013 年在抗击台风"菲特"的过程中，有一次，钱海军共产党员服务队按计划出动 16 名队员，各供电所、供电服务站的工作人员踊跃报名，比预期超出 3 倍多，当得知人员已经足够时，他们仍希望有需要随时叫他们，"跟着钱师傅"一起为灾区的安全用电尽一点力。

随着服务年限的增加，钱海军共产党员服务队的服务范围不断扩大，服务质量也越来越好，如今，队员们以脚踏实地的付出赢得了用户的尊重和认可。

如果说高效抢修、优质服务是钱海军共产党员服务队的一面旗帜，那么志愿服务则可算作是钱海军共产党员服务队的一张特色名片。

世人常说，生活在幸福中的人，不能光顾着自己享受，匀一点阳光给别人，整个世界才会更加明媚。基于这样一种考量，2014 年，国网慈溪市供电公司相机而动，成立了钱海军志愿者服务队，92 名志愿者按特长和意向分成表后维修、无偿献血、扶贫助学、关爱空巢老人、未成年人社会体验岗等组别开展服务，仅在当年，他们就利用业余时间开展表后电力抢修服务 1000 余次，走访慰问 90 余次，组织爱心献血 11600 毫升，扶贫助学 5 人次，心理援助 33 个小时，完成未成年人社会体验服务 13 次惠及 100 余人。

2015 年 3 月 5 日，为规范志愿服务和爱心基金的运作，使志愿服务和爱心基金捐助具有法律保障和法律效力，慈溪市钱海军志愿服务中心在慈溪市民政局完成注册，成为具备独立法人资格的民间公益组织，这也是国家电网公司系统第一家在民政部门完成注册的社会公益组织。它的出现，是国网慈溪市供电公司在开展志愿服务方面的一次探索，势必将促使企业的志愿服务朝着规范化、社会化的方向发展。

作为钱海军共产党员服务队的一部分，慈溪市钱海军志愿服务中心通过前期组织、倡议，拥有注册志愿者 120 余名，除了与电相关的服务外，他们有效利用慈溪市钱海军志愿者服务队的初期尝试，对"业务范畴"进行了拓展，将触角延伸到爱心志愿服务等方方面面，并依据项目制定时间表，有序开展志愿服务，极大地拉近了与用户尤其是一些特定群体之间的距离。

慈溪市钱海军志愿服务中心成立以后，中心总部率先开展"关爱空巢老人暖心行动""情系低保户，服务送光明""学雷锋，送服务""未成年人社会体验站——让小候鸟把安全带回家""星星点灯大课堂"等主题活动，各个站所的分中心也因地制宜地开展"情系军营，服务最可爱的人""国家电网社会体验日""爱心服务送温暖""无偿献血助他人""阳光托养中心慰问""爱与健康同行"等系列活动，受到社会各界的广泛好评。

慈溪市钱海军志愿服务中心通过设立未成年人体验岗，向未成年人科普电力知识，在孩子们幼小的心灵里播撒安全用电的种子，还利用部分社区每周五上午老年大学学习授课的机会，给大家开展安全讲座，被称作老百姓身边的"百家讲坛"。这"百家讲坛"里有一档节目叫"海军讲安全"，其火爆程度，一点不亚于时下的热播剧，由此可见志愿服务中心在老百姓心目中的地位。

截至 2015 年 12 月底，钱海军党员服务队先后发放爱心卡 500 余张，走访、检修 14000 余场次，维修家用电器 6500 余件。其中，由志愿服务中心主导的未成年人社会体验服务站被评为"全国电力教育科普基地"，累计组织体验活动 39 期；"星星点灯大课堂"成功举办 35 次，1000 多名中小学生接受电力知识启蒙；开始于 2015 年 9 月的"千户万灯"困难残疾人住房照明线路改造项目更是获得社会各界捐赠近百万元，在顺利完成首批 103 户困难残疾人住房照明线路改造工作的基础上，2016 年又制定了 500 户的整改目标。

古语有云，没有规矩，不成方圆。一个理想、一个方案要变成现实，离不开行之有效的管理。钱海军志愿服务中心成立以后，在管理上做得十分细致，不仅对每一名志愿者都进行了详细的备案，对每一次志愿服务活动有细

志愿者宣传安全用电知识（姚科斌／摄）

致的记录，还建立微博、微信平台，充分利用新媒体，扩大正能量的传播，同时，每个月都会对已经开展的志愿服务工作进行总结，分析经验得失，并拟订新的计划，以此实现工作的学习化和学习的工作化。

随着时间的推移，钱海军志愿服务中心的社会功能和影响力日渐扩大，辐射面也越来越广，如今，已发展25支志愿服务分队，拥有在册志愿者1219名。除了系统内部越来越多的志愿者报名，一些社会志愿者也纷纷加入。现在，钱海军志愿服务中心已有500余名社会志愿者以及掌起阳光托养中心、慈溪市消防中队、华阳口腔医院、慈溪市周巷职业高级中学、宁波大学科学技术学院、古塘街道义工银行等16家集体志愿者参与共铸"钱海军"公益慈善品牌。值得一说的是，志愿服务中心的心理咨询师们还在掌起镇阳光托养中心免费开设"阳光心灵港湾"服务点，为有心理健康问题的老人和残疾人建立心理健康档案，并提供一对一的心理陪护帮扶，开展相关的特色活动，改善老人们的心理亚健康状况，使他们老有所安。

回想当初，钱海军志愿服务中心之所以用"万能电工"钱海军的名字命名，其初衷便是为了通过学习和传承钱海军的奉献精神，让更多的人参与到志愿服务中来，让更多需要帮助的人得到帮助。现如今，这个愿望正在一步步变成现实。最近几年，国网慈溪市供电公司涌现出一大批"钱海军式"的好员工，志愿服务的内容也从原来的"七大项目"拓展到50多个慈善公益服务项目，真正由一个盆景变成了一道风景，由微美凝聚成了壮美。一些老年人甚至编了这样的句子：哪里有需要，哪里就有"钱海军"；哪里有困难，哪里就有钱海军带来的志愿者。

第七章

我们都是钱海军

　　一朵再娇艳的花，离开了滋养它的土壤，也就离凋谢不远了。一个再好看的盆栽，如果只懂得孤芳自赏，说不定哪天就被人遗忘了。任何一件事、一个行动、一种精神，只有当它蔚然成风的时候，才能愈行愈远、愈做愈好。所幸，钱海军共产党员服务队里不是只有一个钱海军，而是有很多的"钱海军"。这在国网慈溪市供电公司发起的"寻找身边的微感动人物"活动中可以找到许多实证。

一朵再娇艳的花，离开了滋养它的土壤，也就离凋谢不远了。一个再好看的盆栽，如果只懂得孤芳自赏，说不定哪天就被人遗忘了。任何一件事、一个行动、一种精神，只有当它蔚然成风的时候，才能愈行愈远、愈做愈好。所幸，钱海军共产党员服务队里不是只有一个钱海军，而是有很多的"钱海军"。这在国网慈溪市供电公司发起的"寻找身边的微感动人物"活动中可以找到许多实证。

"微感动"，顾名思义，是微小得能够令人感动的事迹。常言道，一滴水中见太阳，"微感动"虽小，却能够映射和激发巨大的能量。为了营造积极向上、和谐奋进的企业文化氛围，最大限度地调动员工投身电力事业的信心和干劲，国网慈溪市供电公司以钱海军精神为引领，鼓励广大员工积极寻找身边的"微感动"人物、"钱海军式"好员工，发现、推荐日常生活和工作中的先进典型，将正能量传递，并以其"小善"成就"大爱"。

让生命在血管里延伸

"周师傅，我屋里的电灯坏了，你下班后能来给我修一下吗?""阿权啊，我家里保险丝断了，你给我搞一搞啊。"类似的话，对陈山村的村民来说，熟得就像口头禅一般。

陈山村是慈溪市横河镇子陵村的一个自然村，村民口中的"周师傅""阿权"就是来自国网慈溪市供电公司城区供电中心的周丰权。周丰权早年做电费抄收员，与陈山村三四百户人家基本都认识，也知道哪些村民子女不在膝

周丰权利用业余时间给那些需要帮助的人排忧解难（姚科斌／摄）

下最需要帮助。1998 年，他开始做外线工，也就是从那时起，他开始义务为村民提供电力方面的维修服务，这一做，就是 24 年。24 年里，村民们家里碰到用电方面的问题都会请教他，而他也是尽己所能帮他们解决。

早期的电网线路差，情况频发，天凉的时候还好点，天气一热，活就特别多：灯泡坏了，日光灯不亮了，保险丝断了……仅七八月份，周丰权就要接上上百笔"生意"，以至于这些活成了他日常生活的一部分。因为白天要上班，他都是利用下班后和周末的休息时间去给左邻右舍排忧解难。

如今，有了强大电网的支撑，故障少了许多，但是村里的老年人一碰到用电方面的问题，还是习惯找周丰权帮忙。他们有时直接给周丰权打电话，有时到他家里，给他的父亲说一声，然后周父便会给周丰权打电话或者等他下班回家的时候进行转达："×× 家里开关不好了，你去弄一下。"这对周丰权和他的家人来说，已是一种生活常态。

2013 年 3 月的一天，夜里 12 点，无儿无女的五保户黄超群因为家里的灯不亮了，深更半夜敲响了周丰权家的大门，周丰权披上衣服就去帮他解决故障；2014年12月，70多岁的黄纪忠老人因为使用取暖器不当导致插座烧坏，他等在周丰权上下班必经的路上，想让他帮帮忙，周丰权顾不得家中有事，爽快地答应了；2015年7月24日，子女不在身边的徐尧法给周丰权打电话，说天气热了，想安装几个插座，插电风扇用，下班后，周丰权连家都没回、连饭都没吃就去为他服务。

对于周丰权来说，这样的事情太寻常了。他说："这些都是微不足道的小事，对我来说，不过是举手之劳而已，而且邻里之间互帮互助，都是应该的。"

自从加入钱海军志愿服务中心以后，周丰权参与志愿服务的兴趣更浓了。不过，在慈溪乃至宁波，周丰权为人们所熟知是因为他还有另一重身份——无偿献血志愿者，人送外号"献血达人"。

1976年出生的周丰权迄今已有16年的献血史，16年里，他无偿献血135次，累计献血量约为57000毫升，接近12个普通成年人的全身血量。他也因此获得"全国无偿献血奉献奖金奖""无偿献血之江杯奖""慈溪无偿献血服务队先进个人"等多项荣誉。杭州、宁波等地用血紧张的时候，也会跟他联系，周丰权戏称自己是他们的"鲜血储备仓库"。

说起第一次献血的经历，皮肤黝黑、笑容憨厚的周丰权记忆犹新。2005年8月，周丰权与家人去上海游玩。看到街头泊着一辆献血车，妻子不经意说了句"不如我们一起去献血吧"，周丰权顿时来了兴趣，当即伸出胳膊，捋起袖子，加入了献血的队伍。于是，妻子也不甘示弱，两个人测了血型，献了400毫升的血。

因为这一次偶然的经历，周丰权与献血结下了不解之缘。回到慈溪，他积极投身于当地无偿献血的宣传当中。2009年8月30日，慈溪无偿献血志愿者服务队成立，周丰权成为其中的一名骨干。他在做好本职工作的同时，放弃双休日、节假日的休息时间，与采供血点的工作人员一起，上街头、下工厂、去乡镇、入学校、进社区，发放宣传单，传播献血知识，指导有意献血的市民填写表格，琐碎的服务工作他却干得不亦乐乎。慈溪有捐血车出现的地方，经常能看到周丰权的身影。

周丰权初时以献全血为主，后来得知献血小板可以让更多的白血病患者和大出血患者得到及时的救助，便改为献机采成分血，也就是献血小板。周丰权说，能帮助患者身体康复非常开心。因为这份开心，他坚持了 16 年。有时在外学习、培训时间长，他也会在培训间歇去当地的献血服务站献血。他还

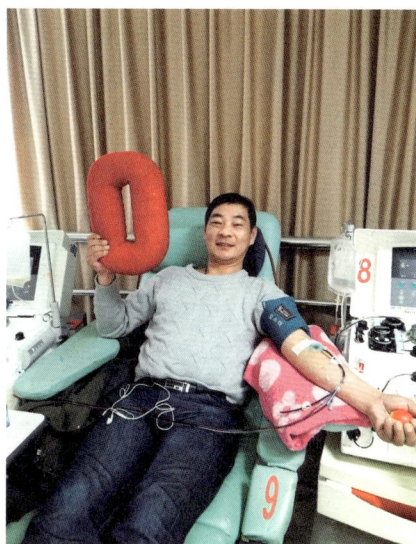

周丰权在献血（姚科斌／摄）

时常在村子里、单位里宣传无偿献血，呼吁更多的市民加入无偿献血的行列。在他的影响下，许多同事也陆续加入这支队伍，他们见面打的招呼便是："走，献血去。"

"每当想到我的血液流淌在别人生命里，我都感到特别高兴。"周丰权说，只要自己的身体允许，他会一直坚持下去，直到国家规定的最高献血年龄。即使到了一定年纪不能献血了，他还可以为他们做志愿者。尽自己的力量，让生命在更多人的血管里延伸。

与周丰权一样，柴建华也是一个献血大户。

2021 年逝世的柴建华生前是国网慈溪市输变电工程有限公司的一名普通职工，同时他也是慈溪市献血志愿者服务队的　员得力干将，自 2009 加入之日算起，累计完成志愿服务超过 500 个小时，被评为"四星级志愿者"。而他最早开始参加献血的历史要追溯到 2002 年 7 月。

那一年，社区工作人员上门为地震灾区募捐。柴建华捐完钱，还想着再为灾区做点别的什么。当时，电视上正在播放一则跟无偿献血有关的公益宣

传片，柴建华当即决定去参加爱心献血。他把自己的想法同妻子一说，便得到了妻子的支持。柴建华的妻子陈菊珍是全国五星级志愿者，当柴建华萌生献血想法的时候，她已经有了 5 年的"献血史"。从 2000 年开始，定期献血便成了她生活的一部分。由于条件限制，在相当长的一段时间里，陈菊珍需要自行前往宁波市中心血站献血——早上先从位于慈溪浒山街道的家里出发，坐公交车到慈溪长途汽车站，然后坐中巴车到宁波南站，再打车到宁波市中心血站。每次她经常早上 7 点钟就出门，献完血后下午两三点才能回到家。从某种角度来说，柴建华之所以会萌生献血的想法与妻子的影响也是分不开的。

于是，那个炎热的夏天，柴建华在妻子的陪同下，平生第一次来到了爱心献血屋。从此一发不可收拾，他在无偿献血的道路上愈行愈远。到后来，献血已然成为柴建华的一种习惯。2005 年，柴建华从献"全血"改成了献"成分血"，献血次数也从一年两次变成了一年多次。他说，每天都有很多病人需要输血小板才能维持生命，捐献成分血可以提高病人的治疗效果，节约血液资源。

就这样，柴建华在献血这条道路上一走就是小 20 年，先后参加无偿献血 88 次，累计献血量 41200 毫升。在他和妻子的带动下，女儿柴清清也加了无偿献血的队伍，一家三口的献血总量超过 150000 毫升，相当于 30 个成年人的全身血量。

对于柴建华多年坚持无偿献血这件事，多数人都给予他正面的评价，但也有人不以为然，觉得他是为了钱财名利才会去献血，甚至献血有瘾。面对质疑，柴建华的回答很简单，简单到像是一种内心的独白，锋芒不露："有人说我们献血上瘾、献血为出名，其实不是，我们只是享受帮助别人的快乐。"他说，能用自己的鲜血去救助那些急需用血的人是一种莫大的快乐，所以不管别人如何冷嘲热讽，他都愿意坚持走下去。

柴建华说，家里人只要有时间，都会保持每个月献血 1~2 次的频率。平时他们都很留心社会上各种需要用血的消息，只要血型相符，他们都会第一时间报名。

　　"柴先生您好！感谢您对我们献血事业的支持，您在 × 年 × 月 × 日所献的血液检验结果合格。"柴建华说，每次收到这样的反馈短信时他最高兴了。一旦得到的检验结果不合格，则能让他沮丧好久。9 年前的一天，柴建华在献血前夜吃了一些腰果，致使第二天血脂偏高，血液检验不合格，这让他一直耿耿于怀。以至于后来每每提及此事，他仍然显得十分激动："这血是用来救命的，患者在等着用血，帮不上忙的感觉不舒服，非常不舒服。"

　　2014 年，国网慈溪市供电公司钱海军志愿者服务队成立，柴建华成了服务队献血组的负责人，牵头组织了多次献血活动。柴建华说，自己学历不高，但通过多学多看、亲身实践，对献血知识有了一定的了解，所以他还身兼无偿献血义务宣传员的职责："献血对身体是没有害处的，我们全家人献了那么多年，都很少生病……血压也一直都很正常。"也正因为他的现身说法，让许多人摒弃了对献血的成见，加入了无偿献血的行列。

柴建华生前参加慈溪无偿献血志愿者答谢活动（姚科斌／摄）

曾经有人问柴建华打算献到什么时候就停止不献了，他的回答与周丰权出奇地一致："我会一直献下去，直到自己的年龄受到限制。"事实证明，他做到了。

王军浩：收到，我马上出发

有人将献血当成乐趣，有人则将服务当成使命。

"通达路101号，谢老伯，家里电源空开跳火，推不上闸，求助。"2015年3月19日，慈溪市钱海军志愿服务中心的微信群里弹出了这样一条消息。几秒钟之后，有个人就在下面回复道："收到，我马上出发。"

这个人就是王军浩。

1968年出生的王军浩是最早报名加入钱海军志愿服务中心的人中的一员。一个装满工具的黑色小包，一身洗得发白的蓝色工作服，是他平日里做志愿服务的标准行头。性格温和敦厚、谦逊低调，是他给人最直观的印象。认识他的人都说，王军浩这个人，做公益服务如身肩使命，全心全意无所图。

钱海军志愿服务中心有一个微信群，凡有表后维修、献血、扶贫助学、综合服务等方面的信息，群里就会贴出"寻人启事"，而王军浩通常都是那个最先"抢单"的人。春去秋来，周而复始，他把自己抢成了电力表后维修服务的"排头兵"，抢成了空巢老人急需帮助时的"定心丸"，抢成了"全国无偿献血奉献金奖"获得者。大家私下里常开玩笑说"阿浩哥"就像以前打仗时候的先锋官，总是挎着小包冲在队伍的最前面。

王军浩则笑着说："凑巧有空，正好打发打发时间。"

一个又一个的"凑巧"，串起了王军浩忙碌的日常。自从参加了志愿服务以后，王军浩的周末早已不由自己支配，但王军浩坚称自己不后悔。

王军浩的抽屉里有两个本子。一本是工作手册，在担任慈溪市输变电工程有限公司工程二队队长期间，他对本职工作十分尽责，会把在工作中碰到的大大小小的问题记录在本子上，逐一进行解决；还有一本则是他的志愿服务记录本，在这个本子上，他详细地记录了自己为老年人提供服务的信息，

每次有任务，王军浩通常都是那个最先"抢单"的人（姚科斌/摄）

包括什么时间去的，做了什么事情，老人有什么需求——对他不熟悉的人或许会认为他这是在为自己表功，但了解他的人绝不会有这种想法，因为他们都知道王军浩这么做只是为了提醒自己隔段时间去看看那些老人，把老人想要的东西带过去。换句话说，这恰恰表明了他内心对老人的牵挂。

除了那些不定时的、随时会到来的服务，王军浩还在钱海军志愿服务中心于 2014 年 12 月发起的"关爱空巢老人'暖心'志愿服务行动"中结对了一位患有老年痴呆症的九旬老人。当时他之所以会选择这位老人，是因为老人的住处离自己家比较近，"既然在做了，就一定要做好，路近一点，可以多去几趟，有事的时候也方便照应"，这是他的心声。他把老人当作自己的亲人，每周六，他至少会抽出半天时间，带上老人爱吃的红枣和糕点去看望他。要是天气冷了、热了，他去的次数更多。

老人喜欢看报纸，看完后扔得屋子里到处都是，王军浩就帮他细细地整理好，又帮他把房间打扫干净，把脏衣服沈晒之后叠好。老人爱吃慈溪中医院后面那家快餐店的食物，常常走路去那儿，吃完饭再走回来，走得累了就乘公交车，不犯病的时候还好，犯了病就容易不记得路，王军浩与他结对之后，每周六只要天气晴好他就陪着老人一起步行去吃饭，雨天就开车载老人去或者帮老人把食物带回来。而他，通常要等安顿好老人之后才回去吃饭。

老人的记性和情绪受天气变化影响很大，天气好的时候人还清楚些，天气阴沉的时候极易迷糊。江浙地区的老一辈人多有晨起烧水的习惯，老人也不例外。老人家里用的是天然气，由于记性不好，常常烧着烧着就忘了关阀门，直至水被烧干，铝锅、水壶都烧得变了形状甚至烧出洞来。王军浩看在眼里，急在心里，他灵机一动，偷偷关掉了天然气进口处的阀门，并用一块木板将其隔开。至于老人的饮水问题，每周六去看望老人的时候他会帮忙把水烧好后放在热水瓶里，到了工作日则利用中午休息时间过去烧水。后来，老人的侄子担起了照看老人的责任，王军浩便将老人平时的烧水任务托付给了他。

老人已是鲐背之年且患病已久，虽然能从人群里分辨出这个经常来看他的"孩子"，也对他有亲近感，却一直未能记住他是谁，从哪里来。每次看到王军浩，老人都拉着他的手说："老朋友来了。"有人问王军浩："你对老人这样好，他却连你是谁都记不住，你觉得难受吗?""我不难受，我加入钱海军志愿服务中心，就是想力所能及地帮助那些孤苦无依的老人解决困难，至于这么做是否会被别人记得从来不是我考虑的问题。"王军浩的回答很坦然，他说，"我小的时候爷爷就去世了，而老人没有孙子，所以我一直当他是我的爷爷一样对待的。"

在王军浩心里，老人也带给他许多感动。老人最爱吃孙塘路上的湖州馄饨，王军浩去看他的时候如果时间充裕一定会给他捎上一碗馄饨两个包子。每次，老人见了馄饨就欢喜得不得了，眼睛里特别有神。但他并没有"独乐乐"，而是从厨房里拿来一个小碗，洗干净后放到桌子上，又从10个馄饨里分出5个馄饨给王军浩。虽然王军浩最后并没有吃，而是将馄饨全部都留给了老人，但老人的举动仍让他十分感动。

每次王军浩离开的时候，老人都表示要送他到楼下，但王军浩担心老人走路不方便，临行前会替他把门关上。有一次，王军浩给老人刮完胡子，刮胡刀没电了，他就拿到卫生间里充电。帮老人洗了脸，洗了脚，又替他准备好了午饭，王军浩就回家了。车子开到半路他忽然想起刮胡刀还在充电，怕老人没留意，发生意外，他调转车头又赶了回去。车子停好后，他抬头的时候发现老人正站在 2 楼和 3 楼的休息平台上透过窗口张望着。王军浩快步跑上去，问老人："您怎么站在这儿，不是让您不要出来吗？"老人嘴角微抖地说："我想看着你走啊，我要看着你走掉。"这一刻，王军浩的心里满是感动，觉得千言万语也抵不过这句话。

王军浩是个十分顾家的人，孩子从小上下学都由他亲自接送，每个周末不管多忙，他都会按时去看望父母，与父母一起吃一顿饭。但与老人结对后，这件原本约定俗成的事情就变得"无序"了。老人有时突发状况，占去他整个周末时间，他只能工作日里抽 8 小时外的时间去看望父母。相应地，陪妻子和孩子的时间也少了。虽然这件事情他早就跟妻子报备过，妻子也同意了，但初时她以为丈夫要去参加的是一个临时性的活动，没想到要去那么多回，以至于很多说好的事情到最后都"黄"了，时间久了，难免产生怨念："空头事情做做，一点都不顾家""到了周六，保证没人"。所幸，妻子最终还是给予了他足够的理解和支持，让他能够没有后顾之忧地做自己想做的事情。

老人过世前的半年里，身体状况急转直下，后期，基本在医院和家之间来回辗转，而王军浩就随着老人二点一线奔走。由于人民医院管得紧，老人嫌闷，要求出院，回到家看看情况不太好，又转去同济医院，住了小半年，又回家住了一周，随后又去了协和医院。老人住院又出院，出院又住院，王军浩就跟着他的脚步与他做伴，并没有表现出丝毫的不耐烦。老人看到王军浩时，心情就如拨云见日，变得晴朗起来，有时他会教王军浩打太极拳，有时则会与他掰手腕，像个"老小孩"，而王军浩则陪着他尽情地玩。医院里的护士看到了，摇摇头："这爷孙俩太不严肃了！"

2016 年，老人油尽灯枯，告别了人世，王军浩、钱海军等人去送了他最后一程。出殡那天，按照习俗，他们与老人的家人一起吃了顿饭，老人的侄子对王军浩说："今天你总算跟我们吃了一餐饭。"因为以前王军浩每次去看望老人买好饭菜之后从来不吃，这是头一遭几个人在一个桌上吃饭。

在不大的屋子里，王军浩与老人并肩而坐，用无私奉献"尽孝"，温情暖暖（姚科斌／摄）

那一年冬天，气温骤降时，王军浩说："老人不在了，但天气冷热变化时，还是会经常想起他。"

在做志愿服务的过程中，王军浩还常常因公废私。2014年6月7日，是王军浩的儿子小侃高考的日子，他把孩子送进了考场，如同所有的父亲一样，带着对孩子的牵挂守候在考场外。这时，微信群里忽然跳出来一条信息："大通花园23号203室，需要两名志愿者安装客厅和餐厅的吸顶灯。"王军浩想也没有多想，用手机导了个航，立马赶了过去，全然忘了早上妻子叮嘱他去趟丈母娘家，把丈母娘特意准备的美味菜肴带回来。

到了用户家，王军浩和等候在那儿的另一名志愿者"会师"之后，动作利索地忙碌起来。他们帮老人换了吸顶灯，清理了旧电线。王军浩低头看了下时间，发现11点就快到了。他对同伴说："对不住，今天我儿子高考，我得先走一步了，等下房间麻烦你清理一下。"同伴惊叹了一声，埋怨道："小侃高考你怎么不早说呢，早知道我就不让你来了。"王军浩笑笑说："我把孩子送进考场后也没有其他事情了，守在考场外反而容易东想西想担心孩子在考试中的表现，这样压力更大，还不如一门心思干活来得轻松一些。"这时，用户也知道了王军浩儿子高考的事情，忙不迭地道谢又道歉，并催他赶紧回去接小孩。王军浩把最后一个螺丝拧紧，匆匆出了门。事后，同伴把整个经过发在微信群里，群里的志愿者纷纷为王军浩点赞。也有人打趣他是不是让考完试的孩子等了很久，王军浩笑了："当然没有，我是掐好了时间的。我赶到的时候，他正考完试出来。"

很多人都说，王军浩是钱海军志愿服务中心的标杆人物，朴实无华的外表下藏有一颗分外亮眼的善心，值得所有的人向他学习。面对这样的评价，王军浩谦称自己只是有一分力使一分力而已。

他们就像旋转的陀螺

在众多志愿者中，有一分力使一分力的不只王军浩，还有毛国祥。

54 岁的毛国祥是国网慈溪市供电公司天元供电服务站的一名台区经理，平时他主要负责所辖台区内 1400 户居民用户的抄表和电费催收工作。工作之余，他便利用自己的休息时间为那些有需要的空巢、孤寡老人修修灯、修修电器。

2015 年 2 月 18 日深夜，家住周巷镇双东村的陈志渭老人肺心病犯了，咳得喘不过气来。老人的病是个老毛病，天冷的时候就会发作，十分需要保暖。偏偏这时，家里突然停电了，灯不亮了，墙壁上的空调也罢了工。

此时屋外大雪纷飞，冷风如刀，路面上积起了厚厚的雪，室内外温度下降得厉害。陈志渭和老伴都已年过七旬，奔走不便，而他们的两个儿子又不在身边，老人们觉得很无助。这时，陈志渭突然想起了毛国祥，急忙让老伴拨通了毛国祥的电话。

毛国祥听完老人的电话，从床上惊坐而起，他穿上衣服，拎上工具包就往老人家里跑。因为匆忙，连大衣的扣子都扣错了，但他显然已顾不上这些。路面积雪经过车轮碾轧，变得十分湿滑，很不好走，但20分钟后，毛国祥还是赶到了老人所在的双东村。到了老人的住所，毛国祥一边敲门，一边抖了抖外套，以免把积雪带入老人家里。

待老婆婆开了门，毛国祥看到屋子里漆黑一片，他打开探照灯查看了一番，发现是老人家中的保险丝断了，于是立刻更换了新的保险丝。接通电源后，毛国祥快步跑到楼上，此时老人由于缺氧脸色发青说不出话来。毛国祥打开空调，扶老人坐起，一边给他敲背，一边将摆放在房间里的制氧机打开让老人吸氧。就这样忙了半个多钟头，老人的脸色渐渐开始红润起来。为了确保不出现其他问题，毛国祥还对老人家中的线路进行了检查，在排除安全隐患后，他才放心地离开。

从老人家里出来，天边已经泛起了鱼肚白。毛国祥稍稍平复了一下心情，赶到家中接上女儿把她送到了学校，毛国祥并没有告诉女儿，就在两个小时前，爸爸完成了一次生命急救。当然，他也没有将这件事告诉其他任何人。

两天后，天气转晴，陈志渭老人的身体恢复得差不多了，他带着一封感谢信来到天元供电服务站。直到此时，同事们才知道毛国祥做的事情。

看到老人亲自来服务站表示感谢，毛国祥觉得特别不好意思。他握着老人的手说："大爷，这都是我应该做的，这么冷的天，您过来干啥，您稍微坐一坐，等下我送您回去吧？"老人连连推辞，却最终被毛国祥的一句"举手之劳"给说服了。

毛国祥的"举手之劳"，双东村、界塘村的空巢老人和孤寡老人早就习以为常。由于村庄里的年轻人大多在外工作，剩下许多留守儿童和空巢老人。毛国祥时常为他们代填照明申请，代缴电费。也曾有人说他这么做很"傻"，毛国祥说："我都已经习惯了，不去做反而心里不踏实。再说，这些都是零零碎碎的小钱，老人家能有多少电费呀，让他们拿着存折跑银行多麻烦啊。"

从开始做电工到现在已经 20 多年了，毛国祥对台区里的每一位老人都很熟悉，他经常会借着抄表、发电费通知单的机会，顺道探望他们，问问老人们有什么不能解决的难题，有时候，老人们也会主动

毛国祥的"举手之劳"（姚科斌 / 摄）

来找他，20 多年过去了，彼此早已心照不宣。

毛国祥的同事这样评价他："国祥这个人，就像个旋转的陀螺，干起活来怎么也停不下来。别人不打电话给他，他也会主动上门去帮忙。除了空巢老人、孤寡老人，他还经常为'新慈溪人'提供免费服务。"

2015 年 5 月 20 日中午，和往常一样，毛国祥刚吃完饭，正在办公室午休。此时，双东村官房桥的陈师傅给毛国祥打来电话，他在电话中称家里的线路出现了故障，没办法做饭，想请毛国祥过去帮忙查看一下。毛国祥一口答应了，放下电话便往陈师傅家赶。

到了陈师傅家，毛国祥对线路进行了检查，并找到了故障原因——是线路老化造成的，立刻为其更换了新的电线。修理工作结束，毛国祥这才开始打量起陈师傅家，陈师傅一家三口居住在一间不到 6 平方米的房间里，显得十分拥挤。家里的线路除了部分裸露之外，看上去还格外陈旧。陈师傅说，他们来这边打工也有两年了，平时工作比较忙，虽然都清楚电这东西危险，但由于文化程度不高，不知道如何处理，刚搬进来时就找几个老乡随便弄了一下。今天突然断了电，经房东提醒，这才打电话找了毛国祥来。

为了确保陈师傅一家人的用电安全，毛国祥对裸露在外的线路进行了绝缘处理，还为其安装了漏电保护器。随后，毛国祥习惯性地向陈师傅普及了一些安全用电知识及触电急救常识。离开时，陈师傅从口袋里掏出了 50 元

钱，想要塞给毛国祥，遭到了毛国祥的拒绝。他说："你辛辛苦苦赚钱不容易，这50块钱还是留着给孩子买点好吃的吧。"说完，拿上工具包就走了。

毛国祥说，这些"新慈溪人"背井离乡，赚的都是血汗钱，每次看到他们简陋的房屋、周边脏乱差的环境，就有一种说不出的辛酸。这也坚定了毛国祥为"新慈溪人"提供义务服务的决心，为了使他们的用电环境更加安全，毛国祥经常走村过户，免费为他们提供线路检查、维修服务，向他们普及安全用电的理念，使他们养成安全用电的习惯。毛国祥说："我希望通过我的努力，能让他们感受到这个城市的温暖。"

"辖区里的新老慈溪人都认得他，亲切地管他叫'国祥师傅'。"同事们都说，"国祥师傅不仅敬业又热心，还十分顾家。"

不值班的时候，毛国祥每天早上6点准时起床，给家人做好早餐，等小女儿吃完就送她去上学，然后到单位上班。下了班，他很少会去参加应酬，通常都是直接回家烧好一桌可口的饭菜等着妻子和大女儿回来。吃完饭，就陪着妻子散散步、看看新闻，眼看8点快要到了，他就去学校把小女儿接回家。到了周末，如果不去那些老人家里，他就会陪着家人四处走走。有人说他的生活太"呆板"了，毛国祥笑着说："我都习惯了。"常言道，习惯成自然。很多时候，好事和坏事一样，做多了就会变成一种本能。

《世说新语》里有一段文字："陈元方子长文，有英才，与季方子孝先，各论其父功德，争之不能决，咨于太丘，太丘曰：'元方难为兄，季方难为弟。'"在钱海军共产党员服务队里，胡群丰和毛国祥也堪称"难兄难弟"，两个人都是一样的古道热肠，好管"闲账"。

胡群丰的热心由来已久。七八岁的时候，有一次他去河埠头游泳，一个老太太淘米时不慎掉落河中。胡群丰来不及多想，攀着船舷想把她拖出水面。落水之人看见有人伸过来一只手如同看见了一根救命稻草，又是拉，又是拽。禁不住老太太胡乱挣扎，胡群丰一连喝了好几口水。好在对岸有人听见呼救声跑了过来，把老太太拉上了岸，而胡群丰被这一次救人经历吓得够呛，在家里足足躺了半个月。但这并没有减弱他的助人之心。

在支援抗台过程中被雨水打湿一身的胡群丰（姚科斌／摄）

　　参加工作后，有一回他在下班途中看到一辆摩托车和一辆货车发生碰撞，摩托车驾驶员当场重伤。附近看热闹的人有很多，但是没人想管这事，胡群丰连忙叫了辆三轮车，把伤者送到人民医院。开三轮车的司机说："我帮你把人带到，钱也不收你了，但是等下上了推车你就自己走吧，我不陪着去了。"——显然，他是害怕被人讹诈。胡群丰说："也难怪他，不过我相信这个世界还是好人多。"他在医院陪了一天一夜，直到伤者家属赶来。

　　当然，好事做得多了也有被人误解的时候。有一天吃完午饭，胡群丰正在休息，忽然听见有人喊"抓偷砸坏（小偷）"，抬头一看，三个小年轻一溜烟跑了过去。胡群丰起身就追。小偷看到只有他一个人，不但不跑了，反而围过来要打他。胡群丰扳手一扔，正好砸在其中一个小偷的脚踝上，又伸手按住了一个，剩下的那个见状，夺路而逃。胡群丰便把其余的两个押解过来。当天晚上，派出所的民警来到胡群丰家，要带他去做个笔录。胡群丰本是见义勇为，以讹传讹之下这消息就走样了，有的说"群丰打架，被派出所抓走了"，也有的说"群丰坐牢了",谣言一直传到胡群丰的外婆耳朵里,害得老人家心惊肉跳。好在很快证实这一切都是谣传,她悬着的心才放下来。胡群丰说:"看到能帮的就去帮,我没有那么多的顾虑,以后碰到了还是会这么做。"

这年头,家家户户都离不开电。在多年的服务过程中,胡群丰经常会帮东家换个灯泡,帮西家修个电扇,所以哪家女儿几岁、嫁在何处,大人做什么工作、身体状况如何都一清二楚。有时碰到两户人家打架,村支书去劝未必管用,而他一去,大家多数时候是买账的。

在胡群丰的示范作用下,每次国网慈溪市供电公司组织开展志愿服务活动,他所在的坎墩供电服务站通常都是最先完成的。对此,胡群丰说,其实每个人都有一颗愿意做好事的心,只是有的人没有平台,就把善心搁在一边了,而我们比较幸运,除了喜欢寻事情做,还有一个这么好的平台,当然要多做点事情了。"不只是我,我身边的人都是这个样子。"

在"千户万灯"照亮计划中,常有一些患有精神疾病的老人喜欢在屋子里堆放各种废弃的瓶瓶罐罐,还当成宝贝一样舍不得扔掉,如果有人想要帮他们处理了,他们各种难听的话都说得出来。独有胡群丰和队友去整理的时候,半年一年不说话的他们会"嗯嗯啊啊"地回应几声,好似在表达内心的感激。

胡群丰还是众多志愿者中第一个报名捐献人体器官的人。2011年6月10日,他打电话到浙江省红十字会,表达了自己的意愿,并按照要求填写了申请表,成为浙江省第84个报名遗体捐献的人,在全国的编号则是410。他本是偷偷报的名,没有让别人知道,但不知怎的,消息竟传开了。大家问他为

胡群丰同老人讲解用电注意事项(姚科斌/摄)

什么要报名捐献器官。胡群丰说，平时看到了就留心了。至于为什么会选在这个时候，理由更简单，2011 年 7 月 1 日是中国共产党建党 90 周年的日子，按照民间的说法，90 岁是个大生日，眼看 7 月 1 日快到了，他就想着给党送份生日礼物。

因为真实，所以感人

一个优秀的团队，要有人冲锋在前，也要有人保障在后。

兵马未动，粮草先行。这句话的大意是，不管做什么事情，行动前须先行做好准备工作，才能保证整个行动的效果。由此可见谋划的重要性。唐洁在团队里扮演的便是活动策划者和后勤保障者的角色。

作为钱海军共产党员服务队的指导员、钱海军志愿服务中心的主任兼支部书记，唐洁主要负责对团队成员的教育、培训和管理及与相关部门的协调等工作。这些事情极其琐碎，刚开始的时候，唐洁也只是把它当一个工作任务在做。当一件事情变成任务的时候，难免会让人觉得枯燥乏味。值得庆幸的是，随着时间的推移，唐洁把自己的身心融入其中，慢慢地，这些事情就变得有意思了。

党员、志愿者是钱海军共产党员服务队和钱海军志愿服务中心的支架，有他们，整个团队才有生命力，才能走得远，走得好。唐洁常常通过交谈、跟班等方式，了解掌握团队成员的思想动态和生活近况，帮助他们解决工作、生活中的困难问题，让团队拥有家的温馨。"家的温馨"，看似只有寥寥的四个字，要让团队成员拥有这种感觉却不是一件容易的事情。唐洁之所以能做到，是因为她把团队里的每一个成员都看成自己的兄弟姐妹，时时记挂在心里。

2016 年夏天高温时节，由钱海军志愿服务中心和慈溪市慈善总会、慈溪市残疾人联合会共同发起的"千户万灯"照亮计划二期行动正在如火如荼地开展。有一天晚上，唐洁临睡前，忽然想到那些贫困户家中蚊子多，空气不流通，志愿者大热天作业很容易中暑，想给他们买点避暑防蚊的药品。说做就做，她带着儿子将附近的药店和超市逛了个遍，精挑细选了几样实用的药品和物品，并逐个查验了保质期。第二天，她将避暑包和药品包分发到志愿者手上。

对于工作用心的唐洁来说，业余时间加班是常有的事，有一次，为了策划一个大型活动，唐洁一连加了一个礼拜的班，感冒、咽喉炎接踵而至，晚上也紧张得睡不着。有时忙起来，陪孩子的时间都没有，后来，唐洁干脆直接把儿子接到单位，自己忙事情的时候让他在一边写作业，有空了就同他讲钱海军的故事。有时有背稿任务，她就把稿纸交给儿子，自己背诵的时候让他把背错的地方圈出来，他听着觉得不顺畅的也一并指出来，就这样，孩子陪了，工作也没有耽误。

辛苦的同时收获也颇丰，而且这种收获不只局限于经验和能力方面，更多的是精神层面的。有些得到帮助的老人与唐洁住在同一个小区，平时在路上相遇，会像老熟人一样同她打招呼："小唐，你去上班了！""小唐，你回来了！""今天买了什么菜？""天气热了，小心身体。"……唐洁说，做了志愿服务以后，感觉自己多了很多亲人。"对着这些老人，就像是对着自己的爷爷奶奶一样，所以给他们包粽子、陪他们过年，感觉都是自己应该做的，完全不是为了宣传，更不是为了作秀。"

当然，唐洁投入精力最多的还是"未成年人体验站"和"'星星点灯'大课堂"。2015年，慈溪市创建成为"中国慈孝文化之乡"，唐洁抓住契机开发了一个感恩主题的课程，从感恩节的由来、董黯孝母的故事引出身边的慈孝人物钱海军，然后再通过讲述钱海军的服务故事或者邀请钱海军到现场聊聊感想，让孩子们学会感恩——感恩父母，感恩爷爷奶奶，感恩老师，感恩身边的同学。为了活跃课堂气氛，她还特意在课件里插入了视频和沙画。

课件做好后，唐洁先后在四五个学校进行了试讲，好多次，孩子们听着听着就哭了。这个说"妈妈很爱我，妈妈每天很早起来给我做早饭"，那个

唐洁在向幼儿园的孩子科普安全用电知识（姚科斌／摄）

说"爸爸很爱我，脚摔断了，硬撑着送我到学校"，更有一些孩子争相表达了"想给爸爸妈妈做一次饭，洗一次衣服，说一次我爱你"的愿望。不过，让唐洁印象最深的还是龙山一所民工子弟学校的学生。有一个小女孩听完课后跟唐洁说很想念在老家的爷爷奶奶。唐洁问："你为什么想念呢？"小女孩说："我们家门口有个斜坡，爷爷每天要去挑水，雨天也不例外，我在家的时候这些活都是我帮爷爷做的，现在我出来了，爷爷身边没有人了，我都不知道他要怎么挑水，他的腿脚又不好。"说着，晶莹的泪珠子一串接一串地掉落。听完女孩的话，唐洁不由得百感交集，她哭了，因为她也是一个母亲，有自己的孩子，她在家里是独生女，爸爸妈妈现在也住在异地。唐洁说，这一刻，她觉得前期所有的加班都值了。

回到单位后，唐洁跟钱海军说："我觉得我们的活动很有意义！"

截至 2021 年底，在唐洁的努力下，"'星星点灯'大课堂"已组织开展超过 450 期体验活动，接待未成年人 2 万余人次参与体验，填补了未成年人电力科普教育资源的缺失，受到新华社、浙江卫视、《浙江日报》等一众媒体的持续报道。

除了策划、组织各种活动，唐洁自己也是一名资深的志愿者。2011年，她加入了慈溪市志愿者服务队，多次参加支援交通、看望折翼天使等活动。由于常和钱海军一起去社区里走访、看望老人，对老年人的心理需求颇为了解，为此，唐洁报名学习了心理咨询师，打算为老年人提供专业的心理咨询，让他们老有所乐。2012年，她考取了国家三级心理咨询师资格证书，成为钱海军志愿服务中心心理援助项目的一员，常常与专业心理咨询团队的老师一起，为慈溪市掌起镇托养中心的老人送去"心灵关爱"。掌起镇托养中心有一个假性痴呆的老奶奶，每次看到唐洁，都会高兴地说："女儿来了！"唐洁说，心理咨询并不能真正治疗疾病，自己所能做的就是常去看看她们，有了心理学的专业知识作武装，可以让他们得到更多的安慰。后来，唐洁还参加了古塘街道义工银行的阳光心理咨询室，以期能帮到更多需要帮助的人。2016年，她又考取了国

2021年台风"烟花"登陆期间，唐洁连续多日分赴当地各个避灾安置点，给那里的人们带去心灵呵护（姚科斌/摄）

家二级心理咨询师，成为国网慈溪市供电公司阳光心灵港湾的负责人，同时加入宁波市心理协会，身兼慈溪市组织部干部心理研究中心监事、讲师等多项职务，利用业余时间，为特殊群体免费提供心理援助，并自创了"一网情深""心电途"等志愿者心理团辅课程。新冠肺炎疫情期间，她不仅自己接听多家心理援助志愿服务热线，还组织志愿者为独居老人、社区一线工作人员进行思想引导、心理疏导，为全民抗疫注入了"心能量"。

为了通过更专业的方法管理和发展志愿服务，帮助更多需要帮助的残疾人等困难群体，2018 年，唐洁还考取了社会工作师证。这些年，她谨守初心，和志愿服务中心的灵魂人物钱海军一起并肩作战，使队伍更加强大，工作更趋规范，为此牺牲了许多与丈夫、孩子相处的时间，但她未有丝毫的抱怨，用她自己的话说："一开始的时候，我也只是把这些当作一项常规工作来做，但是随着时间的推移和志愿服务的深入，我发现因为自己的努力，那些被帮助的老人、残疾人笑容多了，不再郁郁寡欢了，我觉得这件事情非常有意义。"

因为忘我的付出、出色的表现，唐洁先后被评为浙江省先进志愿工作者、"十三五"期间浙江省残疾人工作成绩突出个人、宁波市五一劳动奖章、宁波市美丽青春大使、慈溪市首席工人、慈溪市十佳志愿服务工作者等荣誉称号。

在钱海军共产党员服务队里，像唐洁、王军浩、周丰权这样的人还有许多。他们没有了不起的学问，说不出华丽的辞藻，但他们都像钱海军一样，有一颗甘于奉献的心。因为真诚，所以真实；因为真实，所以感人。他们的服务，他们的故事，感动并带动了许多人。

如今，钱海军精神正在每一个队员、每一个职工手中传递，温暖着越来越多的普通群众。在深夜，在黎明……"钱海军"们共同用坚守点燃一盏不灭的灯，把光明送入千家万户，把温暖播撒百姓心田；他们共同用爱心和责任唱响了一首冷暖相关、和谐美好的大爱之歌。正如钱海军所说，他从来不是一个人在战斗。

其实，钱海军共产党员服务队的精神就是慈溪电力人骨子里的精神，而电力人的精神也是慈溪这座城市骨子里的精神。

第八章

七老逛京城

为这样的老人提供免费服务，让他们能够感受到社会的温暖，就是钱海军和钱海军志愿服务中心的其他志愿者这些年一直坚持在做的事情。我们有理由相信，有钱海军的地方，温情无处不在，有志愿者的地方，到哪都是故乡，到哪都像是回家。

当记忆的指针经过 2017 年 3 月 1 日 6 时 48 分的时候忽然停顿了一下。这一刻，北京天安门广场上，气氛庄严肃穆。借着熹微的曙光，我们可以看见栏杆外已经围满了密密麻麻的人群。有意思的是，每个人好似事先说好了一般，竟同时屏住了呼吸，偌大的广场，连咳嗽声都听不见。在《歌唱祖国》的音乐声中，国旗护卫队的战士迈着铿锵有力的步子从长安街走过。随后，国歌声响起，五星红旗迎风飞扬。旗风猎猎，令观者心如澎湃潮涌。

　　此时，距离旗杆不远处，一位胸前挂着军功章的老人望着冉冉升起的国旗，有种名为眼泪的液体从他的眼眶里横溢而出："天安门，想了这么多

2017 年的初春特别温暖，钱海军志愿服务中心的志愿者们帮助 7 名老人圆梦北京（岑益冬 / 摄）

年、盼了这么多年的天安门升旗仪式，今天我终于看到了！这个做了一甲子的梦圆了，这辈子我再也没有遗憾了！"这句话，这个镜头，在这一瞬间被定格成了永恒。

说自己今生已无遗憾的这位老人名叫傅万久，来自浙江慈溪，是一名90岁高龄的退伍老兵，曾参加过辽沈战役和抗美援朝。他这次到北京，是为了了却埋藏在自己心中60余年的心愿——替已故的战友到天安门看一次升旗仪式，在人民英雄纪念碑前敬个礼，而帮他圆梦的正是同样来自慈溪的钱海军志愿服务中心的志愿者。

志愿者计划为老人圆梦

人这一生里，会做很多很多的梦，有的是好梦，有的是噩梦。梦总有醒来的时候，醒来之后，有些人会沿着梦里的路再去走上一遭，到最后，这些梦都变成了现实，而有些人显然没有那么幸运，于他们而言，那些梦一辈子就只是个梦而已，可望不可即。

有梦不能圆远比没有梦来得更加痛苦。这就好比饥肠辘辘的旅人因为囊中羞涩看着肉却吃不到，其焦灼感总是要强于那些同样饥饿却没有食物诱惑的人。

梦想之所以被称为梦想，是因为实现起来不那么容易，这一点，年纪大的人体会尤为深刻。现实中，儿女们都有自己的事情要忙，能常回家来看看已属不易，更不用说全家一起去旅行了。儿女们抽不出时间，老人家自己出行又不方便，于是，"世界那么大，我想去看看"的念想，老人们也就只敢在心里想想，甚至都不好意思向别人提起，生怕说出来被人笑话，被人嘲笑"年纪这么大了，还只想着玩"。

也有一两个"脸皮厚"的，偷偷地将自己的想法说与孩子知道，儿女们体谅的，就说工作忙，等有空了就带他们去；不体谅的，非但不带他们去，还要数落几句。即便是那些体谅的，应允的承诺也以空头支票居多，让老人们得了希望又陷入失望。等啊等，等啊等，春去秋来，年复一年，老人们越发苍老了，但"有空"兄似乎一直都没有空。等不来儿女有空，"去远方"成了这些老人心中的一道隐秘的伤痕，生怕别人说起，又怕被人忘记。

比起这些有儿有女仍旧实现不了夙愿的老人，来自浙江慈溪的 7 位老人无疑要幸运许多，因为前不久，他们在那些与自己没有任何血缘关系的志愿者的陪伴下得偿所愿，实现了各自的"首都梦"。

在汉语里，老人是一个很普通的名词，跟儿童、少年、中年人一样，只是某一个年龄阶段的人的代名词，每个人都会老，每个人老了都一样。但是如果在老人之前加一个特定的修饰词，诸如空巢、失独、孤寡，一切就会变得不一样了，哪怕我们没有见过这个人，也能隐约猜得几分他（她）的凄凉处境。为这样的老人提供免费服务，让他们能够感受到社会的温暖，就是钱海军和钱海军志愿服务中心的其他志愿者这些年一直坚持在做的事情。

在长期的服务过程中，他们深知一个道理：老人如同小孩，需要陪伴，更需要关怀。正是基于对老人的关怀，才有了这次充满温情的千里送老人进京圆梦之旅。

故事的开头，要从 2017 年的一次走访说起。同那个"秋风起，思莼鲈"的季鹰先生一样，钱海军有一个习惯，每年天气冷热变化时、骤风骤雨来临时，他都会做同一件事情——去那些残疾、孤寡、空巢、失独的特殊老人家里走走看看，帮他们添置一些生活必需品，陪他们说说话聊聊天，让那些暗了的灯亮起来，让那些凉了的心暖起来。

这年春节前夕，钱海军来到了 90 岁的退伍老兵傅万久家里。聊至兴头，老人问钱海军过年期间有什么出行打算，钱海军想也不想就说，过年前后是自己最忙碌的时候，一般都待在家里"候命"，哪儿也不去。他反问老人："您这个春节有什么打算吗？"话甫一出口，钱海军就后悔了，懊恼地拍了拍自己的脑门——老人年纪这么大了，又是独自一个人，即使有打算也没法让它变成现实啊。

　　这时，电视画面正好闪过天安门的镜头，老人的目光忽然变得热切起来："要是有生之年能够去北京天安门看一次升旗仪式，在人民英雄纪念碑前敬个礼、鞠个躬，我就是死也没有遗憾了。可惜我现在都已经这把年纪了，身边又没什么人，所以也就只能想想了。"说着，老人长长地叹了一口气。

　　这声叹息像一缕轻烟很快就随风飘散在了空气里，但同时也像一块铅重重地砸在了钱海军的心里。看着老人眼里的憧憬，钱海军暗下决心：有朝一日，一定要带老人去北京圆梦。

　　在随后几天的走访里，钱海军留心之下，发现怀揣"首都梦"的老人竟有很多，由于经济条件差、没有人陪同等原因，他们只能心里想想、嘴上说说，始终不敢太过奢望。然而，说者虽无心，听者已有意，早日让老人们实现心愿成了钱海军的一块心病，为这，他连年都没有过好。如果说去北京是老人们的心愿，那么让老人们实现心愿则成了钱海军的心愿。钱海军打电话给同事、给单位的领导，经过一番酝酿，一个计划在钱海军心中悄然成形。

　　2017年2月3日，农历正月初七，是新年上班的第一天，钱海军到办公室之后，连基本的寒暄都省却了，直接将自己的想法和同事们一说，其后不久，一场名为"情牵夕阳·梦圆北京"的活动正式拉开了序幕。钱海军志愿服务中心的志愿者经过商讨，决定带老人北上圆梦。

　　组团远行，需要耗费一定的人力、物力、财力和精力。年轻人大多都有自己的事情要忙，钱海军们亦是如此，但是为了这些老人，他们已经做好了准备。没有专项资金，大家你1000我500，帮老人筹措路费，至于志愿者的费用则由他们自己买单；陪同人员不够，钱海军和胡群丰就把家人拉过来做义工；没有空闲时间，大家相约一道把年休假请了。

　　为了保证旅途的顺利，他们还请来了医生志愿者陈新桥，为结对的20多位特殊老人进行体检，最后身体健康状况适合这趟长途旅行的老人共有7位，分别是90岁的傅万久、80岁的王承林、80岁的沈成仁、77岁的朱春芬、72岁的朱元华、71岁的孙宏飞和69岁的胡菊仙。这些人或是孤寡老人，或是失独老人，或是空巢老人，或是抗美援朝老兵，身份各不相同，

医生志愿者为老人测量血压（岑益冬 / 摄）

却有一个相似之处——"几回回梦里到北京，醒来却躺在自家的破床上"。

当钱海军把计划说与老人们知道时，他们几乎不敢相信自己的耳朵，抓着钱海军的手不停地重复着同一句话："真的吗，真的吗?"得到肯定的答复后，老人们浑浊的眸子忽然就有了精神，转动起来也显得分外有力。钱海军明白，老人们渴望去北京，就像一条鱼渴望河流，像一片云渴望蓝天，有此反应不足为奇。

为老人们去北京这件事，志愿者从设想到出发，足足准备了一个多月。尤其出发前的一个星期，医生志愿者陈新桥更是每天上门为老人们测量血压。待看到指标数据都在正常范围，钱海军等人才将悬着的心放了下来。眼看着日期一天天临近，忽然有一天，傅万久老人说自己身体不舒服，去不了北京了。奇怪的是，志愿者问他哪里不舒服，他却欲言又止。后来他们几经打探得知，老人将自己要去北京的消息说与邻居知道，左邻右舍都告诉他不可能有那么好的事情，让他不要做梦了，当心被人骗走。老人本来不信志愿者会骗他，无奈邻居说的次数多了，心里也就有了顾虑，为此他一连好几个晚上都没睡着觉。为了安抚他，志愿者与老人所在村委、街道的工作人员一起，上门详细解释原委，给老人吃了一颗"定心丸"。于是，剩下的便是怎么去的问题了。

出门在外，安全是最重要的，尤其对于这个总年龄超过 500 岁的"老年团"来说，有更多细节需要注意。从慈溪到北京没有直达的飞机，也没有直达的动车，考虑到老人年事已高，志愿者商讨之后，决定去余姚北站坐动车。

从"余姚北"到"北京南"，有1300多公里的路程，中途还得去"杭州东"转车。不消路上发生大的意外，只要有一位老人身体闹点小毛病，这个旅程就算泡汤了。本着"小心无大过"的原则，出发之前，钱海军志愿服务中心根据老人的心愿，制订了详尽的方案，并安排了7名志愿者一对一陪同，全程负责老人的生活起居，分发食物、端茶倒水，甚至连上厕所应该注意的事情都考虑到了。与此同时，钱海军还联系了北京润秋服务组，一起为老人圆梦助力。

准备工作做到这份上，真可以说是"万事俱备，只欠东风"。当然，东风来或不来，该出发的旅程到了时候自然会被排上议程。

坐着高铁到北京

2017年2月28日，春风正好，桃花将开未开，燕子将来未来，7位老人在志愿者的陪伴下，坐上了开往北京的火车。火车带着7位老人，老人们又各自带着梦想，缓缓地进发了。从这个角度理解，这一趟旅行可说是不折不扣的"圆梦之旅"。

许是因为紧张，许是因为激动，出发的前一天晚上，钱海军失眠了，他起来又躺下，躺下又起来，如此反复十数次，把妻子也吵得没有睡好觉。到了正日子，夫妻俩早早地来到位于慈溪市供电公司的大本营，对行李进行清点：暖宝宝、围巾、保温杯、轮椅……就像上课答到一样，看见一样就在纸上打个钩。离预定的出发时间还有半个钟头，准备工作已然就绪。

与钱海军一样紧张的还有那些久不出远门或者从未出过远门的老人们，两只脚还踩在慈溪的土地上，一颗心早已飞去了遥远的北京城。他们凭着记忆里残存的、电视电影里看到的零碎片段，在脑海中拼凑出首都北京的模糊轮廓。

"这是真的，这是真的！"当火车缓缓地驶离站台，看着两旁的景物不住地向后移动，傅万久终于相信自己真的要去北京了。在此之前，他始终觉得自己是在做梦。梦既醒了，老人迫不及待地想把自己的喜悦分享给每一个人知道。

其实何止傅万久，很多老人都是第一次乘坐高铁出行，故而除了激动，他们对两眼所见的一切事物都感到十分新奇。40多年来连火车也是第一次乘坐的沈成仁，心里有一种强烈的感觉，便是此行让自己"开了眼"。看着窗外飞驰而过的立交桥、高架桥、小别墅，老人无限感慨："祖国变得越来越好了！"

时光荏苒，老人们仿佛一下子变得年轻了，也变得开朗了。90岁的傅万久和80岁的王承林还组成了"8090"合唱团，唱起了《中国人民志愿军战歌》："雄赳赳，气昂昂，跨过鸭绿江，保和平，卫祖国，就是保家乡……"嘹亮的歌声响彻大半个车厢，同一车厢的乘客都被老人的情绪感染了，不约而同地为他们打起了拍子。

坐着火车去北京是老人的梦（岑益冬／摄）

与老人的激动、兴奋形成鲜明反差的是志愿者紧绷的神经。此时，他们的注意力高度集中，时刻留意着老人的身体状况，看他们有没有晕车、有没有出现不适，在他们想要吃东西的时候递上食物，在他们想要喝水的时候倒好茶水。对老人们来说，这是一趟开往春天的幸福列车，而志愿者是他们的列车员。

午餐时间到了，志愿者为老人们买来热腾腾的盒饭。"不知道为什么，这里的盒饭吃起来味道特别香。"朱春芬老人一边吃着饭，一边乐呵呵地同结对三年之久的高栋寅聊天。朱春芬的话说出了所有老人的心声。用过餐后，傅万久老人从口袋里掏出一个保鲜袋，将没有吃完的牛肉收存起来，他说："我从没吃过这么好吃的牛肉，煮得很软，扔掉太可惜了，下一餐还能接着吃。"短短几句话，说得人面红耳赤，又让人充满敬意。这位经历过艰苦岁月的老人，至今犹然保持着节俭朴素的生活习惯。老人说，自己现在已经很好了，如果太浪费，都对不起那些死去的战友。

在欢声笑语与肃然起敬交错中，火车离浙江越来越远，离北京越来越近。古人常说，近乡情更怯，但老人们显然不在此列，他们此刻最真切的感受是：离梦想更近了，心跳更快了。

下午1时20分，列车迈着轻快的步子驶入北京南站。老人们纷纷感叹："以前听人说，去北京坐绿皮火车至少要两天两夜，没想到5个小时就到了，真是比风还要快！"

北京的天气似乎也感受到了志愿者的用心，给足了面子，蓝天白云，惠风和畅，为志愿者和老人们的出行"锦上添花"。

车窗外，与钱海军同为全国劳动模范的张润秋和她的团队成员已经等在了站台。

"大爷，欢迎你们来北京！""大妈，小心台阶，请走好。"姑娘们笑靥如花，陪同"圆梦团"众人一起出站。老人们对此赞不绝口："北京真好，北京人真好！"

"北京，我们来了。"从南站出来后，"圆梦团"又坐上了事先预订的中

"圆梦团"抵达北京南站（岑益冬／摄）

巴车，直奔宾馆而去。七老之一的朱元华年轻时曾经到过北京，不过算一算时间已是几十年前的事情了。这次重游，他发现沿途的建筑、风物跟从前已经完全不一样了。

下午 3 点，老人和志愿者抵达位于丰台区的金时大厦，下车办理入住手续。为了方便照顾，他们跟酒店工作人员商量，把房间都订成了套间。

办理手续稍微要些时间，老人们坐在酒店大堂的沙发上，耳边是志愿者关切的问候："有没有累着啊？""要喝水吗？""要不饼干先吃一点？"也许是老人们内心过于激动，再或者是不太习惯北京冬季的供暖，刚从寒冷的外边进入大堂，几位老人居然觉得有些闷热，志愿者抄起桌上的杂志当作扇子，为老人轻轻地扇起了风。

大堂里有位姓许的山西客人正在等人，眼睛瞟到志愿者身上的红马甲，好奇心起，特意绕了一圈去看写在马甲背面的字："你们是什么旅行社啊，服务怎么那么好的？"当他听说志愿者们和老人非亲非故，只是带老人来北京圆梦时，他先是感到讶异，继而大为感动："你们这些人真了不起，待老人如此细心，就算亲生子女也不过如此。"

同样受到震撼的还有酒店前台的接待人员，他们真诚地说："你们的圆梦之旅让人觉得特别温暖。今天能接待你们，是我们的荣幸，热烈欢迎志愿者和叔叔阿姨入住！"

这样的服务，这样的态度，明明人在异乡，老人们忽然有了一种"宾至如归"的感觉。到了酒店房间之后，傅万久给千里之外的孙女打了个电话报平安："宾馆住好了，一切都好，你放心吧！"

这辈子不会有遗憾了

按照原定计划，3月1日早上的行程是去天安门看升旗仪式。这是包括傅万久在内的绝大多数老人的共同心愿。

凌晨3点钟，老人们已经兴奋得睡不着了，躺在床上辗转反侧，一会儿看看天花板，一会儿又巴巴地眼望向窗外，只盼着时间能够过得稍微快一点。

熬过了漫长的一个小时，老人和志愿者陆陆续续地起床了。因为要看升国旗，老人们觉得应该穿得庄重、体面一些，他们对着镜子照了又照，似乎怎么都不满意。抗战老兵傅万久在钱海军的帮助下，戴上了抗美援朝、华北解放的军功章。这两枚纪念章老人珍藏了几十年，平素都用专门的盒子装着锁在抽屉里，舍不得戴，更舍不得拿出来展示。

待老人们洗漱过后，随行医生陈新桥逐一为他们测量了血压，至于测量的结果，可以说是"几家欢乐几家愁"。

72岁的朱元华刚到北京的时候有点头晕，一度以为看不成第二天的升旗了，幸好一觉醒来，身体已无大碍，自是喜出望外。与之相比，傅万久老人可就没那么幸运了，经测量，老人的高压达到了174mmHg。志愿者很是担心，纷纷劝老人在宾馆里休息，不要去看升旗仪式了，老人却不依。

"我们迟点再去,天安门照样可以看,不一定非要看升旗,升旗太早了。"志愿者耐心地做着解释工作,但老人根本听不进去,他用一种几乎可以称之为"央求"的语气说道:"现在去嘛,我的身体没有问题的。"

拗不过老人,钱海军和陈新桥商量之后,决定先给傅万久吃降压药,去天安门的路上再观察一下,如果有好转就继续行程,如果血压没有变化,再放弃原定计划。志愿者好说歹说,老人总算是同意了。

轮椅带上了,水壶灌满了,急救包准备妥当了,"老年圆梦团"整装出发了。

俗话说,春天脸,孩儿面,一日里头变三变。这话果真不带一点虚假成分。明明前一日还是艳阳高照,酒旗风暖,此时出得门来,室外温度竟低至零下3℃,北风鼓噪,叨叨不休,手机弹出提示,气象台已经发布了大风蓝色预警。好在志愿者早有准备,让老人们穿上了棉袄,围上了围巾,棉毛衫外还贴了暖宝宝。

车子在天安门广场附近停下,众人纷纷把目光聚焦在正接受血压测量的傅万久身上。

汉语里有个词叫"遂愿",意思是满足或实现人的愿望。如果这个世界真有天意的话,天意或许也希望这些老年人能够梦圆北京吧——测量结果显示,傅万久的收缩压达到了正常值,升旗仪式可以一起去看了。车厢里,欢呼声大作。

车门打开之后,傅万久抢着下了车,生怕有人会拉住他不让他去似的。志愿者赶紧将轮椅推过来,老人摆摆手,表示不需要,还昂首阔步走在队伍的最前面。钱海军跑上去搀住他,让他慢点儿走,老人笑着说:"想想马上就能看到升旗仪式了,脚步也轻了,根本慢不下来啊!"

早晨的天安门,风依然很大,与许多年轻人瑟瑟发抖的样子不同,老人们的心里一团火热。大家怀着急切的心情找了视野较好的位置站定,只等那万众瞩目的一刻来临。

梦想即将实现的那一刻,也是老人们心潮最澎湃的一刻。

6时40分，天边的云彩已经变换了几种颜色，由浅及深，由绚烂到平静，忽闻"越过高山，越过平原，跨过奔腾的黄河长江……"的乐声响起，国旗护卫队的战士迈着正步走过长安街。6时48分，熟悉的《义勇军进行曲》旋

傅万久对着国旗敬礼（岑益冬／摄）

律响起，五星红旗冉冉上升，与国旗一同上升的还有来自广场上的众人的目光。

国旗下，90岁的傅万久保持着立正的姿势，右手抬起，行了个标准的军礼，他的眼里噙着泪，眼珠子却一动不动。紧挨着他的几位老人也正行着注目礼，内心充满了虔诚。而他们的身后，是提着小板凳、推着轮椅的志愿者们。这样的组合多少是有些怪异的，升旗仪式结束，广场上来来往往的人们不由得多看了他们几眼。

老人们显然还沉浸在圆梦的欢喜情绪中。这个说，在现场看和电视上看的感觉大不一样，心里充满了幸福，为我们的国家感到自豪；那个说，终于实现了到天安门广场看升旗仪式的愿望，这辈子不会有遗憾了，祝愿祖国永远强盛，人民安居乐业。

伴随着美好的祝愿，圆梦的欣喜，老人们在国旗前合了影。不知是谁喊了一句"祖国万岁"，其他人受到感染，齐声高呼，这场面，直击人心，令观者动容。

傅万久的另一个心愿是到人民英雄纪念碑前敬个礼、鞠个躬。人民英雄纪念碑在广场前方不远处，那是一个寄托着傅万久老人对牺牲战友深切怀念的地方。老人在钱海军的搀扶下来到了纪念碑前，不知为何，他抬头仰望，

呆呆地看得出了神，多时不曾说话。

伫立良久，但见傅万久缓缓地弯下腰，向昔日的先烈、战友鞠躬致敬。那是一个90度的弯腰，却寄托着百分百的敬意。清晨的阳光洒落下来，料峭春寒里多了几分温暖。

老人的眼里装着风景，志愿者的眼里装着老人

这次北京之行，老人们都是带着各自的梦来的。看过了升旗仪式，接下来的几天，随着时间的推移，老人们的梦一个接一个得到了圆满。

老知青朱元华喜欢历史古迹，故宫博物院是他心心念念的地方。老人有记日记的习惯，每到一处，都会将沿途的所见所闻记在本子里。他春风满面地说："这次来的每一个地方我都要写下来，回去好说给别人听。"

看到老人们圆了梦，志愿者也为他们感到开心（岑益冬/摄）

在故宫参观时，朱元华想起那段八国联军侵华的屈辱历史，忍不住流下了眼泪。他说："八国联军太不像话了，如果我生在那个年代，一定要跟他们拼命……现在国家强大了，决不允许外国侵略者再在我们的土地上任意践踏。"

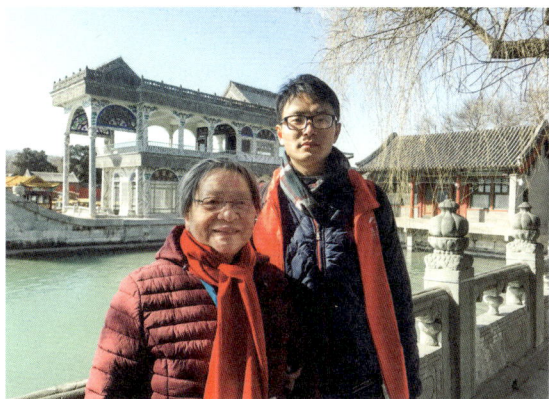

朱春芬和"孙子"高栋寅在颐和园合影（岑益冬／摄）

说到动情处，朱元华不由得哽咽起来。这情状，让人想起辛弃疾的几句词："可惜流年，忧愁风雨，树犹如此。倩何人、唤取红巾翠袖，揾英雄泪！"志愿者胡群丰见状，递给老人一张纸巾，并在一旁安抚他的情绪。

喜欢听戏的朱春芬在实现颐和园的戏台梦后，又登上了天安门城楼，将长安街和天安门广场尽收眼底，老人激动地挥动着手中的小红旗，心底的喜悦让她一时词穷，只是不住地重复着："圆梦了，圆梦了！"

自从老伴过世后，朱春芬的心里一直空落落的，待在家里极少出门。2014年12月，在钱海军志愿服务中心发起的"关爱空巢老人'暖心'行动"中，国网慈溪市供电公司的青年志愿者高栋寅与她结成对子，让她布满阴霾的日子有了一缕阳光。每次家里需要购置物品，朱春芬一个电话，高栋寅都会跑去商场选好后送到她的手上。在老人心中，这么好的"孙子"打着灯笼都难找。这次来北京，高栋寅也把老人照顾得十分周到，让老人圆梦的同时心里美滋滋的。朱春芬说："我的'北京梦'圆了，至少能增寿5年，不，是10年！"

7人之中，最萌的是80岁的王承林。他就像一个童心未泯的孩子，每次拍照都要歪个脖子，比划剪刀手。在鸟巢，他还拗出各种造型，和每一个福娃合影。

老人没有子女，只有一个侄子在南京，25年前老伴生病离世后他就一直一个人独居。"7年前，钱师傅知道我的情况后，经常来看我，陪我说话。我家里跟电相关的东西坏了，都是他免费帮我修的，吊扇、调速器、插座……他真是一个好人！"

中国人有句老话，不到长城非好汉。王承林也有一个"好汉梦"。关于"要不要去长城"这个问题，几个志愿者经过了一番激烈的讨论，始终犹豫不决，因为以老人们的年纪和身体，爬完全程是不可能的，要是累倒就不好了。最后钱海军拍板说，既然老人有这个愿望，我们就该带他们去完成，哪怕到了长城，只爬一个台阶，他们也高兴啊。3月3日，居庸关长城上，凉风习习，王承林老人惬意地吹着风，这时，南京的侄媳妇打来电话问安，老人自豪地说："我告诉你，我登上长城啦！你放心吧，钱海军他们把我照顾得很好，我非常开心！"

与王承林拥有同样梦想且在同一时间实现的还有失独老党员孙宏飞和他的老伴胡菊仙。

20多年前，孙宏飞夫妇的独生儿子因车祸去世，他们从此成了"失独老人"。20年来，一提起儿子，他们就不由得泪流满面。即使那么多年过去了，他们心头的创伤还是未被抹平。老两口说，他们甚至都忘了上一次开怀大笑是在什么时候。直到两年前，志愿者胡群丰走近他们身边，闲时陪他们聊天解闷，过节时与他们一起吃团圆饭，让他们慢慢地走出了丧子之痛。在那一声声"公公""阿婆"的呼唤中，老人们真切地感受到了缺失的亲情。夫妻俩在长城边上的合影照中，眉眼间流露的那股圆梦后的满足，便是这种转变的最好见证。

沈成仁是所有老人中说话最少的，他的愿望也是所有老人中最简单的。他说去北京做什么都可以，只要脚能站在北京的土地上，眼睛能看一眼北京就够了。这一眼，从天安门的升旗仪式看到颐和园的古老戏台，从故宫的皇家宫殿看到居庸关的山峦叠翠，贯穿了北京之行的始末。返回的前一天晚上，他们还夜观鸟巢、水立方外景，欢声笑语定格在了一张张的相片中，也深深地镌刻在了老人们的记忆里。

美丽的人就和美丽的风景一样，总是特别能吸引别人的注意。

很快，钱海军等志愿者千里送老人进京圆梦的消息像插了翅膀一般扩散开来。老人们心满意足的笑容，志愿者细致入微的照料，感动了许多人，也引起了北京、浙江两地媒体的关注。3月2日，《北京晨报》刊登了一篇题为《雷锋精神让城市更温暖》的评论文章，对钱海军等志愿者的行为进行了肯定，认为这是真正的学雷锋——真正的学雷锋，学习的是雷锋同志不求回报、无私奉献的精神，这种奉献不分地域、不分年龄、不分对象，在别人有需要的时候，尽己所能，倾力相帮。随后，在清华大学求学的慈溪女孩史嘉妮得知此事，和同学一起坐了1个多小时的公交车赶到志愿者和老人所在的酒店，送上了清华大学的专属纪念品。她说她要向钱海军学习，做一个内心有爱的人。多家浙江的媒体闻讯后也纷纷跑到北京，拍了视频、照片，写了文字报道，将这个暖心的故事告诉给更多的人知道。

其实，像这样一趟远行，没有名，没有利，做得不好还要被责备甚至担责任，按理说是不太会有人愿意接这样的"烫手山芋"。但钱海军们愿意。虽然北京圆梦之旅总共只有短短的五天，但这五天并不轻松，志愿者们除了事先进行周密策划，到了北京以后，既当保安又当保姆，对老人的衣食住行照顾得无微不至，使他们感到心安。晚上老人们睡下之后，志愿者还要聚在一起讨论第二天的行程，以确保老人们既能玩得尽兴，又不会太累。

很多志愿者平生也是第一次到北京，但因为带着老人，行动上有许多羁绊——老人的眼里看的是风景，志愿者的眼里却只有老人，并不能尽兴地玩，但他们仍觉得很有意义。随行医生陈新桥坦言，当初来的时候，自己感觉压力很大，"但是钱师傅信任我，把老人的健康任务交付给我，我就要把这个责任担起来。"

圆梦之旅的后半段，"圆梦团"的成员走到哪里，都有人认得他们。游客们看到这群乐天开怀的老人和无私奉献的志愿者，友好地走过来向他们问好，有的还提出要与他们合影。游玩故宫的时候，远远地就听见一群游客异口同声地喊"那七个老人来了，那七个老人来了"，巡逻的保安也一眼认出了他们，特意推来两辆轮椅，让走累的老人能够歇歇脚。

一路上，不断有人问志愿者，为什么要组织参与这样一场吃力不讨好的活动，志愿者的回答不尽相同，但透过现象看本质，他们的回答又是何其地相似。

钱海军的回答是，让老人如愿，是所有志愿者最大的快乐和满足。

唐洁的回答是，这些老人就像自己的爷爷奶奶一样，他们快乐我也快乐，就这么简单。

陈冬冬的回答是，希望把善意传递到每一个人的心中，愿他们也能多多关心身边的老人。

李娅娜的回答是，通过这个事情，为家里的孩子做个榜样，让他知道，这个社会需要爱心，需要正能量。

这个世界，坏人各有各的坏法，但好人总是相似的，他们大多有一颗善

回到慈溪以后，圆梦团向志愿者赠送锦旗表示感谢（岑益冬／摄）

待他人的心。

有他们的陪伴，老人们欢声笑语不断；有他们的陪伴，旅行的时光与任何一段时光没有差别，却又是那样地天差地别；有他们的陪伴，五天很短也很长，长到可以回味一辈子。

5天的"圆梦之旅"很快就结束了，但更大范围的"圆梦之旅"才刚刚开始。有人曾经说过，无论中国怎样，请记得：你所站立的地方，就是你的中国；你怎么样，中国便怎么样；你是什么，中国便是什么；你有光明，中国便不再黑暗。而我们有理由相信，有钱海军的地方，温情无处不在，有志愿者的地方，到哪儿都是故乡，到哪儿都像是回家。

第九章

千户万灯：
给人以光，还己以暖

"走千户，修万灯"，让放心灯照亮每个家庭，温暖身边每一个人。钱海军和许多像他一样的志愿者不只用实际行动践行着"点亮一盏灯，帮扶一家人，温暖一座城"的承诺，帮受益户解决家里的用电隐患，还把温暖延伸到服务之外，在力所能及的范围内努力使他们的生活变得更美好。

上海东方卫视有一档大型装修真人秀节目叫《梦想改造家》，节目在全国范围内遴选有居住困难的家庭，根据委托人的特殊需求，在限定的费用、限定的空间内，通过设计师的匠心巧思，完成看似不可能完成的家装梦想，以此揭示家给予人的意义，见证家装改造给予人的幸福。而在与上海一桥之隔的慈溪，另一种形式的"梦想改造家"亦在火热上演。从2015年开始，来自国网慈溪市供电公司的电力志愿者凭借自己的赤子之心和灵巧双手扮演起了"梦想改造家"这一角色，不过他们服务的对象是居住在慈溪的残疾人贫困户。

为响应习近平总书记"精准扶贫"的号召，慈溪市钱海军志愿服务中心的志愿者对西至周巷、东至龙山、南至横河、北至庵东的2742名残疾人低保户进行了实地走访。2015年9月，国网慈溪市供电公司在前期走访的基础上与慈溪市慈善总会、慈溪市残疾人联合会共同发起"千户万灯"扶贫帮困志愿服务活动，为当地的残疾人贫困户改造室内照明线路。随后，这抹"星星之火"又循着"共同富裕"的号角，打破地域的阻隔，燃成了燎原之势，成为帮扶困难群众的"暖流"，增进民族团结的"火炬"。

7年来，"千户万灯"的光明从东海之滨升起，一路翻山越岭，照亮了雪域高原、白山黑水及众多偏远山区、扶贫结对和东西部协作地区，辐射浙江、西藏、吉林、贵州、四川五个省和自治区，累计走访上万贫困户，改造6047户，行程20余万公里，惠及6万余人，项目两度获得中央财政立项支持，三次参加"中国慈展会"，获评团中央示范助残青年志愿服务项目、第五届中国青年志愿服务项目大赛金奖、2021年中国公益慈善项目大赛五星优秀项目等荣誉。

2015 年 9 月，"千户万灯"扶贫帮困志愿服务行动项目正式启动（姚科斌／摄）

带泪的榜单

那个创作了《伊利亚特》和《奥德赛》两部长篇史诗的荷马闭着眼睛吟唱，上帝仅仅用了一天的时间就为人类的命运作出了安排。但更多的人显然并不认同这种安排，他们穷其一生都在与命运抗争，甚至连著名戏剧家莎士比亚也说："人们可以支配自己的命运，若我们受制于人，那错不在命运，而在我们自己。"

遗憾的是，有些人虽有改变命运的愿望，却无改变命运的能力。这就好像当人背对太阳时，看见地上的阴影，却无法将之抹去。当然，我们可以扭过头去，假装什么也没看见，但是不管我们见或未见，阴影始终存在。

也许，有的人生活在这个光鲜亮丽的城市，没有感受过黑暗；也许，有的人生活在这个衣食无忧的时代，没有感受过贫穷。可是，在城市的某些地方，有那么一群人依然在为生计而发愁，日子过得并不如意。这群人有一个共同的名字叫"残疾人"，如果给它加一个后缀，就是"残疾人贫困户"。

线路老化、私拉乱接、金属线头裸露……在日常家庭生活中，这是让许多人深感头疼的事情。四肢健全的正常人处理起来尚且不易，更不要说那些视力、听力、精神、肢体方面有残缺、行动不方便、经济条件又相对较差的残疾人了。对他们来说，维持温饱已属不易，要解决这些安全隐患更是一种奢侈。很多残疾人甚至表示这个问题连"想都没想过"。

但隐患不会因为他们的"没有想过"而消失，放眼我们的周围，因线路老化、私拉乱接造成的触电和火灾事故时有发生。在慈溪，钱海军志愿服务中心经过抽样调查发现，在该市的残疾人贫困户中间，有40%左右室内照明线路存在搭接混乱、线路老化等安全隐患。

那些身体有残疾、行动不便的空巢、孤寡老人，灯泡不亮了谁来换？电表坏了找谁修？电路跳闸怎么办？这些问题徘徊在钱海军的心口上，迟迟不

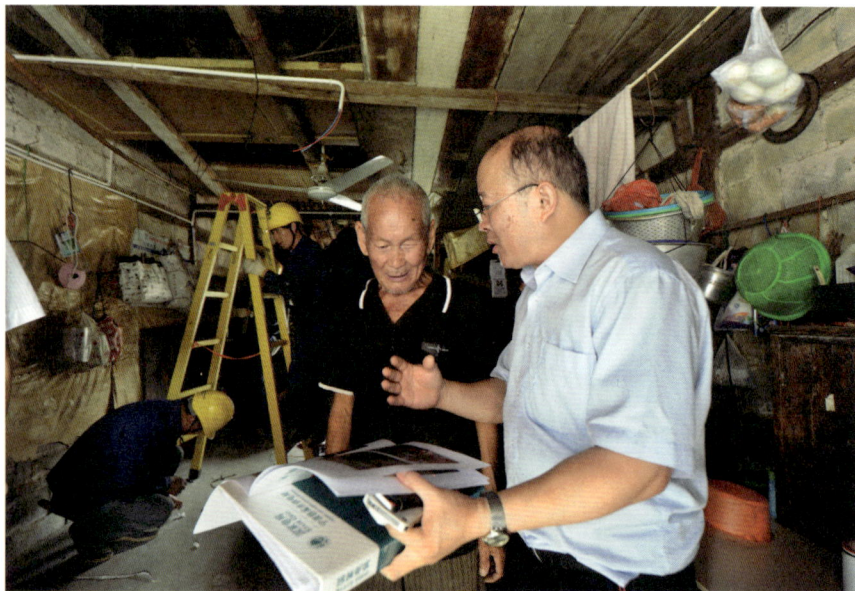

残疾人家中的线路整改（姚科斌／摄）

散，坚定了钱海军为残疾人贫困家庭进行电路改造、帮他们重新安装电灯、排除用电安全隐患的决心。可是前期的资金、人力、物力从哪儿来？那些残疾人贫困户是不是乐意接受帮助？类似的事情不曾有过先例，这些问题自然也就找不到现成的答案。于是，钱海军默默地对自己说："有些事情总得有人去做，没有先例，我们可以摸着石头过河——这不正是我们企业社会责任的彰显吗？"

2015 年 8 月，国网慈溪市供电公司与慈溪市慈善总会、慈溪市残疾人联合会经过多次协商，最终敲定了"千户万灯"困难残疾人住房照明线路改造项目方案。活动初期，国网慈溪市供电公司以基层站所为单位，组织志愿者对慈溪 94 个宁波市级以上文明村的 998 户残疾人家庭展开走访和排摸调查，详细了解每一户的家庭情况，将资料一一登记在册，对需要整改的隐患点拍照存档，从中锁定最终进行室内照明路线改造的对象。

想来，如果不是在这一次实地走访中亲眼所见，没有人会相信在慈溪这个宝马、奔驰满大街跑的城市里，居然还有人两年没有用上一度电。然而，这偏偏又是真实发生在我们身边的事情。

随着走访的深入，很多残疾人的生活现状深深地触动了志愿者的神经。他们都说，走访之前对现场穷困的画面已有心理准备，但有人穷到这个程度仍是他们始料未及的。有些残疾人患有智力方面的残疾，生活不能自理，衣不蔽体，行止怪异，甚至将屎尿都拉在裤裆里。这样的画面让人不忍直视。一同去走访的几名年轻志愿者，从这些人家家里出来，一阵反胃，感觉五脏六腑都移了位置，恨不能把一日三餐全吐了出来。这些残疾人家中的用电设备也是隐患丛生，让人揪心。走访的户数越多，掌握的资料越翔实，志愿者们愈发认识到此次整改的重要性和必要性。他们按照时间顺序，对首批整改的对象列了一个榜单。

榜单第一位：慈溪市宗汉街道联兴村，胡吉张。

胡吉张，男，58 岁，患有二级智力残疾，与 79 岁的母亲共同生活。家里没有什么经济来源，一直靠低保过日子。几年前，母亲突然瘫痪在床，生活不能自理，每天只能靠胡吉张做些简单的家务。他们居住的房间不到 15 平方米，明显要比周围的房子矮小许多。

志愿者去胡吉张家走访的时候，看到院子里满地都是树枝和废旧木料，屋外的矮墙上搭着两根毛竹竿，竹竿上铺一张破破烂烂的箦子，一张薄薄的床单团在那儿，像被揉得皱巴巴的草稿纸。旁边的过道上，胡乱地放着两只不知从哪个回收站里淘来的水桶，桶里浸泡着几件污秽衣服，估计放的时间有些长了，异味很浓。

到了室内，志愿者不由惊呆了。如果不是目睹，他们打死也不会相信这是胡吉张和母亲每天生活的地方。母子俩席地而卧，整个房间没有一件像样的家具，有的只是从外头捡来的瓶瓶罐罐。酱油壶、饮料瓶将房间占去了一小半，一张摇摇欲坠的桌子布满了油渍，连带着墙上都是斑斑点点的，碗具像是发了霉，碗沿上都是小黑点。这哪是人住的地方啊，分明就是一个小型的回收站。

室内光线很暗，唯一的用电器是 2 盏钨丝灯，其中 1 盏还坏掉了。门口的插座已经松动，与插座连接的插线板被一条湿毛巾覆盖着，一不小心就有触电的危险。

榜单第二位：慈溪市宗汉街道怡园村，严洪堂。

严洪堂，男，80 岁，三级视力残疾，他的左眼很早就失明了，如今年纪大了，右眼看东西也开始变得模糊不清。多年前，老伴去世后，他就一直一个人居住在现在这间老旧低矮的破房中。房子年久失修，屋顶有许多破漏处，晴天的时候屋外的阳光能照得进来，下雨天当然也是避不了雨。

老人家中的线路分布极其凌乱，如果将它比作迷宫的话，相信没有人能走得出来。红的、绿的、白的、昏黄的电线，线路混杂的分电表，像是得了严重的静脉曲张。志愿者检查之后还发现房子里的电线都有不同程度的老化，部分开关接触不良，有些电线外壳早已破损，一些家用电器的使用操作也很不规范，比如电风扇没有速度开关，直接靠插头进行控制，再加上房子破旧，雨水容易渗入，极易造成电线短路，引发火灾。据老人回忆，几年前有一次电线走火，将沙发烧了一个大洞，幸亏发现得早，不然后果不堪设想。

榜单第三位：慈溪市观海卫镇昌平村，宓配国。

宓配国，男，69 岁，视力一级残疾，从 4 岁开始，他的双眼就几乎看不到东西了，一直和现今 92 岁的老母亲在一起生活，也是靠低保度日。

两个人居住的房间狭小逼仄，仅有十几平方米，志愿者在村民的带领下，走进这间小小蜗居，便很难再迈开大步，手臂更是伸展不开。整个房间里占地最多的除了床就是一个用了几十年的老土灶，灶台上落了灰，边上还装着一只传统的鼓风机，连接鼓风机的线头都已经露了出来，不时发出"嗞嗞"的声响，像是危险在磨牙。

屋子里，几条老式电线横七竖八地"盘"在墙上、房梁上，外皮已经发硬、脱落，电线交叉处的线芯是裸露的。据老人自己讲，家里的线路大概已经有 30 多年没有进行整修了，所以都是最原始的老式拉线开关、缠满布胶带的老电线……

钱海军从进门起便一直皱着眉头，他一边看一边对宓配国说："老伯伯，这线不能这样接，太不安全了，你的开关也不能再用了。"

后来，与老人详细交谈之后，他才知道原来因为请不到电工，家中所有线路和开关的铺设安装都是由双目不能视物的宓配国一个人摸黑完成的。这让志愿者感到惊讶万分，同时也为他捏了一把冷汗。"老伯伯，你是怎么知道接线安装的啊？""都是听电视和收音机讲的，多听几遍，自己摸索摸索也就会了。""可是你都看不到啊。"宓配国说："那能怎么办啊，瞎子点灯——白费蜡，我自己看不见，用不到电，有人到家里来了，灯总要点一盏的。"

榜单第四位：慈溪市观海卫镇昌明村，宓磊庭。

宓磊庭，男，48 岁，有精神病史。自打 19 岁发病开始，29 年间，他的生活、他的世界只剩下家和医院两个场所。如今已是 72 岁高龄的母亲宓桂芳一边要照顾他，一边还得照顾患有心脏病的老伴，日子过得十分辛苦。

宓桂芳老人说起这个儿子，眼泪就扑簌簌地落将下来。她说，无数次儿子半夜里突然发病，一个人在村子里到处乱跑，她从梦中惊醒后去寻他，有时候等找到人时发现儿子躺在地上腿脚发凉，她把儿子扶到家里，总担心一觉醒来会发生什么不好的事情。

听老人说得伤心，志愿者给她递上了一张纸巾，并在一旁安慰她。

其余几人在房间里细细地查看起来，他们发现室内的线路错综复杂、老化严重，不仅有很多乱七八糟的电线交错着挂在椽子上，就连电闸也已经泛黄发旧，一台上了年纪的吊扇更是几乎平行于屋顶，大风一吹，发出"吱吱嘎嘎"的声音，为数不多的几盏灯泡也被厚厚的灰尘覆盖，整个屋子昏暗无光。其余各色电器用电都是接线板拉出来的线，非常不安全。

……

随着时间的推移，榜单上的名字在不断添加。在后来的走访中，慈溪市钱海军志愿服务中心的志愿者还发现了其他很多处境艰难、用电有隐忧的残疾人贫困户。这些人家，有的只有一盏灯照"亮"整间屋子；有的满屋子都堆满了杂物，连个下脚的地方都没有；还有的屋里面的电线、开关让人感觉回到了20年前……一次又一次的走访，给志愿者的心灵带来了一次又一次的震撼。很多志愿者都说，第一眼看到残疾人家中的电线破到这个程度，心中有一个想法十分强烈：就算省下自己的饭钱，也要帮他们把家里的线路弄好。

灯亮了，心就暖了

2015年9月1日，第一阶段的走访结束后，年轻的志愿者岑益冬、翁睿、姚科斌根据走访的见闻和搜集的资料，起草了一份《为残疾人贫困户捐一盏灯》的倡议书，图文并茂地讲述了整个走访的经过，希望社会上的爱心人士能够加入到困难残疾人住房照明线路改造这场"爱心马拉松"中来，以20元认领一盏节能灯，用于帮助那些需要帮助的残疾人。

他们在文末深情地写道：

一盏节能灯也许只是你的一杯饮料，

一盏节能灯也许只是你的一份甜品，

一盏节能灯也许只是你的一场电影，

但对残疾人贫困户来说，却是光明，是温暖，是希望。

　　古人说得好，得道者多助。这份倡议书发出后，一石激起千层浪，引起了极大的社会反响。许多热心市民纷纷打电话，表达了参与捐助的意愿。也有人说，"要是有更多的人来做这些事情就好了"。紧跟着，慈溪市民政局也为之注入了5万元帮扶资金。

　　有了前期的诸多铺垫，9月24日，由国网浙江慈溪市供电有限公司、慈溪市慈善总会、慈溪市残疾人联合会共同发起的"千户万灯"困难残疾人住房照明线路改造正式拉开了帷幕，此举在浙江乃至全国尚属首创。在启动仪式上，志愿者代表钱海军宣读了《活动倡议书》，他说："我们希望用电

钱海军志愿服务中心的志愿者们在街头义卖，为困难残疾人住房照明线路改造筹钱（姚科斌／摄）

195

力人的一盏灯去照亮贫困户、残疾人的一片房，更希望用这盏灯去照亮城市的每一个地方。我相信，我们有能力、有毅力、有凝聚力做好这项服务。"

简短的仪式过后，14 个基层分队的 100 名志愿者踏上了去往残疾人贫困户家中的路上，一场旷日持久的扶贫帮困攻坚战正式打响。所有电力志愿者坚守一个信条：改造过程中把质量和安全放在首位，让每个家庭用上安全放心的电器材料。

"我就是一个掉进河里的人，是你们把我从河里捞了起来。"11 月 10 日，看着自家屋前屋后忙碌的电力志愿者，66 岁的周利达感慨万千。周利达本是道林镇周家路村人，一个人独居多年，因为身体有残疾，日子过得很拮据，午饭和晚饭都在村食堂吃补助餐。他居住的房子是一个老式的木结构房子，房梁上积满了厚厚的灰尘，因为年久失修，屋顶有许多不严实的地方，一到下雨天，屋外下大雨，屋里下小雨。与"雨景房"一样陈旧的是室内的一条条线路，刻满了岁月的痕迹，年深日久，变成了"易燃品"。

电力志愿者第一次上门走访时，周利达以为整改是自费的，一句"不要你们来弄"将其拒之门外，后经解释，得知室内线路的整改是免费的，他仍是一副将信将疑的态度。时隔不久，志愿者带着材料再次上门时，他才相信"幸运"真的降临到自己头上，将满腹的狐疑和戒心放了下来。在志愿者爬上爬下忙碌的时候，他坚持要帮忙扶梯子。其间，他反反复复地说着同一句话："你们都是好人！"

在"千户万灯"公益项目开展过程中，志愿者特别细心，会根据不同残疾人的不同需求，满足其"私人定制"。周巷镇界塘村的钱丽央和丈夫、女儿生活在一间狭小的平房里。房子低矮、昏暗，布满蜘蛛网和灰尘。钱丽央腿脚瘫痪，以蹬三轮车为生的丈夫每天出门前将她抱到椅子上，中午才回来。考虑到户主行动不便，志愿者在整改过程中特意绕开她的日常行动区域，并尽可能不发出大的、刺耳的响声，以免让她听了觉得不舒服。

他们在原有开关位置不变的前提下，又在钱丽央伸手够得着的地方补装二处插座，这样一来，冬天可插电暖器，夏天可插电风扇，还在堂前屋檐下安装了一盏节能灯，这样钱丽央的丈夫晚上回来就不怕磕碰了。钱丽央的脸上洋溢着幸福："你们真贴心，想得真周到。"当灯亮起时，上初中的女儿也笑了："以后做作业再也不用担心灯不够亮了！"

"千户万灯"公益项目的开展，是为了给残疾人贫困户打造一个安全的用电环境，归根结底，是为了提升他们的生活品质。在整改过程中，为了不影响残疾人正常的作息，志愿者们每天很早就出发，以确保所有工作在白天完成。为了抢时间，啃面包、吃饼干都还算是好的，不吃午饭也是常有的事。他们的目的很简单，就是不让改造影响每个家庭的夜间用电，此外，还要在冬季用电高峰来临前完成"整改百户"的任务。

氛围是会感染人的，每次参加"千户万灯"行动，大家都踊跃报名，积极参与，就算放弃休假、冒着大雨也是很乐意的。志愿者中流传一句话，志愿服务中心没有驾驶员。其实，不是志愿服务中心没有驾驶员，而是驾驶员除了开车，也会参与到每一次服务中，递毛巾、扶梯子、打扫卫生，只要能

"梦想改造家"的足迹所到之处，受益户们满心欢喜（王幕宾／摄）

做的都抢着去做。让人感觉团队里每个人都自带温暖，每个人都是残疾人贫困户的"梦想改造家"。

除了前期走访中采集的数据，后阶段的"千户万灯"行动都是边走访边整改。志愿者们依据慈溪市残疾人联合会提供的名单和平时抄表、抢修工作中了解的情况，反复核实，努力做到不缺一户、不漏一人。其细致程度，不亚于操作一台要求极高的精密仪器，让人不由得想到"匠人"二字。确实，电工也是匠人的一种，从这个层面来讲，电力志愿者有匠心也在情理之中。"口讷心辩，有珪璋之质"，会做事，不会表达，是这些人共有的特性。而在这些人中，王军浩算是一个典型，因为他比别人口齿不伶俐，但比别人做得尤为细致。

两年来，王军浩一共带队做了40多户困难残疾人住房照明线路改造，每一次改造，从走访到施工，他从不缺席。老年人大多没有随身携带手机等移动通信工具的习惯，没事做的时候又喜欢去左邻右舍串个门，为了提高效率，王军浩一般都会提前跑一趟，告诉老人："我明天过来，你在家等我。"如果去了两次，人都不在，他就在硬板纸上留下信息，夹在门缝里，方便老人回来时能看得见。

他还有一个习惯，出门的时候必定随身带一个小本子。走到用户家里，哪里要装一盏灯，哪里要装一个开关，他都会根据需求画好图纸，整个改造需要多少东西，需要几个人干活，他也会一一注明。这样，真正开工的时候只要按图操作就行，能省不少事。由于有些残疾人的住所较为偏僻，他生怕迷路，所以图纸上连老人的住所是从什么路进去，从什么路出来都被标注得一清二楚。图纸画好，材料备好，人联系好，便可以开工了。

1户、2户、10户、100户……就这样，当电力志愿者走访到第432户残疾人贫困家庭时，完成其中符合要求的103户的室内照明路线改造，累计服务时长2500个小时。至此，首批百户整改任务圆满完成。

当然，不是说整改结束，整个活动就结束了，为了巩固整改成果，为后期的活动开展作好表率，国网浙江慈溪市供电公司和慈溪市残疾人联合会的

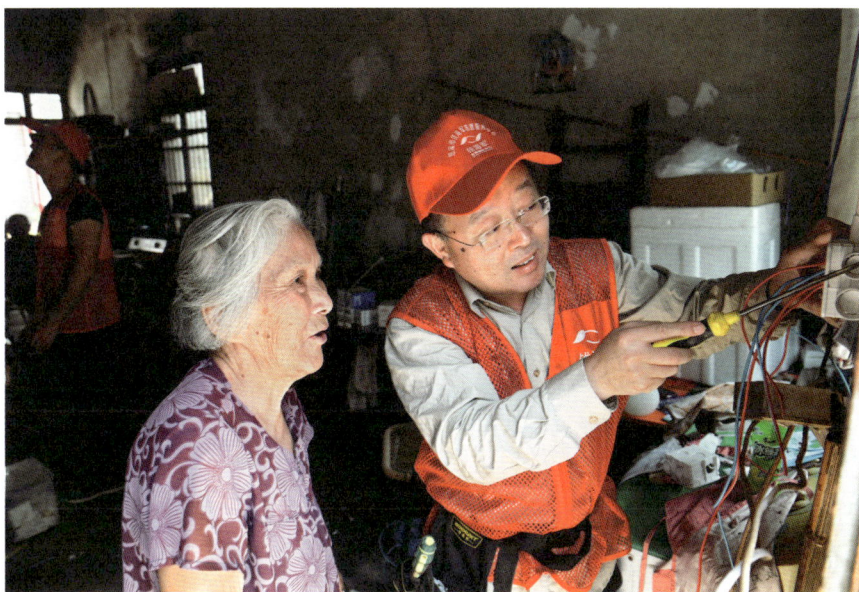

钱海军一边对室内照明线路进行改造，一边向老人讲解安全用电知识（姚科斌／摄）

工作人员还对已经整改完毕的用户进行了抽样回访，通过检查比对整改后的情况与走访时确定的隐患点，确保没有问题存在。在这个过程中，他们虚心听取了残疾人贫困户的意见，以求在下一次的服务中做得更好。

"大爷，现在用电怎么样呀？"当志愿者先后来到严洪堂、陈德明和杨炳戚三位老人家中时，发现原本任性妄为、以布局凌乱和暴露在外等非主流姿态呈现在人们眼前的电线全都消失了，映入眼帘的是整齐布列的串管线路，破旧的插铅也换成了崭新的配电箱。

在严洪堂老人家里，老人乐呵呵地按下开关，向他们示意："好了，都好了，你看看，多亮啊，邻舍隔壁都羡慕得不得了。"正巧邻居端着面盆从门前走过，对志愿者赞不绝口："那天，你们的人6点不到就来了，前前后后忙了三四个小时，现在屋里大变样，真好啊！"

由于志愿者的努力，"千户万灯"得到越来越多人的理解和支持。家住慈溪虞波社区北兴苑的一位老人家在得知钱海军志愿服务中心倡议为残疾人贫困户捐一盏灯的公益活动后，不止一次打电话给钱海军，希望捐1000块钱。钱海军知道老人的生活并不宽裕，1000块钱对他来说是一笔不小的开支，就委婉地谢绝了他的好意。9月24日，老人直接把钱送到钱海军的办公室，"你一直以来都免费为我们服务，现在知道你们在做这样一个活动，真的特别好，我们也要献一份爱心回报社会。而且这钱不是给你的，是给那些需要帮助的人，你一定得收下。"11月17日，2015年慈溪市公益创投项目签约仪式在民政局举行，"千户万灯"在所有项目中脱颖而出，获得单个项目最高资助资金5万元。12月12日，由慈溪市钱海军志愿服务中心和《宁波晚报》《慈溪日报》、林萍工作室牵头发起的"责任照亮未来圆梦行动"，通过义卖、义捐、义演等形式筹得93530.1元善款，定向用于"千户万灯"困难残疾人住房照明线路改造项目。

从不理解到理解，从不信任到胜似亲人，从冷眼旁观到积极参与，"千户万灯"改变了残疾人和社会各界的看法，也在志愿者心中留下了不可磨灭的印象。

除了改善硬件设施，志愿者还走村到户，向残疾人贫困户传播安全用电知识。钱海军说："有些残疾人对于用电安全的了解可能还不如一个小学生，所以我们多做一点，他们的安全用电就更有保障——没有比这更让人觉得开心的了。至于我们做得好不好，我想那些用户比我更有话语权！"

2016年开春，新年的余味还未散尽，第二期"千户万灯"项目就在众多商户开业的鞭炮声中开始了，志愿者们继续用实际行动践行"点亮一盏灯，帮扶一家人，温暖一座城"的承诺。这一年，他们的目标是完成500户困难残疾人照明线路的改造，并在年底前完成了任务。

纵观"千户万灯"前两期的项目，历时16个月，走访2000余户，行程数万里，参与志愿者达2100余人次，最终完成了603户残疾人贫困户和低保户家庭的照明线路改造，累计投入善款92.32万元，20592工时。也许，数据给人的感觉是冰冷的，但隐藏在数据背后的真情是火热的！

有人曾经问钱海军这个活动为什么要取名"千户万灯"，钱海军回答，因为电关系千家万户，而我们这一次的活动就是要"走千户，修万灯"，让放心灯照亮每个家庭，温暖每一个人。后来的事实证明，千和万都是虚词，因为他们走的远不止千户人家，修的亦不止一万盏灯。

110 个微心愿

2016 年 12 月 4 日，家住慈溪市白沙街道宏坚村的低保户徐张顺老人特别开心，因为他收到了钱海军志愿服务中心的志愿者送来的一床电热毯。拥有一床过冬的电热毯是老人每年冬天都会在心里默默重复的心愿，想不到多年后的今天竟然真的有人帮他实现了。"今年冬天不怕冷了！"

在老人实现愿望的同时，一场声势浩大的圆梦行动也在由知名学者余秋雨题词的慈溪市图书馆门前拉开了序幕——由慈溪市钱海军志愿服务中心、慈溪市老龄办和慈溪市图书馆联合举办的心电感应·温暖寒冬"千户万灯"扶贫帮困微心愿认领公益活动现场，一堵红色的爱心墙前，110 个微心愿正在等待认领。

确切地讲，这次的活动其实是"千户万灯"困难残疾人住房照明线路改造的延续。为了让"千户万灯"兼具实效性和长效性，国网慈溪市供电公司在为残疾人、低保户们进行线路整改的同时，让志愿者利用属地就近原则，与老人开展结对服务，向老人征集微心愿并答应帮他们实现这些愿望。2016年，他们制定了结对一百个贫困户、征集一百个微心愿的"双百"目标。

之所以叫"微心愿"，是因为老人们的心愿都不大，要求都不高：一个烘手的暖手袋，一床抵御严寒的大棉被，一个寒冬里离不开的取暖器，一个能煮饭煮粥的电饭煲，甚至一袋米，一壶油，一个闹钟，一支手电筒……这些小小的心愿，对许多人来说都是微不足道、举手可为的事情，对那些残疾人、低保户来说却是梦寐以求的"奢侈品"。

为了吸引更多的人前来认领，志愿者在场景布置上着实花了一番心思。

在微心愿认领现场，再明媚的阳光都不及献爱心的孩子脸上的微笑（姚科斌/摄）

现场有两块展板，其中一块介绍"千户万灯"的开展情况，另一块左侧是一棵爱心树，右侧是一个个写满微心愿的"爱心"，展板之外，电视机上放着"千户万灯"的纪录片，还有一个制成朋友圈样式的KT版供人拍照留念。

认领微心愿的人除了证书还可以得到一个小礼品和一枝花，取"赠人玫瑰，手有余香"之意。

当天，最早赶来的是65岁的胡玉英。胡玉英是当地有名的"公益红娘"，34年里，促成了100多段姻缘。受她的影响，儿子、儿媳、孙子、孙女也都热心于公益。她此行除了自己要认领微心愿外，还是带着任务来的——她要帮孙子、孙女和出差的儿子、儿媳认捐电饭煲、棉被等物件。胡玉英的孙女在外地读大学，孙子还在上小学，这次看到"心电感应·温暖寒冬"的活动预告，从小跟着奶奶做惯了善事的他们因为没法赶到现场，只能委托奶奶代为认领爱心了。"用自己的爱心温暖别人，这是很快乐的事情。"胡玉英由衷地感叹道。

也有一些孩子是在家长的陪同下来到现场的。在爱心认领台边，在微心愿展板前，不时出现一幕幕温馨的画面：孩子们因为年纪尚小，识字不多，碰到不会写的字就转而向父母和志愿者求助，然后一笔一画地在登记表上留下他们的信息；还有一些年纪更小的孩子可能刚刚启蒙，满脸的稚气，被父亲托举着去贴"已认领"的标签——那一刻，画面被定格了，整个时空仿佛也都瞬间静止了下来。

除了老人和小孩，年轻的徐凯夫妇也让人印象深刻。他们本来是到图书馆里看书的，看到广场上的微心愿认领活动，就跑过来认捐了一台取暖器。徐凯的妻子说，12 月 5 日是"国际志愿者日"，也是徐凯的阳历生日。他们两人有一个不成文的规定，每年的这一天，都会相约去做一件有意义的事情。妻子说："这次的认领就当是我送给他的生日礼物。"

志愿者将现场的见闻发在朋友圈里，他们的朋友和家属看见了，也纷纷赶了过来，其中就有钱海军的妻子陈冬冬。她一口气认领了三份米、三份油。她的理由简单且有说服力：快过年了，米和油来得比较实在。填好单子后，陈冬冬也发了一条朋友圈：我在图书馆认领微心愿，心暖人暖。

如同光和热一样，爱也能带给人温暖。因为有爱，这个冬天这座城市一点也不冷。

在爱心人士的踊跃认捐下，短短几个小时，110 个微心愿被一抢而空，其中最多的一人认领了 5 份微心愿。当人群散去后，望着贴满"已认领"字

慈溪市图书馆广场的"心电感应·温暖寒冬"活动现场，钱海军的妻子陈冬冬认领了多份微心愿（姚科斌／摄）

样的爱心墙,志愿者们的心里如火一般灼热。也许,就物品的价值来说,每个人认领的都很有限。但爱本就不能用金钱来衡量。

这个世界上,有的人生活在阳光下,有的人生活在阴影里。人与人之间是一个温暖共享的过程,我有一点光,就送你一点光,我有一点热,就送你一点热,这样整个社会都会变得温暖起来。当每个人都愿意在自己的能力范围内去帮助别人的时候,这座城市更美了,这个世界更暖了。

其实,仅从气温来说,12 月的慈溪还是挺冷的,风吹在人脸上让人肌寒血凝。但西风多少恨,吹不散眉弯,更吹不散这人间的爱,人间的暖。

爱能让光越聚越亮

由于志愿者的无私付出,"千户万灯"项目进行到第三年,在人们的口口相传中,广为人知。2017、2018 年,"千户万灯"项目连续两年获得中央财政支持立项。

为保证项目顺利实施,慈溪市钱海军志愿服务中心本着"严谨、规范"的要求,在以往标准的基础上进一步加强项目实施的管理和监督,从前期的受益人走访、摸排、调研到志愿者及工作人员的招募、选拔、培训,现场的取证,资料的搜集、整理和施工的制作工艺、质量、安全性等,每一项流程的每一个细节,都严格把关。

由于志愿者大多为国网慈溪市供电公司的员工,平时都需要上班,故而走访和整改只能利用休息时间进行。很多老人白天常常不在家,晚上又睡得早,志愿者只能赶着饭点去"堵"他们,为此,误了吃饭是常有的事情。整改通常在周末,志愿者早上 7 点半左右就要赶到受益户家中,而且尽量不在饭点干活,以免影响他们的正常生活。为了多做几户,很多志愿者甚至放弃了"十一"等节假日的休假,放弃了陪伴家人的机会,在这些残疾人和低保户家中忙里忙外。有一回,志愿者胡群丰高烧 40 度,仍然坚持在整改一线，若非后来在医院里输液时被人撞见，这事恐怕都没人知道。

日复一日，志愿者用他们的辛勤付出完成了房屋的"变脸魔术"。每做完一户，他们都会在服务对象的墙上贴一张图表，表上写着项目的总负责人、负责人、受益人以及受益人的地址、施工日期、服务内容，还有对接志愿者的联系电话。若是整改的线路、设备出了问题，只需一个电话，志愿者随叫随到，服务到底。这不由让人联想到一个古迹——秦始皇兵马俑。

到过兵马俑博物馆的人都应当听导游讲过，每一个俑身上都刻着作俑者的姓名，自陶俑成形之日起由其终身负责。匠人留名，不只体现了匠人的自信，更体现了手艺人的使命和担当。而志愿者在图表上留名留姓，一方面是对其自身行为的一种公示，另一方面也足见志愿者的决心。这张图表仿佛在向往来的路人宣告：我们不是在做戏，而是真真正正地想要让这些人得到实惠。

春去秋来，行走在不同村（社区）镇（街道）上的志愿者，坚守着同样的信念、同样的准则。从材料到操作，全部依照标准行事，而且他们努力做到使用者的安全与方便两者兼顾，走线时不生搬硬套，而是一切从残疾人和贫困户的需求出发。

譬如，碰到视力不好的残疾人，志愿者在改造的时候坚持一条原则，就是所有线路、开关固定在原来的位置，高低左右都不动，因为他们知道这些视力不好的人日常都是靠手摸，一旦环境发生变化，会对其生活造成不便。如果出于安全和生活需要，多装了一个开关，在装好后，他们会仔细说清楚，并扶着受益户重复走上几遍。

又譬如，有些房子年岁大了，极不牢固，为了防止墙体坍塌，志愿者在布线的时候会全部钉在木头上，而且只用棚梯，不用扶梯，以减轻墙体的承重。由于房间不常打扫的缘故，每次钉钉子结束，志愿者满头满脸都是灰尘，在开始之前和之后，志愿者还揽下了大扫除的活。

与此同时，在项目开展始末，志愿者始终恪守职业道德，不拿残疾人和贫困户一分钱，不抽他们一根烟，不喝他们一口水。他们的行为和操守感动

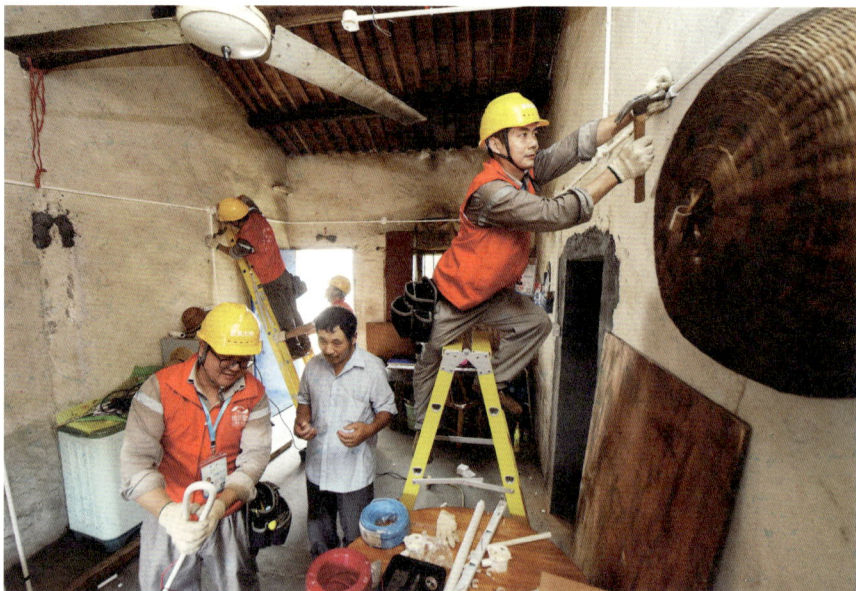

志愿者的改造细致且严谨，颇有"大国工匠"之风（姚科斌／摄）

了很多人。

家住长河镇的张奶奶，老伴过世多年，自己身体不好，经常头晕，平时鲜少出门。志愿者在她家从上午7点到下午5点干了整整一天的活，老人过意不去，想买包烟表示自己的谢意。她担心在附近买烟有人看见了会说志愿者，特意绕了三条街，去到一个她自己也不认识的小店买了两包硬壳中华，让志愿者拿着抽。但那烟从上午放到下午，动也没人动。老人说，我也不抽烟啊，这烟放着也是浪费。志愿者的回答很简单，下次亲戚来了，可以抽。

与张奶奶一样，95岁的毛阿婆也有给志愿者塞烟不成的经历。毛阿婆自己也抽烟，但一般只抽廉价的香烟，好烟舍不得抽。她看志愿者忙进忙出很辛苦，就把自己去喝喜酒时拿来的两包软壳中华找出来分给志愿者，但塞进塞出10多次，志愿者始终不拿。

有些老人见志愿者不抽烟，就说，烟不抽是对的，茶水喝一点总没关系吧。见志愿者动也不动，老人就说，不喝是因为嫌我老头子（老太婆）

脏吗？志愿者纷纷答以"不渴"或者"我们带水了"。老人只得作罢。按照慈溪当地的习俗，造房子、帮忙干活吃点心是一件约定俗成的事情。有一次，在长河镇垫桥村一位老人家里整改线路，下午3点钟，老太太去街上买了几个长河肉包，怕路上冷掉了，就将毛巾包裹着塑料袋，她同志愿者说："实在是交代不过，你们干活一点没停，包子吃两个。"然而志愿者并不肯吃。老人说，我在吃斋念佛啊，你们不吃，这包子就浪费了，总不能让我破戒吧。"您可以给相熟的隔壁阿婆啊。"志愿者笑着说，"您念佛吃荤是破戒，我们干活吃包子也是破戒啊。"

也有一些风趣的独居老人同志愿者开玩笑："你们起早落夜干活，钱也不收，难道你们跟我一样都没有家庭的吗——一人吃饱全家不饿？"虽然只是简简单单一句玩笑话，但足以看出，受助者真的开始将志愿者放在了心上。看到志愿者每次很早就来干活，知道他们没吃早饭，受助者十有八九都会给他们买点包子豆浆，志愿者虽然不吃，却也感恩。

爱无法使空间越变越大，却能让光越聚越亮，这就是"千户万灯"的意义所在。显然，电力志愿者改变的不只是残疾人贫困户室内的照明线路，还有他们的内心。如果说之前他们的心是冰冷的、凄凉的，那么改造之后，他们的心是火热的、幸福的。因为那一刻，他们知道自己是有人记挂的，从此不再是孤苦无依的。

坎墩街道孙方村有一对老夫妇，妻子风瘫在床上，丈夫疾病缠身，常年不能断药，两个人没有经济来源，靠低保和借债维持生活，除了债主，他们的生活近况鲜少有人问津。家里的线路年久失修，隐患重重。他们做梦也没想到，有人会免费对他们家中的线路进行整改。走访，整改，回访，志愿者的关心让夫妇俩的面部表情完成了冬天到春天的更替。当志愿者第四次上门的时候，屋里来人从不起身的妻子定要丈夫将她扶靠在床背上，直起身子向志愿者表达自己的谢意。

同村还有一位徐姓的风瘫老人，听说志愿者要上门对他家里的线路进行整改时，他几乎不敢相信。而当难以置信变成眼前事实之后，老人老泪

在"千户万灯"推进的过程中，志愿者与受益户彼此温暖
（姚科斌/摄）

纵横，逢人就说："这一世我没想到有人会来给我装线，这么好的事情别说遇到，想都没想过。"令人惋惜的是"千户万灯"项目完成没多久，老人病入膏肓，身体不太行了。志愿者去回访时，老人说他有一个未了的心愿，就是向活动的发起人钱海军说一声"谢谢"，让志愿者一定代为转达。"如果我能走路，一定当面向他道谢。这么好的人，一辈子能遇到一个，知足了。"老人说这话的时候，他的邻居和妹妹也抹了一把眼泪，说老人没有福气，苦了一辈子，志愿者给他装好了灯，可以享福了，人却不行了，不过他走之前也算是看到这个社会的美好了，没有白来一遭。

临出门时，老人又向志愿者否定了自己的请求。"你们还是不要跟他说了，他那么忙。如果来生为人，我也要当志愿者，加入钱海军的队伍。"

放眼慈溪，与老人怀藏同样心愿的残疾人和贫困户还有很多。对于饱受白眼、尝尽人间冷暖的他们来说，"千户万灯"是黑暗里的一抹光，是冰冷中的一点暖。

感动在服务之外

钱海军和许多像他一样的志愿者不只用实际行动践行着"点亮一盏灯，帮扶一家人，温暖一座城"的承诺，帮受益户解决家里的用电隐患，还在能力所及的范围内努力使他们的生活变得更美好。换言之，钱海军们给人的温暖还常常延伸到服务之外。

家住坎墩街道三四灶村的燕子对这种延伸有着深切感受。燕子打小没了父母，由养父抚养长大。养父家里很穷，七八岁时曾以乞讨为生，饱受白眼，后来生活条件虽有改善，但仍十分困窘。养父一辈子没有结过婚，40来岁的时候领养了燕子，由此日子过得愈发拮据。养父的身体也不好，时常生病，为了贴补家用，他从胜山布料市场进了一些布，自己动手做手套，零零散散地卖一些给邻居和企业。2017年的某段时间，由于销路不畅，燕子家中的手套卖不出去，堆积了600多双，这可愁坏了燕子和养父。

这一年的6月，来自慈溪市钱海军志愿服务中心的志愿者胡群丰在走访时从村干部口中得知这一情况后，立即联系了相熟的朋友，帮其代售了200双。一双手套2元5角，200双也就500元，对此，很多人可能会觉得不屑，因为这连他们外出旅行的一张机票钱都不及，但对于燕子一家来说，每一分都是救命钱。

燕子家中的线路布线很不规范，一条一条的老式电线从头顶穿过，线头上挂着一个一个的灯头，而且部分线路落满尘埃，已经老化，存在严重的安全隐患。其中连接空调的插座是直接钉在木板上的，没有固定的面板插座，漏保经常推不上去。志愿者将情况逐一登记在册，后期对其室内线路进行了整改，为他们打造了一个安全的用电环境。

闲聊中，钱海军得知燕子正在某职业技术学院读大三，因为学历不高，找不到实习单位，他将这件事情放在了心上。经过多方联系，他为燕子在一家电子公司找了一份电子检验的工作。得知这个消息，燕子一家特别开心。

11月的一天，燕子在养父的陪同下，专程到钱海军的办公室向他表示感谢："工作很开心，这个公司里的人都很好，谢谢钱师傅！"

若说对"千户万灯"延伸服务的认同，90岁的胡奶奶比燕子只多不少。老人没有儿女，从5年前老伴离世后就一直一个人守着四间老屋。

老人的房子着实有些年头了，从上一次翻新到现在已经超过40年。屋中部分老物件已有上百年历史，房子十分破旧：窗户是纸糊的，窗户纸破

"千户万灯"公益项目突破 1000 户成果汇报会上，燕子讲述志愿者带给自己的温暖（姚科斌／摄）

了，风能从户外直接漏进里屋；院门是木板拦的，手一推，摇摇欲坠。

老房子里装着老线路，线径小不说，用的还都是"年糕片""刮刮线"这类拉线开关，急需更新换代。2017 年 5 月 10 日，钱海军志愿服务中心的 7 名志愿者用了大半天时间，将屋子里的线路好好整修了一番，除去隐患，焕然一新。他们发现堂前的阶沿水泥脱落了，雨天走路容易打滑，就自掏腰包买来了水泥和沙子，还自学成才当起了泥水匠，浇筑了一条 3 米长的小道，方便老人出行。

事后，志愿者胡群丰还与老人结成了对子，不管工作忙不忙，每周 2 次上门看望老人，风雨不改。平时，只要老人一个电话，他有叫必达，有求必应。有一次，老人家里的双联开关不灵了，灯亮不起来，胡群丰下班后第一件事就是跑去帮她解决问题。有时胡群丰实在脱不开身，妻子李娅娜也会替他走一趟。每逢各种节假日，他们还时常送去生活用品。

老人院子里有两三分地，早前自己胡乱种些油菜花、大豆和日常菜蔬，如今年纪大了，身体一年不如一年，地就渐渐地荒芜了。2018年惊蛰日前，志愿者经过讨论，决定认领这片荒地。他们打算按照老人的喜好，种植一些容易成活的农作物，由志愿者帮她种，帮她收，帮她卖，挣得的钱留给她作日常用度。老人说起这些事，眼角就湿湿的，不住地道"好"。

与"千户万灯"相伴相生的，不只有助人的故事，还有救人的故事。

2017年11月底，中央财政支持立项"千户万灯"困难残疾人住房照明线路改造项目接近尾声，志愿者每日都奔忙于相关的收尾工作。27日中午12时10分左右，志愿者王军浩利用午休时间来到宗汉街道金堂村，打算对最后几户整改户进行回访。当车子经过中央沟路的时候听到有人喊"救命"，随即又响起了小孩子的哭声，王军浩停下车子，发现河中央一辆电瓶三轮车没入水中，只剩下车顶露在外面。落水的是住在附近的村民郑阿姨和她的家人。原来，年近六旬的郑阿姨前一天新买了一辆电瓶三轮车，趁着天晴打算带女儿和外甥女逛个弯，没想到行驶至该路段时，发现把手不是很灵活，惊慌之下，一个不小心驶入了河里。

王军浩的水性一般，但当时救人心切，来不及多想，脱下外裤，迅速跳进了河里，想尽快把她们捞起来，在王军浩入水的同时，金堂村的村民陈建江也跳入水中。郑阿姨和女儿一边在水里扑腾，一边高声喊着"先救小孩"，王、陈二人一个在水里托，一个往岸上递，先将小孩救了出来，这时周围的村民也赶来帮忙，大家齐心协力把三个人全都救上了岸。

11月的风吹在身上，纵使穿着羽绒衣仍觉得寒气逼人，王军浩起初满脑子想着救人，也没觉得有多冷。将人救上岸之后，被风一吹，打起了寒战，见郑阿姨三人没什么问题了，他赶紧开车回家洗了个热水澡，连名字都没留下。"我觉得换作别人，见到这种情况也不会见死不救的，所以这个事情过去了就过去了，没必要让大家知道。"事后，当这个事情再次被提起的时候，王军浩轻描淡写地表达了自己内心最真实的想法。

救人的人没将救人当作一回事，获救的人却将这件事情牢牢地放在了心里。一连数日，经过媒体的扩散和报道，这个事情在当地传得街知巷闻，另一名救人者后来接受了多家媒体的采访，并因其英雄事迹获得了表彰，但王军浩始终不肯现身。没奈何，郑阿姨只得打电话到车管所查找王军浩的手机号码——当天王军浩离开时，郑阿姨的女儿记住了他的车牌。电话接通之后，王军浩听说郑阿姨要向他赠送锦旗，连连表示这是自己应该做的，不必言谢。直到郑阿姨说要是他不接受就将锦旗送到他的单位时，王军浩才答应下来。

12月1日，在最初的救人现场，郑阿姨将一面写着"见义勇为，品德高尚"八个字的锦旗递到王军浩手上，千恩万谢："终于有机会当面向你表示感谢了，谢谢你啊，要是没有你们，我和我的女儿还有外甥女今天也就不在了！"河塘两岸的村民大多也目睹了那天的英雄事迹，对王军浩自是赞不绝口。

郑阿姨的女婿在当地的派出所上班，听说王军浩的救人事迹后，向上作了汇报。2月11日，王军浩收到了派出所颁发的3000元奖金，次日，王军浩来到慈溪市慈善总会，把奖金捐了，他说："这些钱给那些生活困难的人比给我来得更有意义！"

纵观整个"千户万灯"困难残疾人住房照明线路改造过程，类似的好人有很多，类似的好事也有很多。一根火柴照亮别人的同时也温暖了自己。多年以后，当我们站在未来回望过去的时候，这个记忆片段里的每个人都像是一个发光体，给人以光，还己以暖。也许，个体的光在浩瀚的宇宙里显得十分地微弱，但点点星光汇聚在一起，就是一束耀眼无匹的强光，能让受助者和施助者感受到温暖，能让整个世界都感受到希望。

王军浩获评2018年度"感动慈溪"人物（姚科斌／摄）

共同富裕路上，一个都不能少

共同富裕是社会主义的根本目标和原则，也是社会主义优越性的具体体现，是包括残疾人在内全体人民的共同期盼。党的十八大以来，习近平总书记反复强调，共同富裕是中国特色社会主义的根本原则，实现共同富裕是我们党的重要使命。全面建成小康社会，一个也不能少；共同富裕路上，一个也不能掉队。

2019 年 4 月，为了吸引更多的志愿者加入，团结力量更好地开展"千户万灯"等项目，宁波市钱海军志愿服务中心应运而生。4 月 17 日，宁波市钱海军志愿服务中心揭牌暨全市"千户万灯"公益项目启动仪式在宁波鄞州区善园举行，这标志着"千户万灯"公益项目在宁波全市全面推广实施。

早在 2 月中旬，为了让"千户万灯"能够惠及更多有需要的人，钱海军

2019 年 4 月，宁波市钱海军志愿服务中心成立揭牌（姚科斌 / 摄）

及其志愿者团队就在宁波各县（市）、区民政部门和镇（街道）、村（社区）的配合下，于宁波全市范围内进行了走访调查，确定 2019 年项目改造户数共计 810 户。当然，这并不是说 2019 年改完就彻底结束了，后续他们仍将根据项目资金筹集情况，持续对宁波市所有在册的低保户进行走访，对所有存在安全隐患的低保户家庭进行改造，消除其家中的用电安全隐患，为他们提供一个可靠的用电环境。

启动仪式上，钱海军作为此次活动的发起人，宣读了倡议书，并启动了"善园网"公募行动，号召广大志愿者和社会各界人士积极参与到这项活动中来。

4 月的阳光很暖，而比阳光更暖的是奉献者的爱心。活动现场，与宁波市钱海军志愿服务中心联手发起这一善举的国网宁波供电公司将"千户万灯"全市推广工作当作献礼中华人民共和国成立 70 周年的重要活动之一，除了捐赠 50 万元直接用于项目实施外，还号召公司各级党委积极发动党员干部、热心员工，利用工余时间，充分发挥自身技术优势，投身到项目实施中去，传递温暖与光明。与此同时，宁波市永耀电力投资集团有限公司、宁波昊阳新材料科技有限公司也纷纷慷慨解囊，分别捐赠 30 万元、5 万元用于"千户万灯"项目的开展。

不仅如此，启动仪式当天还明确了"千户万灯"项目全市推广的实施主体，即国网宁波供电公司下辖各县市区供电公司"红船"共产党员服务队和宁波市钱海军志愿服务中心带领下的各公益组织。

当然，有志于做好事的不只有供电公司的员工，也有来自各大高校的师生和社会电工等群体。集结号吹响之后，前来咨询、报名的人络绎不绝。

启动仪式结束后，钱海军马上带领志愿者队伍前往鄞州区姜山镇董家跳村的两户低保户家庭，进行室内照明线路的整改。84 岁的董少毛老人平时一个人生活，家里的电气线路早已老化，董奶奶眼睛不好，曾经不小心触过电，以至于每天开灯都是提心吊胆的。得知钱海军等人要帮自己免费改造线路，心里非常高兴。让老人更感动的是，钱海军不仅给她换了灯、换了线，还耐心地告诉自己要怎样用电才安全。而另一户低保户是一位88岁高龄的孤寡老人，名为黄阿福。老人居住的是一幢砖木结构的二层小楼，久经风雨，裸露在房梁立柱上的电线已经十分老旧，而志愿者到来之后，拆除了原本凌乱的旧电线，换上了崭新的套管线路，使得家里的用电安全大大提升，线路也更加美观。待到竣工牌挂上门口，看着家里焕然一新的线路和设备，老人激动得热泪盈眶，冲着钱海军不住地道谢："好，非常好，谢谢你们！现在屋里更亮了，我心里也更安乐了。"

正当"千户万灯"项目在宁波全市11个县、市、区如火如荼地推进时，国网浙江省电力有限公司已决定将之扩展到更广泛的区域。在国网浙江省电力有限公司的倡议和组织下，全省8家地市供电公司结合各地实际情况，联合地方民政局、残联、爱心企业等社会各界力量，以红船共产党员服务队为依托，全面开展残疾人、低保户等困难群体的室内用电线路改造。宁波市钱海军志愿服务中心先后受邀前往温州、台州、舟山、丽水等地，传授"千户万灯"公益项目改造及管理经验，与浙江电力红船共产党员服务队、绍兴"电工鲁师傅"等团队的志愿者们一起，推动该项目在全省各地的实施。

廖水良是衢州市开化县城关镇泉坑村的村民。老人屋里的线路都是40多年前的老旧线路，在没改造之前，线路、开关都存在严重的安全隐患。老人虽有心改变现状，却碍于经济条件差等现实因素而无能为力。某个天气晴好的下午，一群身穿红马甲的电力志愿者来到家中，熟练地拆除了廖老家中老旧杂乱的线路、开关，取而代之的是一根根雪白的电线套管，质量更好、更安全、寿命更久的照明新设备。它们沿着墙壁、柱子有序排列，让老房子焕发出"新生命"。老人拉着队员们的手再三称谢："太谢谢你们了，房子现在这样一改造，我们用电也放心多了！"

郑世波是舟山市普陀区六横镇苍洞村的村民，54岁的他因受意外打击导致精神受损，常年瘫痪在床，和80多岁的老母亲虞阿婆居住在苍洞小岙半山腰的老房子里。由于房子年久失修，多处电线裸露在外，有些地方甚至出现老化破裂现象，部分插座也已脱离了墙面。有时卧室灯不亮，有时厨房灯不亮，经常失灵的电灯除了给郑世波一家的生活带来不少困扰，还存在一定安全隐患。为了帮助郑世波一家消除用电安全隐患，电力志愿者将原本杂乱的线路进行了整理，将老旧电线统一换成新电线，将裸露在外墙和屋外的电线放到电线管套内，并对陈旧开关更换，当原本简陋的房屋变得明亮起来，郑世波的眸子也跟着亮了。

董阿小是湖州市安吉县天荒坪镇白水湾村的村民，他是一名退伍军人，年事已高，没有劳动能力，日子过得十分拮据。老人居住的房子照明线路搭接混乱、老化严重，胡群丰与当地的电力志愿者第一次上门摸排隐患时，老人以为遇上了骗子，说什么也不让他们碰。经过志愿者的耐心解释，老人才慢慢相信他们是公益使者。改造完成后，昏暗的房间变得甚是亮堂，老人显得十分激动，他请志愿者抽烟遭到婉拒，请喝茶亦是如此。在他们离开时，老人望着他们的背影，敬了一个标准的军礼，目送他们远去。

很多志愿者都有这样的经历，他们第一次去了解情况时，许多残障人士和低保户对他们都是不太信任的，把他们当成骗子看待，但最终，他们都用"为群众办实事"的真心和行动打动了受益户。相较于曾经遭受的委屈，地处偏僻、风餐露宿的艰辛，志愿者更在意的是改造完成后对方脸上的笑容，胡群丰这样说："哪怕为了董老伯的那一个军礼，我们也要一直坚持下去。"

事实也正是如此。他们一直在坚持，"千户万灯"也在他们的坚持下越做越好。

2020年5月，浙江省政府残疾人工作委员会发文，在全省实施"千户万灯"公益助残行动，针对残疾人、低保户家庭实施室内照明线路改造，提高居住质量。截至当年年底，在国网浙江省电力有限公司的统一部署和各地市供电公司的积极联动下，"千户万灯"项目全省推广短短一年多的时间，在宁波、金华、舟山、丽水、湖州等地服务超过3000户家庭。

随着帮扶对象的范围不断扩大，钱海军志愿服务中心的力量无法触及广袤乡村的角角落落，更难以持续地为他们提供常态化服务，于是，钱海军等人开始思考，如何才能让"千户万灯"更好地惠及更多人群。2021年，他们响应"乡村振兴"号召，服务再度升级，以三年为一个阶段，推出了照亮、成长、圆梦三大计划。其中，照亮计划持续关注困难残疾人及低保户，每年完成500户家庭的用电线路改造，帮助更多人提升现代生活用电品质；成长计划每年培养50名乡村电工，同时整合社会资源，打造"千户万灯"云平台，就地为乡村振兴提供专业服务，用技术去改变一个村，改变人的一生；圆梦计划帮扶困难残疾人创业，打造"千户万灯"乡村电器赋能站，让他们的钱袋子鼓起来，帮助更多人走向共同富裕。

时年9月，由宁波市钱海军志愿服务中心与慈溪市周巷职业高级中学联合开办的"全国乡村电工培训计划"正式开课，迈出了成长计划的第一步。首期培训班共招募30名学员，其中10名为参加过"千户万灯"等公益项目的社会电工行业的志愿者，20名为周巷职高电工类专业的学生。为了使培训起到实效，培养一支综合素质高、业务能力强的高素质电工队伍，努力提

2021年9月，钱海军发起乡村电工培养计划，并现场为学员开展技能操作演示和讲解（姚科斌/摄）

升乡村电工队伍整体水平，此次培训班的全部课程由钱海军志愿服务中心与周巷职高统筹制定，采取线上自习与线下授课相结合、理论学习与实际操作相结合的方式进行。培训结束前，培训讲师还将组织考前集训，通过有针对性的查漏补缺，帮助学员考取《低压电工操作证》。

学员们考取证件之后，校方将根据钱海军志愿服务中心的项目需求情况签订聘任培养协议，配合项目的实施。通过给广大农村地区培养输送电工人才，壮大志愿服务队伍，使得相对偏远地区的民众有需要时也可以找得到人，从而让广大农村地区整体的用电安全系数得到提升。根据计划，他们后期还将与帮扶地区的培训机构开展合作，针对有志于学习电工技术的青年进行技能培训，让他们有技术、有能力服务家乡，进而让"千户万灯"在全国各地落地生根。

其实，"千户万灯"项目发展至今，早已走出浙江，影响所及，辐射至西藏、吉林、贵州、四川等省和自治区。

钱海军与志愿服务团队将"千户万灯"项目带至贵州（姚科斌／摄）

2017 年，钱海军志愿服务中心的志愿者在援藏过程中发现当地贫困家庭用电隐患也很突出，当他把这一信息告诉钱海军后，钱海军便决定要把"千户万灯"带往雪域高原，并很快付之于行动。2018 年，他和志愿者们克服头

钱海军与志愿服务团队将"千户万灯"项目带进西藏（姚科斌／摄）

疼、呕吐等高原反应，二度进藏，除了室内照明线路改造，还给当地游牧民带去了太阳能移动电源和多功能自发电灯。西藏以外的地区，诸如宁波市对口扶贫协作地区贵州省黔西南布依族苗族自治州安龙县、吉林省延边朝鲜族自治州敦化市和四川省凉山彝族自治州布拖县，也接收到了"千户万灯"的光亮。这些地方的受益户都亲切地称呼钱海军和团队里的其他志愿者为"来自宁波的点灯人"。

对这些受益户来说，"千户万灯"就像是一座输送光明和温暖的流动灯塔，它从东海之滨载着党的关怀而来，一路上翻越崇山峻岭，跨过千沟万壑，终于抵达雪域高原，抵达白山黑水，抵达偏远山区。自项目启动以来，钱海军和他的志愿者团队行程 20 余万公里，持之以恒地奔赴在助力脱贫攻坚、服务乡村振兴、推动共同富裕的第一线，交出了一份"走访上万贫困户，改造 6047 户，惠及全国五省 6 万余人"的抢眼答卷。

第十章

西去东来

　　从浙江慈溪到西藏仁布，天路虽高远，脚步却坚实。想来，如果不是因为援藏，与钱海军同行的许多人也许一辈子都不会踏足西藏，但是来了，就要倾尽自己所能，将来自东海之滨的光和暖送入更多人的心里。这是去西藏的志愿者的心愿，更是所有电力人的心愿。

很多年前，歌手黄安曾经唱过一首歌，歌词里有这么几句："谁来燃起一盏灯，洗我前尘，快我平生，永不见黄昏。点起千灯万灯，点灯的人，要把灯火传给人。"点灯，对于身处黑暗中的人们来说，是最温暖的行为。诚如著名的游吟诗人莱昂纳德·科恩所说，万物皆有裂痕，那是光进来的地方。如果说残疾人的残疾、贫困户的贫困就是那些裂痕，那么志愿者提供的服务、送来的温暖便是随之而来的光。灯亮了，光来了，心暖了。这是一个同步进行的过程，也是一个逐步递进的过程。传灯，是燃灯之人心中的执

"千户万灯"困难残疾人住房照明线路改造项目走出浙江，点亮雪域高原（傅立韵供图）

念，更是他们时刻不忘的使命。因为只有灯火传得愈远，光明才能照耀更多地方。

对于钱海军和很多像钱海军一样的点灯人来说，他们心中藏着同一个愿望：希望有生之年能够涌现更多的点灯人，点亮更多的地方，温暖更多的心房。然而，空有愿望于事无补，要让梦想变成现实，需要付出许多的心力和行动，为此，钱海军们绞尽脑汁，不遗余力地作着尝试。

这些年，在他们持之以恒的努力下，西藏、吉林、贵州、四川的许多地方，也燃起了"千户万灯"的炬火，留下了光明延伸的印记。与慈溪相隔4000公里远的雪域高原就是他们迈出慈溪、把温暖洒向更广袤大地的第一步。

"千户万灯"西藏行

2017年4月，来自慈溪市钱海军志愿服务中心的志愿者严晓昇作为电力援藏干部前往西藏自治区日喀则市国网仁布县供电公司工作，在与藏族同胞沟通交流过程中，他发现当地也有许多的贫困家庭，与慈溪的残疾人、贫困户一样急需帮扶，改善用电等方面的状况。一次偶然的机会，他在志愿者的微信群里说起这事，紧跟着，一场跨越4000公里的传灯行动紧锣密鼓地排上了日程——"'千户万灯'困难残疾人住房照明线路改造项目西藏行"蓄势待发。

兵马不动，粮草先行。这不独是古时行军打仗需要遵循的法则，任何事情只有谋定而后动，才能做到事半功倍。"千户万灯"困难残疾人住房照明线路改造项目的火炬西传之前，首先要做的就是进行实地走访和调研，以此确保项目的可行性，而这个任务自然落到了援藏人员严晓昇的头上。

刚刚接到任务时，严晓昇以为工作开展起来会很困难，毕竟，一个外乡人跑到当地问这问那，多半是会招人烦的。然而，事情的进展很是出乎他的意料，听说是来扶贫的，当地的民政干部十分热心。几个人跑过来招呼他一个，要数据给数据，想去现场就带他去现场。

西藏幅员辽阔，人烟稀少。每去一个地方，一来一回通常需要半天甚至一天的时间，而且许多藏民不擅长讲普通话，甚至都不太愿意讲话，总是讷讷的，怯怯的，与之沟通和交流需要极大的耐心。经过一个多月的实地走访，严晓昇算是对当地藏族农牧民的用电情况有了大致的了解。一场以爱之名进行的光明接力就此展开。

实践证明，地域从来就不是爱的阻碍。关山遥远，挡不住志愿者万里传灯的脚步；高原风劲，吹不灭传灯者心中燃烧的熊熊火焰。

7月19日，在钱海军的带领下，志愿者飞抵拉萨贡嘎国际机场，"千户万灯"困难残疾人住房照明线路改造项目如一抹星星之火，随着志愿者的抵达，正式点亮在雪域高原。

出了机场，志愿者匆匆赶往拉萨物流中心，接应从慈溪运来的援助物资。由于当地的物流服务还不完善，志愿者从物流中心辗转到郊区的货运仓库，2500盏节能灯，50盏太阳能自发电灯，光是找这些东西，就让他们花费了许多时间。此前，志愿者通过电话连线的方式结对了20个藏族贫困儿童。考虑到少数民族孩子的特殊需求，他们赶到拉萨市区，采购了一些符合当地习俗的学习用品和衣物。

马不停蹄地忙碌了大半日，志愿者在拉萨没有多作停留，便驱车前往西藏南部平均海拔近4000米的仁布县。驶往仁布的山路崎岖而漫长，一行人和一车物资，晃晃悠悠，晃晃悠悠，像一叶孤舟在浪尖上上上下下。坐在颠簸拥挤的车内向外望去，怪石嶙峋的悬崖之下，是飞流急湍的雅鲁藏布江，但车上的人谁也没有欣赏美景的雅兴。

这一路行来当真不易，别的不说，严重的高原反应就让志愿者吃尽了苦头。头痛、失眠、疲倦、呼吸困难，高反该有的症状他们都有了。其中，反应最厉害的是钱海军。初时尚自勉强支撑，到后来实在支撑不住了，直接进了医院。三瓶盐水下去，他又"满血复活"，手背上的棉球还未扔掉，他的声音已经传到了每个人的耳朵里："走，我们马上出发！"

到仁布的第一站是仁布县供电有限责任公司，在这里，志愿者忍受着高反的不适，和藏族同事共同商议起了工作开展的具体细节。

仁布县拢共 3 万多人口，贫困人口占了三分之一。2008 年，当地实现了村村通电，但至今仍有很多藏族农牧民用不起电。即便那些用上电的家庭，也有许多存在着线路老化、乱接乱搭等安全隐患。如何让当地的老百姓过上更安全、更有品质的用电生活，来自慈溪和仁布两地的汉藏两族的同胞坐在一起进行了激烈的讨论，最终众人决定要让钱海军志愿服务中心的志愿服务、扶贫帮困、结对助学等项目在这里落地生根，得到传承。

在那个条件简陋的小院里，慈溪市钱海军志愿服务中心首个省外服务支队——"西藏仁布县志愿服务队"成立了。年轻的藏族员工洛桑多吉作为仁布县志愿服务队代表，从钱海军手中接过旗帜，如同接过了一份沉甸甸的承

钱海军志愿服务中心首个省外服务分队成立（张弦／摄）

诺。那一刻，我们分明看到，一份爱在荏苒的时光里传递，一束光在流动的空气里传递，一股暖意在 4000 米以上的高原传递。

晚风吹过，所有的一切都好似志愿者胸前挂着的那条哈达，洁白而美好。

翌日清晨，钱海军一行 5 人与仁布县志愿服务队的 6 名队员带着满满一车物资，从仁布县城赶赴海拔更高、气候更恶劣、条件更艰苦的普松乡。这里的房子与南方大不相同，多是木结构，甚至由石头垒成，糊墙使用的是泥巴还有牛羊的粪便，故而不只光线昏暗，异味还很重。在普松乡乡长李建的带领下，志愿者来到果措村村民多吉次仁和罗杰家中，耗时 5 个小时，为他们更换了有着严重安全隐患的室内导线，为他们装上了漏电保护器和空气开关。

看看天色还早，志愿者随后来到了普松乡海拔最高的夺素村，给当地游牧民分发太阳能移动电源和多功能自发电灯，并手把手教大家具体的使用方法。朴实的藏族同胞不太会表达，握着志愿者的手重复地说着同一句话："扎西德勒！"

送太阳能移动电源和多功能自发电灯是钱海军和同事们得知当地牧民的实际情况后，经过深思熟虑才做出的决定。

当地有许多的村民以放牧为生，而放牧的地方离村庄常常有几十公里远，光路上的行程就要耗费好几天。3 月份，天气转暖，牧民就要赶着牛羊去远处的牧场放牧了，到 11 月份天气冷了，再把牛羊赶回村子。至于放牧的形式，通常都是由村里的成年男子轮流驻扎在营地里，而且一住就是一个月。

游牧点没有电源接入，也没有夜间照明。夜幕降临之后，除了待在石屋里或者草坡上听牛羊的叫声和呼啸的风声，牧民几乎没有更有意思一点的节目。虽然身上带着手机，但是不敢开，更不敢看网页或者玩游戏，因为电对他们来说是如此地珍贵，用来报平安和应急尚且怕不足，如何敢轻易浪费？那些以"游牧"的方式维持生计的牧民就更是如此了，常常一去就是几个月，要辗转许多地方，无处充电，离了家基本形同于"失联"。

如今，有了太阳能移动电源和多功能自发电灯，一切就变得不一样了。西藏地区海拔高，光照充足，有了太阳能移动电源，就能给手机充电，想家的时候随时随地可以打电话，无聊的时候还能打开收音机听听广播，打发下闲暇时间。有了多功能自发电灯，夜里也不再是漆黑一片了。想看会儿书，或者涂鸦几笔，都变成了轻而易举的事情。

也许，在不久的将来，太阳能移动电源的光和多功能自发电灯的光，将与满天繁星一起，照亮万亩牧场，照亮高原的每一处山川与河流、峭壁与悬崖，自然也能照亮藏族同胞的心房。

离开普松乡前，钱海军一行还专程去了一趟普松乡中心小学，这是乡上唯一的一所小学。他们将衣物、鞋子和学习用品送给结对的 20 个贫困家庭的藏族孩子，并许下承诺，后期将扩大结对范围，帮助孩子们改善生活，完

在西藏仁布县普松乡，钱海军为当地农牧民介绍太阳能多功能自发电灯的使用方法（刘东君／摄）

成学业。此次慈溪市钱海军志愿服务中心"千户万灯进西藏"活动总共为期8天，能做的事情十分有限，但钱海军说："我们不会只来一趟，而是要常来、常关心，让'千户万灯'公益行动在西藏落地生根。"

从浙江慈溪到西藏仁布，天路虽高远，脚步却坚实。想来，如果不是因为援藏，与钱海军同行的许多人也许一辈子都不会踏足西藏，但是来了，就要倾尽自己所能，将来自东海之滨的光和暖送入更多人的心里。这是去西藏的志愿者的心愿，更是所有电力人的心愿。

重返故地，斯心不易

朱自清先生在《匆匆》一文的开头写道："燕子去了，有再来的时候；杨柳枯了，有再青的时候；桃花谢了，有再开的时候。"如果将这个句式套用在钱海军等志愿者与西藏这片土地上，那就是：钱海军们离开了，有再见面的时候。

时隔一年之后，钱海军又带着志愿者回到了这片土地。他们此来，将继续上一年所做的事情。当然，与之前相比，这一次项目的内容更丰富了，受众的面更广了，获益的人数也更多了。为了能善用在西藏的每一分每一秒，早在出发前的两个月，他们就已经为重返雪域高原做起了准备。好在有了第一次"吃螃蟹"的经验，排起计划来总是要相对轻松一些，几易其稿，他们对行程作了科学的规划，以便能在有限的时间里做更多的事情。

如果说上一次去西藏是一次试验性的尝试，那么此番二度进藏，他们想让"千户万灯"困难残疾人住房照明线路改造项目在当地全面铺开，此外，为仁布县的贫困孩子做一些力所能及的事情也是他们心中所记挂的，用志愿者常说的话形容，那便是"有一份心就尽一份心，有一份力就使一份力"。

与第一次造访时的顺序不同，这次他们最先去的地方是学校——仁布县康雄乡中心小学。在学校里，他们主要做了两件事情：第一，借学校的场地，为康雄乡12个村的乡村电工开设培训班，讲课解惑，授之以渔；第二，利用从慈溪带去的四套电力教具，给学校里的孩子们上一堂生动活泼的电力知识科普课，助其启迪心智。

在仁布县，乡村电工相当稀缺，加之缺少专业的培训，他们的操作并不十分规范。而电的安全性是不容轻忽的，所以，从某种意义上来说，这个"乡村电工培训班"也可视为志愿者送给藏族同胞的第一份礼物。在授课过程中，志愿者胡群丰按照《中央财政支持千户万灯公益项目培训》的标准，反复强调施工工艺的规范性，并以文字、图片、视频、PPT相结合的方式，就实际操作中经常碰到的相关问题进行深入浅出的讲解。因部分藏族电工听不懂汉语，为了增进交流，现场还安排了翻译人员。

理论课程结束后，志愿者赠送了一套电工专用的工器具，通过实操演练，达到巩固技能的目的。同时，他们还邀请参与培训的电工师傅在接下来

"千户万灯"阳光扶贫乡村电工培训班开班（姚科斌／摄）

的"千户万灯"困难残疾人住房照明线路改造项目中一起参观学习，互作交流。对此，已过了知天命之年的张文胜连连点头："这里很多村庄里的人家庭都比较困难，不懂电，线路凌乱，存在着安全隐患，你们有针对性地给我们进行指导，我们心里很感激！"整个讲课过程，这位老师傅都听得非常认真，还像个学生一样认真地做了笔记。

电工培训班结束才 5 分钟，"星星点灯"未成年人电力科普项目大课堂又开始了。

出于更好地提升孩子们安全用电意识的考量，此次"千户万灯"困难残疾人住房照明线路改造项目西藏行活动，志愿者将运行多年广受家长和孩子好评的"星星点灯"未成年人电力科普项目一同带了去，打算给藏族孩子呈现一堂别开生面的科普课。

上课铃响后，35 名三至五年级的藏族孩子端端正正地坐在课桌前听讲台上的电力志愿者讲解电力安全知识。这是一堂有趣的课，课程的推进如一幅美丽的画卷徐徐展开。随着讲课的不断深入，原本腼腆拘谨的孩子不时发出阵阵笑声，课堂气氛慢慢地活跃起来。

志愿者通过漫画、动画片等孩子喜闻乐见的形式，将电力知识融入"阿拉丁神灯""白雪公主与七个小矮人"等故事，以每个学龄儿童都能听得懂的浅显语言把安全用电相关的知识灌输给孩子们，并邀请孩子们一起近距离体验手摇发电机、静电球等仪器，使他们对课堂上所学的知识能有一个更直观、更深刻的感受。

这些电力教具对孩子们来说仿佛有魔力一样，把他们的注意力全都吸引了过来。听完讲课，又亲自体验了一把实验教具，孩子们红扑扑的脸上挂满了笑容，不住地欢呼："太神奇了！"

这样的教学形式不仅孩子们觉得新奇，连年轻的教师普布扎西也大呼开了眼界，他说这么有趣的电力安全知识科普课自他入职康雄乡中心小学以来还是第一次遇到，回头一定把这些教具用好，让全校 345 位学生都有机会通过这些教具学习到电力知识。

因时间有限，志愿者只同孩子们分享了其中两件教具。随后，他们把事先准备好的衣物、鞋子、糖果等礼物分发给现场的孩子们。礼物之中，110件羽绒衣是由钱海军和他的妻子所赠；100双跑鞋的由来则是慈溪日报小记者中心专门针对"千户万灯"西藏行活动精心策划了一个主题为"3公里，见证爱与责任"的亲子健步行活动，100对亲子家庭完成了3公里的行走，由宁波慈星股份有限公司定向捐出100双跑鞋。

孩子们从志愿者手中接过礼物，也接过了《电力王国环游记》等学习手册，只是略略翻看几眼，他们就爱不释手了。今年上三年级的拉增将册子上写到的用电安全注意事项牢牢地记在了心里，表示回去也要说给爸爸妈妈听。另有一些孩子，在志愿者的帮助下，与遥远的城市那头那些素未谋面的好心人进行了电话连线。他们不惯于表达，只敢怯怯地说上一句"谢谢"，但所有人都听得出这两个字里所包含的深情和真诚。

仁布县教育局的米玛局长、康雄乡中心小学的格桑校长看到孩子们脸上

孩子们开心地体验着静电球（姚科斌／摄）

流露的幸福表情，不约而同地表示："你们的到来，让我们感受到了祖国大家庭的温暖，无论是扶贫助学还是电力科普知识的培训，我们西藏的孩子都受益了。"

"国旗国旗，红红的哩，五颗金星，黄黄的哩……"操场上，孩子们围坐在志愿者身边，唱起了《国旗红红的哩》。嘹亮的歌声唱响校园，这一刻，志愿者和孩子的距离是那么地近，心也是那么地近。

当然，相比于"乡村电工培训班"和"星星点灯"未成年人电力科普，志愿者此行的重头戏还是"千户万灯"困难残疾人住房照明线路改造项目。今年，钱海军志愿服务中心将康雄乡则拉村、陈村及然巴乡德米村和日聂村的 107 户贫困家庭定为室内照明线路改造对象，仁布县志愿服务队从 5 月下旬就开始了走访和整改。钱海军他们此来，主要是对已经整改的对象进行回访，并与国网仁布县供电公司的志愿者合兵一处，对未整改的对象集中进行作业。

志愿者押运物资奔忙在颠簸的山路上（姚科斌 / 摄）

即使已经来过一次，再次跋涉时，仁布的路还是给钱海军留下了深刻印象。每次出门，服务志愿者都要坐车走很远的盘山公路，崎岖而颠簸。可即便如此，志愿者也没忘了使命，更没有退缩。在仁布的那些天，他们坐着车在海拔 4000 米与 6000 米之间穿行，将"安全用电"送入藏族同胞家中。

与平原地区不同，高原的阳光仿佛离人更近一些，热起来也比平原地区更热。这些光和热如同高反一样，是雪域高原送给异乡人的"见面礼"，而这无疑增加了志愿者的负担。

每天早上天刚蒙蒙亮就出门，到夜幕降临时才回来，高强度的工作让志愿者疲惫不堪，得时不时去住所附近的卫生院里吸一会儿氧气，才有力气准备第二天用的材料。待忙完通常已是半夜，而第二天迎接他们的是新一轮的忙碌。毫不夸张地说，在西藏的那些天，躺在床上好好做一个美梦是许多志愿者心里最向往的奢望。令人钦佩的是，他们都咬着牙坚持了下来。

因为交通不便，当地好些房子里的电线用了四五十年都不曾换过。房子老，电线旧，很不安全，多吉赤列家就是如此。多吉赤列的家在山坳里，地处偏僻，方圆十数里总共只有两户人家。他们的房子建造时采用的是当地最常见的木石结构，牢固性很差，加之年代较久，存在供电线径小、搭接混乱、未安装漏电保护器等隐患。最近几年，随着电视机等家用电器的增多，经常出现低电压现象。

其实说是偏僻，多吉赤列家离盘山公路能到的地方垂直距离也不过 200 来米。然而这 200 米中间隔着一个峡谷，汽车开不进去，必须沿着高高低低的山路走上约 20 分钟才能抵达。强烈的高反、难行的山路、猛烈的日头，考验着志愿者的意志和体力。高原地区氧气稀薄，徒步穿越峡谷已可算得上是一种剧烈运动，更不消说带着物资负重前行了。幸运的是，盘山公路与峡谷对岸之间连着一条人工索道。钱海军留两人在索道的这端，其余人下到坡底，穿越峡谷去对岸接应。待两边人员准备就绪后，大件物资便顺着索道滑向了峡谷的另一端。

经过半个多小时的努力，室内照明线路整改所需的材料抵达了多吉赤列

志愿者将改造需要的物资捆扎上索道运送至峡谷对面的藏民家中（姚科斌／摄）

家中。多吉赤列家的房子从室外看，宽敞明亮，十分大气，但是当一行人进到屋中时，发现用电隐患比之前想象的还要严重。由于用电知识的缺乏，屋里线路开关凌乱不堪，到处都是隐患。部分电线裸露在外面，在屋中穿来穿去，接头处套着一个纸袋子，有的开关竟溢出油来了，而多吉赤列和家人并没有意识到潜藏的危险。

志愿者们见状，紧锣密鼓地开始了整改。排管、布线、安装开关和电灯，经过足足4个小时的努力，原先七零八落、毫无秩序的电线都被整齐地放入了线管之中，志愿者还装上了漏电保护器，并手把手教会多吉赤列正确的使用方法。

当房间里的灯亮起时，多吉赤列一家人的心也跟着被点亮了。多吉赤列说："我家这么偏僻，路又这么难走，我以为没有人会想到我们，没想到你们却来了。"生活并不富裕的多吉赤列不知道该如何表达自己心中的谢意，这时，他的母亲和妻子端来酥油茶与甜茶，并拿出一小箩自家产的鸡蛋，让志愿者们一定尝尝。因为不会说汉语，她们将东西递到志愿者面前，志愿者不吃，她们便不放下。

放眼整个仁布县，发生在多吉赤列家的故事仍具有特殊意义，因为随着多吉赤列家整改完毕，整个则拉村室内照明线路需要整改的 25 户人家算是全部竣工了。而这 25 户人家，几乎每一户都同多吉赤列一样，经历了从最初的难以置信到最后的深以为然这样一个过程。

从多吉赤列家沿峡谷回到起点，已是下午 2 点，钱海军等人顾不得下山吃饭，将身子斜靠着车子，冷水就馒头，权当午餐。饭毕，志愿者们继续前行，行不多久，路边就出现了几位牵马的村民。原来远处的山坳里还住着几户人家，他们的位置几乎可以用"隐秘"来形容。那里别说公路，连路有没有都是个问题，故而需要将材料先运过去，另外找个日子进行整改。志愿者们走着走着，忽然发现自己无论到了哪里，周围的孩子都会投来好奇而不失友好的目光，仿佛看到了布达拉宫早晨升起的太阳，不由得心里一暖。因为这暖，不管改造的难度多大，他们也能画图布局，破解难题。

离开前的最后一天，钱海军们去了然巴乡的普热村。每年七八月份是放牧的黄金季节，村里的成年男子会赶着牛羊去几公里甚至几十公里远的草场放牧，那里没有人烟，更没有通电，而钱海军送的便携式太阳能移动电源和太阳能充电装置，可以让这些远离村镇的游牧民时时与家人保持联系。对此，钱海军说："服务没有海拔，爱心没有距离。作为一名电力战线的共产党员，应该毫无保留，力

车子难以抵达的地方，志愿者用马搬运物资（岑益冬／摄）

所能及地把电和光送到老百姓最需要的地方去。"

无私付出，不求回报，给需要帮助的人以帮助，给需要关怀的人以关怀。这就是像钱海军这样的志愿者们了不起的地方，也是像钱海军志愿服务中心这样的公益组织了不起的地方。

也许多年以后，没有人再记得当初是谁消除了家中的用电隐患，但是那些亲历其事的人会记得这群身穿红马甲的人所带来的改变。旺堆次仁会记得，因为村子离县城距离比较远，出门一趟不容易，常要一次性采购很多食物回来，没有改造前，最害怕冰箱突然没电，但改造之后，有了充足的电能供应，再也没有了这样的顾虑；南珍也会记得，以前同时使用的电器一多，家里就经常跳闸，而那些"红马甲"来过之后再也不用担心这个问题了；旦真群边也会记得，早前出门放牧，最怕手机没电报不了平安，但是有了志愿者送来的太阳能移动电源和多功能自发电灯，从此告别了"失联"，还可以听收音机、聊微信，那个水草丰茂处临时搭建的帐篷，变成了"家"一样的温暖存在。

志愿者正在调试便携式太阳能移动电源和太阳能充电装置（岑益冬 / 摄）

当然，包括用电安全在内，凡安全都不仅是热心就可以保证的事情，还需要专业知识，需要细心、恒心和匠心。专业知识，身为电力人的志愿者们从来不缺，而细心、恒心和匠心需要在实践中不断地锤炼和打磨，最终变成每个电力志愿者身上的一种特质。从某种意义上来说，"千户万灯"困难残疾人住房照明线路改造项目正是试验这种特质的一个校场。

圆梦大海：从雪域之巅到东海之滨

从西藏回来之后，钱海军同西藏以及西藏孩子的缘分并没有结束，因为彼此间还有一个看海的承诺。在西藏的时候，钱海军答应孩子们，等暑假到来时，一定要让他们坐飞机、坐高铁，来浙江宁波看看大海。

回到慈溪，钱海军没有忘记与孩子们之间的约定，他做的第一件事就是连同当地的爱心企业和爱心人士一起发起了"藏娃寻海，浙里有家"活动。

凡事未雨绸缪才能事半功倍。为了让藏族孩子不虚此行，钱海军志愿服务中心安排了形式多样的活动。他们多次开会商讨具体细节。一个星期之后，活动的大体模式和详细内容都确定了下来。

白天，由钱海军志愿服务中心组织志愿者家庭的孩子和藏族小朋友一同参加"千峰翠色，秘色瓷都""藏书名楼，访古天一""追梦大海，为爱起航""汽车芭蕾，揭秘方太""玩转科技，智创未来""观海天一洲，画东方神话"等系列活动。晚上，则由相应的结对家庭把藏族孩子带回家中同吃共住，通过一个星期的朝夕相处，让两地的孩子互通友情，收获一份特殊的"成长纪念"。

初步的设想有了，接下来就是招募结对家庭的相关事宜了。

"藏娃寻海"的消息在微信群里一经传播，报名的人有很多，经过一番遴选，最终确定了翁锡安、任雪辉等 7 户有同龄孩童的家庭。离藏族孩子的暑期还有些时日，志愿者们一边翘首以待，一边做着相应的准备工作。

　　他们为每位孩子准备了一个爱心背包，背包里放着两套全新的夏季休闲装，一顶防晒帽，一个保温杯，一副彩笔，一件雨衣，一个可书写亦可涂鸦的手札本，还有若干纸巾和小零食。因恐藏娃初到江南，不适应这里的天气，有可能会中暑，他们除了准备常用的药品，还聘请了慈溪市人民医院的全科医生胡梦桑作为志愿者随行，负责团队的医卫护理。孩子们出门在外，安全也是重中之重。志愿者的人手不够，胡群丰的妻子宁可因请假被单位扣钱，也要过来帮忙。她说，钱是挣不完的，而"藏娃寻海"这件事却是相当有意义的。

　　7 月 29 日，旦增坚参、拉巴吉拉、次旺土旦、索朗曲珍、扎西旺杰、普珍、白珍七人在仁布县教育局的白玛德吉老师带领下，坐飞机抵达了萧山国际机场。志愿者将人载回慈溪，先送老师和孩子去酒店入住休息，舒缓一下旅途的疲劳和紧绷的神经。

　　第二天，志愿者、结对家庭的家长和孩子与西藏来的客人齐聚国网慈溪市供电公司的企业文化展厅，举行了简单而不简陋的欢迎仪式。仪式的环节相对俗套，无非是致欢迎词、互作自我介绍、交代活动的背景，诸如此类。相较而言，下午的活动则要有意思得多。随着开往上林湖越窑青瓷博物馆的大巴车启动，属于藏娃们的观光圆梦之旅正式开始了。

　　对于孩子们来说，在这里的每一天都充满了精彩，在这里的每一天都有不一样的色彩。越窑青瓷博物馆、天一阁藏书楼里藏着文化梦，科技馆、方太、吉利等智能制造工厂里又藏着科技梦。海天一洲上的观景平台，方特神话里的烟花之夜，甚至打南塘老街走过时，古色古香的江南韵味都让孩子们惊叹连连。如果非要给所有景点排一个顺序的话，孩子们最喜欢、最憧憬、最留恋的应该是大海。

　　大海对于青藏高原上的孩子们来说，曾经是那么地遥不可及，但是因为有了钱海军，有了这许许多多像钱海军一样的热心志愿者的帮助，他们的梦想终于实现了。

　　在象山松兰山的沙滩边，孩子们和志愿者手牵着手，心连着心，带着未

孩子们蜂拥着冲向大海（姚科斌／摄）

曾说出口的千言万语和美好梦想投入大海的怀抱。

孩子们唱啊，跳啊，跨海而歌，尽情嬉戏，开心得忘乎所以。时间一点点流逝，转眼已是黄昏，他们仍沉浸在与海相拥的欢愉里，甚至都不想上岸。高个子女孩拉巴吉拉说："以前只知道家乡的天是最蓝的，看见了大海，才知道大海和家乡的天一样蓝，一样地无边无际。"

"在海边，孩子们都玩疯了，叫了他们很多次都不愿意走。"整个圆梦之旅一直陪伴在孩子们左右、被孩子们亲切地称为"唐妈妈"的唐洁事后笑着说，"特别是扎西旺杰、次旺土旦和旦增坚参三位男孩子，在海边又是跑又是跳，又是唱又是叫，像三只撒欢的小鹿，衣服被海水打湿了都不管不顾。"

带队老师白玛德吉也是平生第一次看到真实的大海，她的激动不亚于在场的任何一个学生。白玛德吉老师说，以前他们只在课本里看到过大海，听说过高铁，而这次东来，把这些想象中的事物都经历了一回，他们觉得特别好玩、特别满足。对于孩子们来说，这次旅行点亮了他们的心智，开阔了他们的眼界，让他们在成长的过程中捕捉到一抹不一样的色彩，势必也将收获一份美好的、特殊的回忆。毕竟，面朝大海，是很多西藏人真正的梦啊。

"这里看不到牛羊，但到处都是高楼大厦；这里没有奔驰的骏马，但到处都是来来往往的车辆；这里的大海和家乡的蓝天一个颜色，这里人对我们都很好……"看过大海，尝过美味，来自康雄乡中心小学的五年级学生普珍在手札本里这样写道。不知道想到了什么，这名13岁的藏族女孩忽然捂着嘴，腼腆地笑了起来，那笑容像清晨的阳光一样明媚。

如果说7天的旅程带给孩子们许多意料之外的惊喜，那么惊喜之外还有许多温情的故事发生。

西藏小朋友们在慈溪的这几日，与结对家庭的孩子同吃同住，一起学习，一起成长，一起分享梦想，结下了深厚的友谊。

小名"圈圈"的任芷初是参加本次活动的女孩中年纪最小的一位，而她结对的是索朗曲珍。两个女孩身形一般大，不经意看时，真像亲姐妹一样。

圈圈有本很喜欢的书——贝罗卡尔的《撒哈拉女孩穆娜》，受书中的故事影响，她特别盼望家里也能来一位和穆娜一样的远方小姐姐。所以当爸爸任雪辉得知有这样一个活动时，果断地报了名。圈圈和曲珍初次见面，就有种相见恨晚的感觉。圈圈看看曲珍又看看自己，然后说："我和曲珍姐姐就是一对双胞胎嘛！"

每个小女孩都有一个公主梦，圈圈的妈妈为曲珍买来一条漂亮的公主裙，当新衣服换上之后，圈圈比自己穿还开心，并将一顶"公主皇冠"戴在了曲珍头上。这时，曲珍的大眼睛忽闪忽闪的，显得特别地清澈透明。闲下来的时候，圈圈同曲珍分享《撒哈拉女孩穆娜》的故事，而曲珍则教圈圈用藏文写"任芷初"和爸爸妈妈的名字。

另一边，结对的消息确定后，志愿者胡群丰、李娅娜比那个初次上门的次旺土旦还紧张，绞尽脑汁，拟订了每一天的计划："第一天，带次旺土旦去图书馆；第二天，让胡林托教次旺土旦识谱；第三天，交流两地的方言和习俗；第四天……"

次旺土旦到胡群丰家的第一天，告诉胡群丰他有一个梦想，长大了想当一名军人。后来在另一次闲聊中，被问及藏族的生日怎么过时，他告诉胡群丰，自己从来都没有过过生日。于是，胡群丰暗下决心，一定要在次旺土旦回西藏前为他补过一个生日。

8月3日上午，是钱海军志愿服务中心安排的自由活动时间。受台风"云雀"影响，室外风雨大作，而在坎墩街道的一个农家乐的小包间里，却是一幅其乐融融的景象。桌子上摆着雕有哆啦A梦卡通形象的蛋糕，蛋糕上插着"1"和"3"两个数字的蜡烛，胡群丰、李娅娜、胡林托、次旺土旦一起唱起了《生日快乐》歌。除了蛋糕，胡群丰还给次旺土旦准备了一把玩具枪和一个电子表。看见玩具枪，次旺眼里本已满盈的欢喜再也藏不住了。

李娅娜说她很感谢次旺土旦，因为次旺土旦的到来，也让自己的孩子得到了成长。虽然从年纪上来说，胡林托要比次旺土旦大上好几岁，可是生活自理能力方面却远远不如。每天早上起床后被子一摊，从来不叠，但次旺土旦总是叠得整整齐齐，还会替胡林托把被子也叠好，搞得胡林托怪不好意思的，也开始学着自己收拾房间。

其余的几户家庭也是如此。藏族小朋友的懂事、独立，给"衣来伸手饭来张口"的同龄人上了宝贵的一课。就像其中一位家长冯炜炜所说："我们没有单方面地谁帮助谁，我们是相互帮助，共同成长。"住在冯炜炜家的拉巴吉拉是个内向、聪慧的女孩，刚来的时候，连话也不敢大声说。不过经过一段时间的磨合，拉巴吉拉跟冯炜炜的女儿应笑怡成了好朋友、好姐妹，两个人同吃同睡，一起唱歌弹琴，一起游泳，一起看书画画，还一起自编自导跳舞发疯。看得出来，她在这里过得很开心。每天晚上她都会跟家人通电话，虽然讲的是藏语，冯炜炜听不懂，但是从她说话的语气可以听得出来，她在同家人分享这里发生的一切。

钱海军的女儿钱佳源更是开玩笑说，自己沾了普珍的光，如果不是她和那些小伙伴的到来，爸爸是不可能陪着自己到处去玩的。松兰山、天一阁、吉利集团、方太集团……好些地方钱佳源此前都没有去过。当然，与藏族孩子同行，钱佳源也学到了书本以外的很多知识。

时间过得飞快，转眼便到了分别的时候。钱海军、陈冬冬生怕给普珍的东西装不下，去超市里买了一个特大号的行李箱来，衣服、鞋子、毛绒玩具，塞得严严实实。

在离别的机场，次旺土旦把自己的帽檐压得低低的，生怕帽檐抬得高了，别人会看见自己的眼泪。可是告别的那一刻，当他与胡林托拥抱的时候，眼泪还是决堤了似的横溢而出。现场也有些孩子没有哭，但他们眼里的不舍和留恋却是一样的。谁也不知道，他们这次回去之后，是否还有机会再次走出大山，看看大海，看看外面的世界。好在有回忆，足够温暖流年。

从西藏仁布到浙江慈溪，从雪域之巅到东海之滨。空间上，相距数千公里；时间上，跨越几个时区。除了时空，还有自然环境的变化，文化背景的差异，饮食习惯的不同，以及语言、思维方式的区别。但是因为有这段共同的经历，仁布、慈溪两地将不再遥远和生疏。

"藏娃巡海，浙里有家"——"星星点灯"2018 年公益行动中结对的家庭和孩子（姚科斌／摄）

　　"好神奇啊，如果不是亲身经历，连想都不敢想。""希望你们有机会来仁布，我给你们当导游。""谢谢您对我那么好，我会好好学习，其实，我心里一直把您当作我的爸爸。""我知道您很忙，但是我想你们。"孩子们离开了，但是他们沿途报平安的时候，把真心话留在了志愿者和结对家庭的大人、孩子心中。

　　看着孩子们的回信，活动的发起者钱海军很开心，7个结对家庭也很开心，为了这趟旅行，每天早上5点钟就起床出门接送带队老师的王军浩也很开心，因为他们亲眼见证了这些孩子从不熟悉到熟悉整个过程的变化。让孩子们对未来充满向往，对生活充满感恩，岂非所有志愿者所追求的？有人问钱海军来年是否还会组织类似的活动，钱海军没有回答，但所有人都知道，只要心还在跳动，钱海军们从事志愿的念头就不会熄灭。

　　位于拉萨市中心的八廓街上，人们时常可以看到前往大昭寺朝圣的信徒，一步一拜，十分虔诚，周围人的目光是否异样于他们没有丝毫影响。从某种意义上来说，钱海军不也是那个朝圣的人吗？这一路行来，有支持，也有质疑。可是无论别人如何谤他笑他，他都默默地坚定地走自己的路。到最后，大家都开始理解他，并纷纷加入了他的队伍。或许，这就是信仰的力量吧！

第十一章

黑土地上，"红心"闪耀

他们对于未来的憧憬，也正是钱海军心中所盼。这次来到敦化，与国网吉林敦化市供电有限公司开展合作，就是为了把"千户万灯"照亮计划这一来自宁波的可复制性的公益项目和管理模式带来这里，让老百姓得到真真正正的实惠。说起此行的初衷，钱海军坦言："无论是给孩子们赠送炕桌台灯，还是为露天旱厕安装太阳能感应灯，又或是为贫困户进行室内照明线路改造，我们的最终目的只有一个，就是让老百姓用上安全电、放心电，过上美好的生活！"

吉林省延边朝鲜族自治州地处边疆，在全面脱贫以前，是典型的"老少边穷"地区，也是党中央、国务院确定的浙江省宁波市的对口帮扶协作市。延边州下辖的8个县（市）中，曾有4个国家级贫困县和1个省级贫困县。敦化市亦为延边州的下辖县级市，截至2019年初，辖区内共有24个建档立卡贫困村，农村人口居住分散。随着"两不愁、三保障"政策的落实，义务教育、基本医疗和住房安全都得到了保障，但生活水平、学习环境和用电质量仍相对落后。

　　这个世界上最美好最有效益的事情莫过于专业的人做专业的事，扶贫也如是。2019年2月，国网慈溪市供电公司经过多次商讨，决定派红船共产党员服务队的队员和钱海军志愿服务中心的志愿者赶赴敦化市实施"千户万灯"困难残疾人住房照明线路改造项目和"星星点灯"未成年人电力科普项目两大公益行动，通过扶贫、扶志、扶智相结合，助力脱贫攻坚，以此献礼中华人民共和国成立70周年。至此，吉林成为继浙江、西藏、贵州之后，"两灯"光明延伸的第四个省份。

　　2月24日，这支队伍在钱海军的带领下来到敦化。至2月28日，他们根据敦化有关部门提供的建档立卡贫困户名单进行实地走访，为急需提升用电质量的一批贫困户免费改造室内线路、安装太阳能灯解决旱厕照明问题，满足当地百姓对美好生活的追求，并向贫困家庭学生赠送炕桌台灯，满足孩子们炕上写作业的需求，还给威虎岭小学的22名学生带去了一堂别开生面的电力科普课，在他们心中播下了安全用电的种子。

　　事后，有记者到国网慈溪市供电公司采访，问此次延边行的初心为何。有关负责人表示，作为一家有社会责任感的央企，我们始终不会忘记自己的

2019 年 2 月，钱海军带着"千户万灯"公益项目抵达敦化，深入走访当地贫困户（岑益冬／摄）

社会使命。在精准扶贫这条路上，我们会竭尽所能，大力扶持"老少边穷"地区脱贫致富奔小康，做好电力先行官，架起党群连心桥，同心共筑中国梦。

红船共产党员服务队挺进延边

从江南到东北，从湿润的杭州湾畔到干冷的冰海雪原，两地的直线距离超过 2400 公里。2 月 24 日晚上 10 点，敦化的气温低于零下 10℃，慈溪红船共产党员服务队的队员和钱海军志愿服务中心的志愿者们在钱海军的带领下，乘着夜色，顺利抵达了延边州的"西大门"。

办完入住，未及休息，更没顾得上适应敦化的水土和气温，他们便迅速投入工作，连夜召开会议，为次日启动的"'千户万灯'延边行"活动制订方案、调派人手。酒店的大堂里，众人你一言，我一语，献计献策，气氛十分热烈。一直持续到凌晨 2 点，为期 5 天的"光明行动"最终部署完成。

作为团队的"精神领袖"、红船共产党员服务队队长，钱海军的心里藏着一句话，他说："我们来到敦化，就是要尽自己最大的力量，让'千户万灯''星星点灯'这两盏灯照亮更多需要照亮的人。"同时，这句话也是所有与会人员共同的心声。

第二天早上 8 点不到，只睡了 5 个小时的钱海军等人动作麻利地穿好工作服，待国网吉林敦化市供电有限公司的工作人员到来之后，即刻兵分两路，一路跟随向导前往黄泥河镇团山子村对当地的贫困户进行走访，了解哪些人家需要整改，又各有怎样的特点；另一路人员则负责去电器商店采购"千户万灯"困难残疾人住房照明线路改造项目所需物资，为即将出征的兵马准备好充足的粮草物资。

在走访过程中，钱海军听说很多贫困家庭的学生由于没有台灯和可以放置在炕上的小桌子，天气寒冷的时候，不得不趴在炕上写作业，便决定购买一些炕桌、台灯送给他们，让他们在寒冷的冬夜可以坐在温暖的炕上学习，同时增设了一对一开展未成年人科普和安全用电教育的构想，想要借送灯送桌的机会，把科普实验家庭课带到那些贫困家庭的家中，点亮贫困学子心里的梦。

当天下午，钱海军一行人则应邀来到了国网吉林敦化市供电有限公司。在那里，慈溪、敦化两地的共产党员服务队就"千户万灯"开展过程中的注意事项进行了深入交流，还确定了试点改造的对象和首批整改的户数，并计划通过开展有针对性的培训，谋求"千户万灯"困难残疾人住房照明线路改造项目公益模式在敦化乃至延边的长效落地，使之能够在这片黑土地上扎下根来，发芽、开花、茁壮成长。

交流过了理论，接下来便是实践的印证。钱海军深知时间的宝贵，与王军浩、郭汶杰等队员争分夺秒，将买来的改造物资搬运装车，赶往上午预先走访、联系好的改造点。

2 月末尾，此时的南方，花儿已经养足了精神，随时准备吐露芬芳，而

钱海军和队友们肩负重物，脚踏冰碴，在这片陌生的土地上开始了忙碌（邬晓刚／摄）

北方的风犹自被冰冷的空气包裹着，放眼望去，到处都是冰与雪的世界。钱海军和队友们肩负重物，脚踏冰碴，呵气成雾，在这片陌生的土地上开始了忙碌。敦化的天气虽冷，但忙碌的他们常常热到脸上冒汗，汗水流淌的地方，是一缕缕光，是一份份感激之情，是一个个圆了的梦，还有许许多多新种的温暖的愿景。

如果说性状好、肥力高、适合植物生长的黑土地是大自然给予东北人民的得天独厚的宝藏，那么这群志愿者的到来，正让这个宝藏变得愈发美好。他们将自己那颗跳跃的红色的心化为照亮了的地标、化为行动指南，一路前行，蹄疾步稳。

在敦化的日子里，队员们肩负重物，辛勤劳作，经常要忙碌到晚上，回到住宿的地方9点、10点几乎是家常便饭。但他们谦卑温柔，从无怨尤。因为他们都有同一个心愿，那就是用"千户万灯"困难残疾人住房照明线路改造项目服务贫困家庭，用"星星点灯"未成年人电力科普项目温暖孩子们……

当消息传回江南，有人专门写了一篇题为《学习钱海军，让社会更温暖》的评论文章，只为向他和像他一样的奉献者致以敬意。文章中有这么几段：

一个人的伟大，不在于他做出来的事情有多么惊天动地，而在于他有一颗心——想为更多的人带去温暖，并倾尽自己所能。从慈溪到敦化，相距2400多公里，钱海军和红船共产党员服务队的队员们奔走如此远的距离，只为给那些素不相识的需要帮助的陌生人送上一盏灯、一张桌子、一点光明和温暖，他们的行为无疑是这个世界上最温暖的行为。

对于很多人来说，"钱海军"这个名字并不陌生，因为报纸上、网络上、电视上经常可以看到关于他的报道。而每一次他的出现，都与做好事紧密相连。作为一名电工，在过去的20年里，他在工作之余，利用一技之长累计义务帮助了10000余人次，并发起了"千户万灯""星星点灯"等受众广、富有影响力的活动。而且随着时间的推移，这些被帮助的人和有意义的活动的数据仍在增加，越来越多需要光的人得到了光，越来越多需要温暖的人得到了温暖。而这背后，离不开钱海军和很多像钱海军一样的爱心志愿者的无私付出。

他们像穿梭于大街小巷的"点灯人"，点亮了高楼大厦、街角巷陌，为千家万户守护着光明和温暖。而"千户万灯""星星点灯"则是他们服务的延伸，他们用自己的一盏灯照亮了贫困户、残疾人的一片房，更用这盏灯照亮了城乡之间的每一个角落，照亮了渴望温暖的人的心灵和眼睛。这种播撒光明的行为值得点赞，那些光明的播种者更值得我们学习。纵然我们不能像钱海军一样做到20年如一日，但每个人坚持一年多做一件好事，人同此心，全中国每年就会多出14亿件好事，这样的数据不可谓不惊人。

要知道，一个人的力量毕竟有限，再怎么无私忘我，也不可能帮助到所有需要帮助的人。倘若我们可以学习钱海军、努力去成为钱海军，共同向社会传递向上向善的正能量，那么有一天爱和暖必将装满人间。显然，我们的时代是需要更多钱海军的。因为一盏灯不足以让一个城市、一个国家变得明亮和温暖，但如果是千万盏、亿万盏灯，结果就不一样了。如果有一天，我们每个人都成了别人的"点灯人"，我们生活的这个世界一定会变得更美好、更和谐。

融化坚冰的温暖阳光

人生于世，会遭遇凄风冷雨，也会邂逅明媚阳光。如果说风雨袭身时，内心有多么地怅惘，那么当阳光拨开云雾，照射于身上时，内心就有多么温暖。而且这阳光可以直抵人心，并且一旦抵达，就会驻扎下来，时时给人以力量和希望。关于这一点，家住敦化市贤儒镇城山子村的一对小姐妹刘畅和刘响深有感触。于她们而言，钱海军亦是这温暖阳光中的一缕。

我们在形容一个人命运不顺的时候常用一个词——"命途多舛"，回望姐妹俩这一路走来的经历，也是步步荆棘，充满坎坷。2009年的时候，一场车祸"撞断"了家里的顶梁柱，刘畅和刘响的父亲去世了。还来不及止住悲伤，次年，患有精神疾病的母亲外出时走失，再也没有回来。又过了几年，命运的不幸再次降临这个苦难的家庭，与小姐妹相依为命的爷爷也告别了人世。随后的一段时间里，姐妹俩陷在悲伤里久久难以自拔，更不愿与人接触。

姐妹俩是不幸的，但同样也是幸运的。为了让刘畅和刘响早日走出亲人离世的伤痛，当地的各级干部经常派人同她们沟通、交流，为她们开解心结。许多陌生的叔叔阿姨、哥哥姐姐走近她们身边，用温暖的话语、真诚的关怀，一点一点，融化了她们内心的坚冰，打开了她们深锁的心门。据城山子村党支部书记丁海燕介绍，村里还有专门拨给姐妹俩的孤儿金、低保金以及一些产业分红，以此保证姐妹俩的生活用度。除此之外，一些爱心企业和个人也多次邀请她们参加各类夏令营活动，想要让姐妹俩通过参加团体活动，结交更多的朋友，进而让她们健康成长。学校里的老师就更不用说了，用心授课，用爱呵护，将她们当作自己的女儿、妹妹一样对待。

这所有的一切，就像黎明升起的太阳，推开夜幕，照亮大地，也照亮了刘畅和刘响两姐妹的眼眸。慢慢地，感受着社会大家庭的温暖，她们的心如春雪消融，性格也逐渐变得开朗起来。

姐妹俩居住的房屋是典型的东北民居，坐北面南，三个房间东西排列。屋前有一个小院，不过四周并无高墙。屋里房间虽不算多，但对于她们来说已经足够。姐妹俩的卧室位于房子的东侧，里间有炕，可以烧火取暖。西厢房主要留给客人住，父亲离世以后，家里的亲戚尤其是姑姑经常来照看她们。

姐妹俩现在都在贤儒镇中学读书，16 岁的姐姐刘畅今年上初三了，学习成绩一直很好，在学校里稳居前五名。每个人都有自己的梦想，她的梦想就是考进市里的实验中学，长大了做一名人民教师，教书育人，成为一个温暖的人。14 岁的妹妹刘响的功课与姐姐比起来虽有不及，但也不差，平均成绩在班级里算得上名列前茅。

优秀源自勤奋。每天晚上，姐妹俩写作业经常要写到 10 点多。家里没有专门用来读书写字的书桌，她们只能趴在窗台边的一台旧缝纫机上写。缝纫机的空间有限，她们有时轮着用，有时一人挨着一边。她们亦没有台灯，屋里仅有的一盏灯装在屋子的中心位置，靠窗写作业的时候，背对灯光，作业本上都是姑娘们自己的影子，视力受到不小的影响。尤其到了冬天最是难熬，屋外的冷风飕飕地吹着，手脚冻僵对她们来说是常有的事情。

手被冻僵以后，写字便不再利索。姐妹俩不停地向手呵气，反复揉搓，有时也会跺一跺脚，在屋子里小跑几圈，以此促进血液循环。实在是冻得受不了了，她们就趴在炕上写作业。趴着写作业，时间短还好，时间长了自然是极不舒服的，但她们从来没有因为这个耽误功课。

钱海军从村干部和对接的国网吉林敦化市供电有限公司的工作人员口中得知了姐妹俩的情况，想要为她们做些什么，便亲自选购了炕桌和台灯。

炕桌，也叫炕几或炕案，是一种可以放在暖炕、大榻和床上使用的矮桌子。它与普通桌子的形状并无不同，方桌板，四条腿，高在 20 厘米至 40 厘米之间。人们如果不愿或者不能下床的时候，吃饭也好，学习也好，有了它就会方便很多。

11 月 25 日晚上，钱海军等人忙完一天的室内照明线路改造，连饭都来不及吃，又在村支书的陪同下，来到了刘畅和刘响的家里。他们进门之后，与前来照看姐妹俩的姑姑打了声招呼，随即对家中的所有线路和用电设备进行了仔细检查，消除了可能存在的隐患。

因为年纪小，加之相应科普缺乏，这对小姐妹对用电知识知之甚少，也不了解家里的电器、线路有什么隐患。故而当她们看到一群陌生的叔叔来到自己家，对着一根根电线、一个个开关又是看又是查，脸上的表情充满了讶异，但紧随讶异而来的，则是欢喜。因为她们看到了钱海军为她们准备的炕桌和台灯。这份礼物，对于姐妹俩来说，可谓是盼之已久。

包装一层一层除去，折叠的桌子被打开，放到了炕上。接着，钱海军又从箱子里掏出一盏节能台灯，夹子夹住桌子的一端，固定之后，按下开关，灯光亮起时，姐妹俩的欢喜全都写在了脸上。正在家中做客的小男孩，不知是她们的表弟还是堂弟，表现得比姐妹俩还兴奋，占住炕桌的一角，迫不及待地写起作业来。

钱海军让姐妹俩也去体验一下，看看桌子好不好用，若是高度不够，回头再换一个合适的。刘畅和刘响坐在炕沿上，把书放到桌子上，轻轻打开。她们的动作十分温柔，待书、待桌，就像对待朋友一样。姐姐拿的是数学书，只见她运算如飞，几分钟的时间就答完了 3 道题，而妹妹拿的则是语文书，翻看的是杨振宁先生写的传记文章《邓稼先》。

"高低很好，写着很舒服，以后大冷天写作业也不怕了，谢谢你们！"说这话的时候，姐姐刘畅眉眼弯弯，笑得很开心，她妹妹则在一边腼腆地抿着嘴。明明屋外的风是那么急，天是那么寒冷，屋内却是一室生春。

"今天是你的生日，我的中国。清晨我放飞一群白鸽，为你衔来一枚橄榄叶，鸽子在崇山峻岭飞过。我们祝福你的生日，我的中国……"姐妹俩烧炕的时候，钱海军陪她们聊了会儿天，还和她们一起唱起了歌。歌声缭绕间，两姐妹在艰难处境中乐观求索的精神，坚定了钱海军做好电力扶贫事业的决心。

得知姐妹俩对用电知识懂得不多，钱海军放心不下，结合屋中的设备，对她们进行了用电辅导。他通过一些小故事，让姐妹俩知道用电时需要注意哪些事项。他的表达通俗易懂，让她们深深地感受到电力科普的魅力，安全用电的意识就此深植于心中。

时光在不知不觉中流逝，科普结束，钱海军等人要走了。刘畅和刘响依依不舍，她们冲着钱海军和其他前来帮助她们的人弯腰行礼。刘畅还指着那盏夹子式台灯对钱海军说："我想叫它'宁波灯'，它让我们的日子更明亮了！"

她的话是那样地朴实，然而，有时候，越是朴实的话越能打动人心，甚至远比煽情的渲染更有力量。看得出来，这盏"宁波灯"照亮的不仅是姐妹俩的日子，还有她们用奋斗来改变命运的决心。看着姐妹俩脸上的笑意，钱

一盏"宁波灯"，点亮了刘畅、刘响姐妹俩的眼眸（邬晓刚／摄）

海军顿时有种"不虚此行"的感觉。

走出房门，屋外已是星光满天。钱海军步履铿锵，一步一步，迈得异常坚实。因为他知道，自己这脚下的路，或许也是别人通往远方的梦。

灯光下的"厕所革命"

与浙江、西藏、贵州等地方不同，钱海军等人此行到吉林延边，除了对贫困户家中存有隐患的线路进行改造之外，还根据当地的实际情况推出了"特色服务"，使扶贫帮困真正能够帮到人所需，帮到人心里。为露天旱厕安装太阳能灯就是其中一项。

68岁的顾成明是黄泥河镇团山子村的村民，妻子和一双儿女在智力方面存在一定缺陷，几乎没什么劳动能力，自己又在2010年遭遇了一场车祸，平时走路都得拄着拐杖，一家人的生活陷入了困顿当中。2015年，顾成明一家被纳入团山子村建档立卡的贫困户。政府"兜了底"，老顾自己也不闲着。2016年，他在自家院子里辟出一块地种上了天麻，驻村第一书记韩利民到市里请来农业专家教村民如何科学种植，销售渠道也是村里想办法给解决了。经过政府的产业扶持和政策帮扶，2017年，老顾家总算摘掉了贫困户的"帽子"，但生活水平和用电质量仍相对落后。

对于老顾一家来说，别的都好克服，但吃喝拉撒睡是一个人生活的基本需要，上厕所不便的问题急需改善。敦化当地农村的厕所大多为露天旱厕，在动辄零下十几度的夜晚出门，着实需要很大的勇气，加之沿途没有路灯，厕所里也没有灯光照明，晚上上厕所的时候必须自带手电筒。四肢健全的人尚且觉得十分不便，更不要说走路得时时拄着拐杖的老顾了。

老顾家的露天旱厕建造在离家50米远的地方。50米的距离说远不远，寻常人走来也就一两分钟的事情，老顾走完这一段路常常要比别人多花数倍的时间。若是下了雨，下了雪，上厕所就变得更加困难了。"晚上厕所里没有灯，黑漆漆，自己不是很方便，也担心两个孩子出意外。"这条冰冷漆黑的"如厕路"，让腿脚不便的他备受困扰。

即使走到了厕所，还有难言的尴尬：厕所里没有灯，黑灯瞎火的，解手也不方便。不过，这一切，在那个冷风扑面的初春时节，彻底画上了句号。

2月26日下午2时许，慈溪、敦化两地的共产党员服务队合兵一处，来到老顾家中，并对他家的露天旱厕实施了"亮灯工程"。

钱海军进屋之后的第一件事情，就是先送了顾成明一盏头灯，这样他以后走路的时候便无需再拿手电筒。紧跟着，王军浩、郭汶杰等队员爬上爬下，在老顾家的旱厕顶上安装了一块蓝色单晶太阳能板。这块太阳能板能自动采集阳光转化为电能并储存，通过一根金属导线连接自动感应灯具，当人在感应范围内移动时，感应灯会保持高亮状态，而且这种感应灯不需要其他成本，只要光照充足，充电满3个小时就能使用6个小时，很好地解决了老顾一家夜间如厕时的照明问题。

"不怕你们笑话，以前黑灯瞎火的，我腿脚又不方便，手里还得拿着手电筒，上个厕所都是心惊胆战的。"望着亮起的太阳能灯，笑容像墨水晕染似的在老顾黝黑的布满皱纹的脸上蔓延开来："现在有了这个太阳能灯，以后晚上出来不打手电（筒），也不会摔着了。"

队员们正在调试太阳能分体感应灯（岑益冬／摄）

这一刻，曾经的苦涩皆已不复存在。顾成明动情地握住钱海军的手，用无声的语言表达着心中的感谢。当手中的力量传到钱海军手里，他心中的感激也传到了钱海军心里。此时，屋里有一个包着头巾的妇女和一个穿着棉袄的姑娘，静静地看着他们，嘴上没有说一句话，却又好似说了千言万语。

其实，此前一天，钱海军等人初次来顾成明家里走访的时候，曾经发生过这样一个小插曲：那位穿着棉袄的姑娘看到家里忽然来了许

望着亮起的太阳能灯，笑容在顾成明布满皱纹的脸上蔓延开来（岑益冬／摄）

多陌生人，立时吓得尖叫起来。钱海军们并不马上走近，而是同她保持一定的距离，一边聊天，一边查看屋里的线路，还询问了老顾一些生活上的需求，慢慢地，她放下了戒备。钱海军等人离开时，姑娘忽然对着他们说："你们明天再来，我就不害怕了。"果然，第二天，看到队员们背着梯子、拿着工器具前来改造，她非但不再觉得害怕，还笑着站在门口，礼貌地说着"谢谢"，全然不像失智的模样。或许，真诚是通往一切的大道，真心所及，便是康庄。

包括顾成明一家在内，慈溪、敦化两地的共产党员服务队精诚合作，在敦化市总共挑选了 50 户贫困户进行试点，向他们赠送行路时照明用的头灯，并在露天旱厕安装太阳能分体感应灯，推进"厕所革命"，有效地消除了部分人群摸黑上厕所的尴尬和不便，努力补齐影响群众生活品质的短板。此外，他们还竭尽所能，为贫困户送去了米、油、鸡蛋等爱心物品。

就价值而言，无论是他们给予的东西，还是付出的行动，都当不得一个"大"字，甚至可以说是很小，就像一缕风、一滴水、一抹光。然"不积跬步，无以至千里；不积小流，无以成江海"，正是因为有许许多多微不足道的奉献和善举，才有最后的爱的洪流。

也许，很多年以后，当这片黑土地上的人们回想起 2019 年的某个时

刻，眼前还会浮现这抹光。这光，来自远方，微弱而温暖，而时光最终将许多如它一般的点滴的光亮汇聚成塔，照亮了黑土地上暗夜里的前行者。脚下的路亮了，远方的希望和梦想自然也就不再遥不可及。

照亮生活与梦想

相比于赠送炕桌台灯、改造旱厕照明，钱海军等人延边此行的重头戏还是"千户万灯"困难残疾人住房照明线路改造项目。

敦化、蛟河、桦甸三座城市的交界处有一座全长约 200 公里的威虎岭，"威虎"二字是满语的音译，有时也写作"威呼"或"威弧"。"威呼"者，即是汉语里的小船。以此名山，多半是因为山的形状与小船有着某种相似之处吧。威虎岭是长白山脉的分支，亦是松花江上游与牡丹江的分水岭。威虎岭东麓有一个黄泥河镇，那里便是"千户万灯"困难残疾人住房照明线路改造项目延边行的重点区域。

根据前期摸排，黄泥河镇的团山子村和威虎岭村分别有好几户贫困家庭的室内照明线路需要改造。2 月 26 日下午 3 点 30 分，钱海军等人如约来到黄泥河镇团山子村的曹玉华家。此时，电视里正在播放 1986 年版的《西游记》，老人看到钱海军非常开心，因为前一天走访时钱海军他们答应要对他屋里的照明线路进行改造，使用电安全更有保障。

曹玉华一家总共 6 口人，有多名家庭成员智力上存在缺陷。老人居住的房子年久失修，虽然年前由村里出面请外面的电工进行过一次整改，但是改得并不规范，铜铝导线直接连接出现了氧化现象，加上冬春季节屋里热、屋外冷，线路受潮造成短路，差点引发火灾。户外也没有安装专门的漏电保护器，且线路、插铅直接裸露在外，没有挡雨措施，存在许多风险。

钱海军几人把送给曹玉华一家的食物和生活用品放下之后，背起梯子，拿出工具，在屋前屋后忙碌了起来。他们对室内存在隐患的线路全部进行了

慈溪、敦化两地共产党员服务队联手开展"千户万灯"困难残疾人住房照明线路改造项目（岑益冬／摄）

更换，并根据老人一家的行为习惯和实际用电需求设计开关、走线位置，还给他们安装了规范的表箱和漏电保护器，为这一家子人的用电安全添加了一把"防护锁"。

他们一边改造，一边还不忘征求曹玉华的意见。这贴心的服务，让老曹一家心里都暖暖的。

钱海军一行完成改造离开时，曹玉华老人站在门口一直看着，直到车子消失在路的尽头，嘴里犹自不停地说着"谢谢"。

与团山子村相距30公里左右的地方有个蛤蟆塘，据当地人介绍，它是黄泥河镇威虎岭村下辖的 个自然村。蛤蟆塘地处偏僻，从镇上开车过去，正常行驶需要40分钟，其中有3公里的村道路面坑坑洼洼、高低不平，晴天时还能勉强通行，下了雨，下了雪，只能望"途"兴叹。

蛤蟆塘里住着15户人家，村民主要的谋生手段就是种地。每年丰收时节一到，各家各户就会赶着牛车将玉米、大豆等作物运到镇上卖掉换钱。牛车行路缓慢，只单程就要两三个小时。

2月27日，钱海军、王军浩、郭汶杰和国网吉林敦化市供电有限公司的工作人员就是沿着这条路来到蛤蟆塘的。所幸天公作美，那一日不曾下雨。

下车之后，他们背着改造用的器械、材料，穿过低矮的篱笆墙，来到欧阳斌家。当时，欧阳斌正在门前劈柴。他有一身的力气，仅小半天工夫，劈好的木柴就已经堆成了一个小山包，但当他得知面前的这些人是来给自己免费改造室内照明线路的，这个44岁的汉子忽然就呆住了，继而露出了憨厚而又腼腆的笑容。与他有同样反应的还有58岁的程家友。

程家友和欧阳斌都是村里的贫困户，独居，单身。他们是农民，却没有地，靠着帮人干农活赚来的一点佣金勉强维持生计。两人的住处有许多相似之处：房间里光线很暗，因为暗，打扫不方便，桌子、窗台、插座上到处积满了灰尘。不仅如此，这两位贫困户家里的线路也是几十年前的老线路，线径偏小、老化严重，走线还是从房梁上走的，抬头看去，就像罩着一张蜘蛛网一样。线与线之间也没有规范连接，胡乱用胶布粘在一起，一旦短路，极易酿成灾祸。

当然，两户人家的改造也有各自的不同特点。欧阳斌居住的是两间泥草房，泥草糊墙，油纸当窗。进去头一间是厨房和烧炕的灶台，厨房里有锅碗瓢盆，还有堆成堆的各种杂物，桌子上则有吃剩的食物残渣，可能放置的时间长了，发出的异味隐约可闻；另一间则是卧室，一条被子、一个柜子、一张桌子和一台电视是全部的家当。由于泥草房没有排气孔，承重也相对较差，经过跟国网吉林敦化市供电有限公司的工作人员沟通协商，他们从表计向里引线的时候顺着房檐走线，避免破坏墙的主体。室内改造部分，更是在确保安全的基础上充分考虑了欧阳斌的诉求。

程家友则在屋门前辟出了一个采摘园区，钱海军等人到来时，他正在自己动手修建"农家乐"。他说以前纯属自娱自乐，这两年随着游客慢慢增多，采摘园生意火起来了，用电量噌噌噌地往上涨，头顶上的老线已经难以满足现在的用电需求。"经常出现灯泡突然变亮、刀闸嗡嗡作响的现象，希望你们给换了它。"程家友向钱海军吐露了自己心中的愿望。他可能不会想到，这个在自己心中徘徊已久的愿望从说出口到实现仅仅用了半天时间。钱海军等人将程家友家里那些老旧的线路全部拆除，依照原先的位置进行布线，安装电灯和插座，并将拉线开关换成按键开关，兼顾方便和安全。考虑到程家友院子里堆放的东西比较多，晚上出门容易磕碰，他们还为他安装了两盏太阳能感应灯。

这两户人家的改造从上午一直持续到了天黑。为了节省时间，钱海军、王军浩、郭汶杰三人去小店里买了三包方便面，又向店老板讨了些热水，或蹲或坐，匆匆把午饭解决了。

线路整改结束之后，乌漆墨黑的房子和雪白整洁的线路形成的鲜明反差，吸引了附近村民的围观。得知所有改造都是免费的，大家交口称赞。程家友和欧阳斌亦激动得无以复加，一遍又一遍重复地说着"谢谢"。

"千户万灯"照亮计划带给受益户的不只有安全与光明，还有梦想和希望。欧阳斌这样说："老房屋改上新电线，又干净又安全，真得好好干活，过上好日子，早点娶媳妇。"程家友则这样说："排除了安全隐患，我心里也放心了，生活总算有了奔头。等将来生意好了，脱贫致富奔小康。"

他们对于未来的憧憬，也正是钱海军心中所盼。这次来到敦化，与国网吉林敦化市供电有限公司开展合作，就是为了把"千户万灯"照亮计划这一来自宁波的可复制性的公益项目

为了节省时间，钱海军、王军浩、郭汶杰三人去小店里买了三包方便面，匆匆把午饭解决了（柴铮/摄）

和管理模式带来这里，让老百姓得到真真正正的实惠。说起此行的初衷，钱海军坦言："无论是给孩子们赠送炕桌台灯，还是为露天旱厕安装太阳能感应灯，又或是为贫困户进行室内照明线路改造，我们的最终目的只有一个，就是让老百姓用上安全电、放心电，过上美好的生活！"

"亮晶晶"的电力课堂

由国网慈溪市供电公司发起的两大金牌项目"星星点灯"未成年人电力科普项目和"千户万灯"困难残疾人住房照明线路改造项目就像《杨家将》里六郎杨延昭部下的两员大将焦赞和孟良，通常都是焦不离孟，孟不离焦。这次钱海军带队前往敦化市开展扶贫、扶智亦不曾例外。

自2014年以来，以科普讲座、志愿服务体验等为主要形式，以营造有利于未成年人健康成长的社会文化环境为初衷的"星星点灯"未成年人电力科普项目在浙江慈溪、西藏仁布等地已经开设了372场，前后约有上万名孩子参与体验，深得一众家长、老师和学生的喜爱。而它的第373场课堂则开在了黄泥河镇威虎岭小学。

11月27日，当慈溪、敦化两地的共产党员服务队前往蛤蟆塘进行室内照明线路改造和露天旱厕安装时，慈溪市钱海军志愿服务中心的曲朝阳等志愿者在国网吉林敦化市供电有限公司工作人员的陪同下来到了威虎岭小学，打算借此次延边行活动的契机，将"星星点灯"未成年人电力科普项目带入白山黑水间，增长孩子们的电力知识，提升他们的安全用电意识。

威虎岭小学是黄泥河镇唯一的一所"村小"，全校只有22名学生。学校以"诚实、明理、勤奋、向上"为校训，以"民主、和谐、求真、进取"为校风。远远望去，教学楼的楼顶处，威虎岭小学的"虎"字颜色已经脱落了一半，但这并不影响学校存在的意义和作用。学校虽不大，入口处旗杆正对的地方几个字却是格外醒目：以人为本，规范办学，为孩子一生幸福奠

"星星点灯"未成年人电力科普项目第 373 场课堂开在黄泥河镇威虎岭小学（邬晓刚／摄）

基。为孩子一生幸福奠基，这大抵可算是天底下所有学校最大的价值了吧。

　　曲朝阳赶到的时候正是下课时间，孩子们都在操场里玩耍。说是玩耍，其实可玩的东西并不多，那几台蹬力器和太空漫步机几乎无人问津，倒是那架滑梯颇受孩子们的欢迎，大家排着队，一个接一个，玩得不亦乐乎。

　　上课铃声响了，孩子们在老师的引导下陆续回到教室。他们不知道的是，他们将要迎来的是一堂别开生面的电力科普课。

　　"你们刚才滑滑梯的时候有没有感觉被电了一下？那个电就是静电。""同学们，你们知道电是怎么产生的吗？"伴随着提问，孩子们看着讲台上的陌生面孔，倍感新奇。

　　"一闪一闪亮晶晶，满天都是小星星……"很快，当天的课程就在歌曲《小星星》中正式开始了。负责讲课的曲朝阳通过漫画、图片、动画片等孩子喜闻乐见的形式，将电力知识融入白雪公主等童话故事，以浅显易懂的语言向孩子们灌输着安全用电知识、节电小窍门……孩子们在趣味中收获了知

263

识，满足感和幸福感溢于言表。

为了活跃课堂氛围，曲朝阳还邀请孩子们一起体验了静电球等仪器，以此来吸引他们的注意力。果然，这一招甚为管用。

看着静电球里发出的亮闪闪的光芒，孩子们争先恐后地伸出手掌。静电球本是一个抽真空的玻璃球，球内充填着低压的惰性气体，中央金属球通电后，内部气体因高压而产生火花，发出数条不断扭动的光线。当手慢慢接近，光线也向手靠近；若把手直接放在球体上，光线则会集合成一条紧跟着手移动，仿佛有条闪电在球体内飞奔。

孩子们大开眼界，围在讲解人员的身边，惊叹声此起彼伏。那些体验过后的孩子一脸不可思议的表情，大呼神奇，而还没轮到的孩子则追问"是什么感觉"，迫不及待地想要让同学分享感受。静电球的光芒，在孩子们的眼眸里流转，更在他们的心中烙下了不可磨灭的印迹。

下课铃响后，孩子们仍是意犹未尽，追着曲朝阳问下堂课什么时候来讲。他们的积极踊跃，就连一旁观看的老师也啧啧称奇。然而，千里搭长棚——没有不散的筵席，所有的欲说还休，所有的依依不舍，最终都被定格在了一张合影里。

一堂 40 分钟的课，几个寓教于乐的动画片，或许并不能从根本上改变什么，但它们却能化为种子——一颗探索的种子，一颗安全用电的种子，埋在孩子们的心中，让他们对电有了新的认知，也有了新的探索欲。就好像一盏不起眼的灯，却能在暗夜里照亮漫漫前路。

人的情感是很奇怪的。同一个地方，与之没

一堂 40 分钟的课，在孩子们心中留下了不可磨灭的印记
（岑益冬 / 摄）

志愿者们同威虎岭小学师生集体合影（岑益冬／摄）

有交集的时候，它于我们而言仅仅只是地理学上的一个名词，哪怕历史再渊深、风景再漂亮，也有一层若有若无的疏离感，可一旦有了交集，关系立刻就变得亲密起来，你的心里会时时挂念着那里发生的一切。

从敦化回到慈溪后，志愿者们并没有断了与威虎岭小学的联系。离开学校前，有心的志愿者还添加了校长孙运昌的微信，并询问了学校的地址、邮编，以及快递的寄送方式。3 月 13 日，他们把那张合影连同课堂里拍的孩子们的其他照片洗出来之后，将其与上百本绘本和皮球、魔方、悠悠球、四国军棋等玩具一并打包，寄给了孙校长，随附便笺，笺上留有数言："我们能力有限，只能寄点书籍和玩具，希望孩子们会喜欢，也希望学校越办越好！"

未几，孙校长就收到了礼物，并代威虎岭小学的孩子们向他们致以深深的谢意和真诚的祝福，而他们就像做了一件分内事。不做心不宁，做了心始安！

265

第十二章

凉山暖

　　或许正是因为凉山的冷，世居于此的彝族人对火有着特殊的感情，"生于火塘边，死于火堆上"，火陪伴并照亮了他们的一生。2021 年，千里迢迢到来的"外乡人"，带来了另一种温暖，那是与火一样光明、一样炽热的，电和真诚的心。

与名字里的凉冷之意不同，大凉山给人的感觉是温暖的。这温暖不是来自肌肤的触感，而是发乎人的内心。至于这温暖的源头，有世代居住在凉山的彝族人民，也有从他处千里迢迢来到这里的"外乡人"。不信你且看彝族阿都的聚居县布拖，看 2021 年发生在这里的故事。

　　2021 年是"十四五"开局之年，也是宁波慈溪市新一轮东西部协作对口帮扶凉山州布拖县的起步之年。同是在这一年，由宁波市钱海军志愿服务中心申报的"千户万灯"凉山州困难残疾人家庭照明线路改造公益项目被宁波市民政局列入 2021 年支持社会组织发展专项资金项目，并获得国网宁波供电公司、国网慈溪市供电公司的资金支持。"老牛亦解韶光贵，不待扬鞭自奋蹄。"为了给巩固脱贫成果、助力乡村振兴贡献自己的力量，国网慈溪市供电

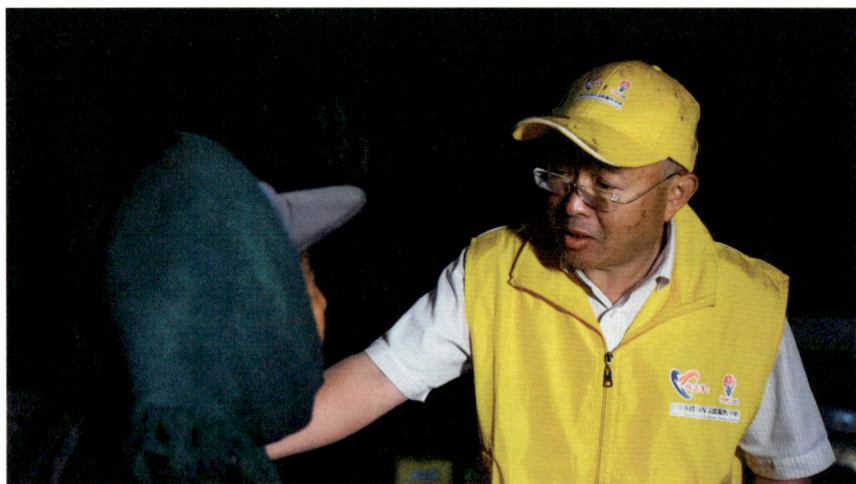

钱海军动情地与受益户进行交流（方春伙／摄）

公司数次派代表前往布拖县，对当地困难残疾人家庭的用电情况进行调研。

随后，钱海军志愿服务中心的志愿者循着号角而往，把"千户万灯"照亮计划送到了凉山州布拖县 112 户困难残疾人身边，消除了他们家中的用电安全隐患，也点燃了他们心中的梦想和希望。

三上凉山州，按下布拖"千户万灯"启动键

凉山既是一个地方的名称，也是一座山脉的名字。

当它被用作地名时，专指四川省凉山彝族自治州，顾名思义，此间是彝族同胞的聚居之地。而在更多国人心中，它还有一个更加广为流传的名字——大凉山。

当它被用作山名时，指的则是凉山州境内一座东北—西南走向的山脉。这条大雪山的支脉平均海拔在 2000~3500 米，个别高峰接近 4000 米，一路迤逦，向着四面八方伸展开来。

如果说群峰耸峙、山川绵延是凉山呈现于世人面前的样貌，那么它的气质内核则更多地体现于一个"凉"字。据说凉山的得名，与清代《宁远府志》中对它的描述有关。描述里称此地"群峰嵯峨，四时多寒"，这八个字一压缩，便有了"凉山"。

或许正是因为凉山的冷，才会有彝族人敬火、护火的习俗，才会有彝族众多传统节日中规模最大、内容最丰富、场面最壮观、参与人数最多、民族特色最为浓郁的盛大节日——火把节，才会有火把节上，身穿节日盛装的彝族人民围着火把载歌载舞，纵情欢呼，"以火色占农""持火照田以祈午"的美好寄寓，也才会有彝族人家家家必备的火塘，那是世世代代的彝族人在长期适应自然、改造自然的过程中流传下来的实践经验，也是一种民族文化传承和延续的印记。

彝族人对火有着特殊的感情，从出生、成长到回归祖界（去世），终其

一生都不曾离开过火，这从那句"生于火塘边，死于火堆上"的谚语里便可看得出来。可以说，火陪伴并照亮了他们的一生。

火是温暖的、光明的、炽热的，与它一样温暖、一样光明、一样炽热的还有太阳，还有电，还有人心。

2021年10月，钱海军从慈溪出发，远赴四川省凉山彝族自治州布拖县，对居住在那里的困难残疾人家庭的用电情况进行调研。同行的还有几名他的同事。

他们12日去，15日回，前后用了4天时间。与他们对接的是布拖县残疾人联合会党组书记、理事长伍是光。钱海军等人启程前，以宁波市钱海军志愿服务中心的名义发了一个函。钱海军是宁波市钱海军志愿服务中心的理事长，故而初次见面时，伍是光称呼他为"钱理事长"。那一次会面，钱海军主要同伍是光讲述了自己的来意，并对照宣传册介绍了"千户万灯"项目的相关情况。能够改善布拖县困难残疾人家庭的用电环境，伍是光自然是举

钱海军等人在布拖县残联工作人员的陪同下进行走访（杨城／摄）

双手赞成，但对方何时来做，怎么做，效果又如何，他心中却没底。

显然，伍是光不曾料想到钱海军的行动速度会如此快。分别仅 10 天，当钱海军孤身一人第二次出现在他的办公室门口时，伍是光都惊呆了，下意识地问道："钱理事长，你还没回去吗？"

钱海军闻言，发出了他那具有标志性的爽朗笑声："不是，我又回来了。"

得知钱海军此来想要深入走访，对接相关事宜，伍是光当场表示"马上落实"，说着拨通了一个号码。电话放下之后，他立即带钱海军去了两户困难残疾人家里。

这一次走访，让钱海军对当地困难残疾人家庭的用电情况有了更加直观的印象。看着那屋前屋后的泥地，院子里跑进跑出的鸡鸭牛羊，一股淳朴的乡村气息扑面而来，与之相应，用电情况却不甚理想：裸露的线头随处可见，有一户人家柱子上还有电线烧灼过的痕迹。钱海军看到残疾人家中普遍只有一盏灯，屋子多是大通间，又不像江南人家的老房子那样安有天窗，光线十分昏暗。只有生火的时候，才能看到屋里跳动的红色的光亮。他们走访的第二户人家因为灯泡烧坏不知道找谁修理，已经 10 多天没有用电了。他们家里虽然也有各种用电设备，比如电冰箱、电视机、电炒锅等，但是没了电又要怎么用呢？存在隐患的线路更是用不得。这更加坚定了钱海军实施"千户万灯"照亮计划的决心。

走访结束，钱海军对布拖县困难残疾人家庭的用电情况已然心中有数，便马不停蹄地赶往车站。得知钱海军要去西昌，伍理事长表示要开车送他。人们面对相聚总是要比面对别离来得更加容易，正因如此，分别时肯来相送才显得尤为可贵。

钱海军半开玩笑地道："你在西昌也有房子吗？"伍理事长认真地回答："我在西昌虽然没有房子，但是钱大哥你要走，我是一定要送的。"是的，不知从什么时候开始，他对钱海军的称呼由"钱理事长"变成了"钱大哥"。钱海军来了两次布拖，知道在布拖与西昌之间往返一趟并不容易，当即摆摆手，婉拒了他的好意："感谢伍书记，送就不要送了，如果你这边能帮忙把困难残疾人的名单和资料提供给我的话，对我来说，就是最大、最好的支持。"等到初筛名单出来，伍理事长再打钱海军电话时，称呼又从"钱大哥"改成了"老钱"。这让钱海军觉得特别亲切。

毫无疑问，钱海军是个行动派。一旦他决定要做什么，就会排除万难，把它落实。11月1日，他第三次踏上凉山州的土地，当天便拉开了"千户万灯"照亮计划——布拖县困难残疾人家庭住房照明线路改造项目的序幕。

在接下来的日子里，钱海军和另外几名志愿者克服水土不服、雨雪天气带来的不利影响，每天早出晚归，穿梭在弯弯长长的山路间，为那些室内照明线路存在隐患的困难残疾人家庭去除隐患，换上新的线路、开关，用自己的专业知识和辛勤付出给他们营造一个安全舒适的用电环境，延续了"千户万灯"一贯的好口碑。

他们的服务是那么用心，改造是那么到位，以至于每一个受益户提到他们，都不约而同地竖起大拇指。阿能么土外，吉伍莫子各，吉尔尔黑，吉子友伍……一个个名字的背后，都藏着一个个温暖的故事。

吉子友伍的梦想

吉子友伍是一位视障人士，年少时，他的一只眼睛曾被钢筋划伤，他一度因此自暴自弃，后来重拾对生活的信心，做事特别勤快，还担任了布拖县特木里镇日嘎村的残疾人联络员，负责日嘎村的残疾人和布拖县残联之间的对接。他与钱海军第一次见面是在2021年的10月。

那一天，吉子友伍正在院子里忙碌，布拖县残疾人联合会的伍是光理事长带着一群人来到家中，说是从宁波慈溪过来结对帮扶的，这次来，主要是为了调研县里困难残疾人家庭的室内照明线路和用电设备，根据实际情况实施"千户万灯"照亮计划。

虽然不知道"千户万灯"照亮计划到底是什么，不过吉子友伍还是把他们带到了屋里。进屋之后，一个矮个子、戴眼镜的中年男子里里外外、角角落落仔细地看了一遍，然后与同行的几个人说"线路存在隐患，需要进行整改"。

吉子友伍看了他一眼，嘴上没有说什么，但心里略微有些不满。家里的线路、灯盏虽然都是自己照着网络视频接和装的，算不得规范，可用的都是大牌子，在村里不说最好，那也是数一数二的了，怎么到了这人嘴里，就"有隐患"了？

许是看出了吉子友伍心中的不快，那个中年男子耐心地给他指出了问题所在，诸如没有安装漏电保护器、线头搭接的地方绝缘没有做好等，这些都极易酿成火灾事故。见他说得在理，吉子友伍心中的不满自然也就不复存在，待听到中年男子说"我们这次只是来打个前站，看看哪些地方可以做、应该做，专业的电工师傅下次过来"，他开始相信他们是来干实事的。

交谈中，中年男子得知吉子友伍是布拖县残联驻日嘎村的联络员，做事认真，县里和镇里的残联干部对他的工作很是认可，征得伍理事长和吉子友伍本人同意后，加了他的微信。"滴"的一声，吉子友伍点开来一看，中年男子的微信名叫"钱海军"，猜想那是他的大名。果然，中年男子笑着说："我微信是实名的，请惠存，回头少不得要麻烦你！"

进入 10 月中旬以后，布拖县的昼夜温差已经很大了。中午若有太阳，衬衫外再穿一件羊毛衫、一件薄外套便已足够；可是到了夜间，气温能一下子跌落零下。而且 11 月 20 日还有彝族年，按照习俗，过年期间是不让亲族以外的人进屋的。吉子友伍以为钱海军所谓的"回头"再快也是年后了，谁知才过两天，他就接到了钱海军从慈溪打来的视频电话。

"我是钱海军"，电话那头，中年男子自报家门，他告诉吉子友伍，他们的队伍想在 11 月初进场，为了提高工作效率，他拜托吉子友伍先将日嘎村残疾人家庭的用电情况和残疾人的信息资料进行初步筛查。

此时正是玉米丰收的季节，同其他村民一样，吉子友伍白天要去地里掰玉米，但他没有推脱。他不推脱，不只为电话那头那一句厚重如山的"友伍，拜托了"，更因为自己也是残疾人，深知残疾人的不容易，而且上次家里的用电隐患经钱海军指出之后，他发现，类似的隐患其实在当地的残疾人家里十分普遍。作为日嘎村的残联驻村联络员，他很珍视这份工作，也希望村里的残疾人都能确保用电安全。他说："'千户万灯'可以实实在在地帮到人，我愿意花时间、花精力去跑，去走访，去宣传它，让更多像我一样，甚至比我更艰苦的人能得到实惠。"

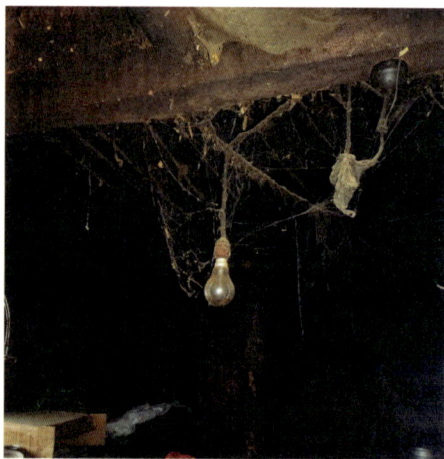
改造前的线路，蛛网密布（吉子友伍／摄）

吉子友伍在讲述这些的时候，眸子里特别有神。

记得早前网上曾有这样两句对话——

甲说：明明自己的生活一地鸡毛，却看不得一点人生疾苦。

乙说：不就是因为自己的生活一地鸡毛，才看不得一点人生疾苦吗？

或许，吉子友伍便是如此吧。因为自己是残疾人，更知道残疾人生活的辛酸和不易；因为自己家中也有老人，知道那些小孩不在身边的老年人有多么需要帮助。

仔细说来，吉子友伍的热心肠同他母亲的熏陶是分不开的。母亲的心肠也很好，最见不得人受苦。亲戚朋友，左邻右舍，认识的，不认识的，看到谁家需要帮助，自己又力所能及，她都会主动帮忙。

让友伍印象最为深刻的是，母亲帮助别人时总是是高高兴兴地帮助，而不是愁眉苦脸的。耳濡目染之下，助人为乐也成了友伍的一种习惯，并且影响他至今。

友伍也知道，这个世界需要帮助的人实在太多了，如果一一去帮，根本帮不过来。他说，我也想过控制自己不去做一些事情，但是那些人真的太可怜了，不帮，于心不忍。明明看见了，却假装没看见，心里说不过去，我妈如果还在的话，知道了也要怪我。

提及母亲，友伍哽咽了，旋即，他将低着的头抬起，语气坚定："所以我选择遵从自己的内心，帮一个是一个，帮一点是一点。"

于是，一连数天，白天，吉子友伍在地里劳作，天黑以后，他拖着疲惫的身体开始走访和排摸，有时连饭都顾不上吃。

日嘎村由吉子友伍原先所在的苏嘎村和其他村庄合并而来，村里有40多户残疾人家庭，其中有10余户已经搬去了安置区，剩下的需要他挨家挨户去走。

对于原苏嘎村，吉子友伍是熟悉的，哪家哪户的残疾人缺了护具、拐杖、轮椅、马扎、助听器什么的，也一直是他在帮忙领取，并给他们送到家中。间或，他还会和妻子一起帮他们干农活。但是新并进来的村里的残疾人他还不是特别熟悉，只能请分管的组长带路。通常，组长将他带至门口便离开了，有时户主不在，他就只能在门口静候。那些残疾人并不总是在家，久等不来，吉子友伍只得离开，去往下一户人家，忙完后再折返回来。有时白天人不在，晚上九十点钟还得去，两次，三次……去去返返，有一户人家，他足足跑了四趟才见上。

夜里的风很冷，路也不好走，但吉子友伍的心是火热的，确切地说，也是快乐的。

那几日，他曾在网上搜索过钱海军和"千户万灯"的相关情况，知道钱海军是国网慈溪市供电公司的一名普通职工，却在兢兢业业做好本职工作的同时，20多年如一日，无偿为社区居民尤其是孤寡、失独、空巢老人和残疾人提供免费的电力维修服务及生活方面的种种关怀，前前后后帮助过万余人，也因此获得全国劳动模范、全国最美志愿者、全国道德模范提名奖、中华慈善奖"慈善楷模"等荣誉。他还成立了慈溪市钱海军志愿服务中心，以项目制的形式开展帮扶活动，"千户万灯"正是由该中心联合地方民政局、残联、爱心企业等社会各界力量所发起，只因在长期的服务过程中，钱海军发现很多生活困难的残疾人家中存在严重的用电隐患却又无力改变，故而想通过"走千户，修万灯"，让放心灯照亮每个家庭，温暖身边每一个人。7年来，从慈溪做到宁波，再从宁波做到浙江，甚至浙江以外的西藏、贵州、吉林等地也留有他们的身影。看到报道中那些受益户的笑容，吉子友伍明白，钱海军他们做的是一件十分有意义的好事与实事，而他也愿意成为与之并肩战斗的伙伴，成为"千户万灯"这条大爱之路上的一颗石子。

不过，很多时候，美好的理想在变成现实之前总会遇到一些挫折。显然，很多残疾人并不知道所谓的"千户万灯"照亮计划是怎么一回事，甚至不认为家里的线路、设备有什么隐患，一如钱海军刚来时自己所认为的那样。吉子友伍便耐心地同他们解释，告诉他们所有的线路、开关、人工都是免费的，改造是为了让家里的用电更安全，并将网上搜索到的图片展示给他们看。征得同意后，他将屋内的线路、电器、开关全部拍摄了一遍，并将残疾证等信息做好登记。

为了及早完成任务，不负所托，后来吉子友伍甚至将田里的农事全都交给了妻子，自己则专心走访。就这样，他用了整整4天时间，走遍了日嘎村的所有残疾人家庭，还拍了1694张照片。

将资料传给钱海军的那一刻，吉子友伍笑得特别灿烂。看着忙完农活从田里归来的妻子，他轻轻地道了一声："老婆，你辛苦了！"

妻子没有说话，心里也为丈夫开心不已。

吉子友伍的妻子名叫阿库么尔作，实际年龄比他小一岁，身份证上的年龄则要大他一岁。她和吉子友伍是经朋友介绍认识的，认识后曾一起去新疆拾过棉花和石榴，也曾一起在南方的砖厂里当过"搬砖工"。两人的性格都比较内向，虽然结伴出去打工，但交流、见面更多是在网上进行。认识一年有余，吉子友伍的勤快、善良深深地打动了阿库么尔作，他们很快就结了婚，并育有一儿一女。

有了孩子以后，妻子专心照看家里，吉子友伍则继续外出打拼。他修过床，修过高速公路，也捡过辣椒和西红柿。他有什么话，都愿意毫无保留地同妻子讲。妻子也了解他，就像了解自己一样，故而生活虽然不富裕，他们却对未来充满了期盼。

如今，两人结婚已经 8 年，女儿 7 岁，儿子 3 岁。考虑到家里的老人年纪大了，地里的农活缺少劳力，两个孩子也正是需要陪伴的年纪，妻子一个人忙不过来，2019 年回来后，吉子友伍便没有再出去。他决定留在家乡。

留在家乡，意味着一切都得从头再来，但吉子友伍没有退缩。他开过夜宵店送过餐，也在 KTV 里做过收银员，却由于种种原因未能长久。两年前，吉子友伍开了一个养鸡场，自己照着网络上的教学视频，搭棚子，选鸡苗，打疫苗……有很长一段时间，他醉心于学习，每天最多只睡三四个小时。因为能吃苦，也肯动脑筋，渐渐地，他的"成赢农场"在县里有了不小的名气。

第一年养了 400 只鸡，第二年也养了 400 只，数量不算少，但刨去疫苗、电费、五谷杂粮、饲料等成本，其实赚得并不多。因为每年，吉子友伍都会将其中一部分鸡送与亲友，以及那些子女在外打工、身边无人照料的老人和残疾人。

起初，很多人慕名而来，想要当他的合伙人，但是当吉子友伍提出每年必须拿出一定数量的鸡免费送给那些老人和残疾人时，"合伙人"纷纷打起了退堂鼓，合作最终不了了之。吉子友伍想了想，与其合作大家都不痛快，在找到志同道合者之前，不如自己一个人单干，能养多少只就养多少只。

对于吉子友伍的热心肠，妻子打心眼里认可。只是家里目前还是负债状态，光靠养鸡维持不了生活，妻子有时也会劝友伍帮助别人要量力而为，要是对身边的可怜人没法做到"视而不见"，那就离得远一些，出去打工，赚些钱来把欠账还了，也省得人家来催讨。

不过，说归说，吉子友伍做了那么多事情，她从来没有不支持的。或许，从某种角度来说，妻子对丈夫所说的"你今天不帮助别人，以后有一天你需要人家的时候，别人也不一定乐意帮你，我想趁我现在还年轻，还帮得动，多去帮帮他们"也是理解并赞同的，否则她就不会跟着他去给那些素不相识的残疾人、空巢老人种土豆、种玉米，不会在烧玉米秸秆的时候，骑着三轮车去帮他们干农活，也不会在吉子友伍排查困难残疾人家庭用电情况期间把田间的农事全都揽了下来。

多亏有妻子的支持，自己才能顺利完成钱海军的嘱托。对此，吉子友伍心里明镜似的。那天，所有资料发出以后，他特地给妻子敬了一杯酒。

万事俱备，剩下的便只待风从东边吹来了。

时光的脚步刚刚迈过11月的门槛，在吉子友伍和众多残疾人朋友的盼望中，钱海军如约而至。刚办好入住，他就打电话给吉子友伍："友伍，我过来了。"随即，他和胡群丰载着材料来到吉子友伍家里，打造起了"样板间"。

热情的吉子友伍和妻子拿出食物、酒水想要款待他们，却遭到了婉拒。只见他们宛如神奇的魔术师，背着梯子，拿着工具，在黢黑的房间里一顿忙碌。随着新电线、新开关、漏电保护器被装上，老旧的线路一条一条被拆除，整个房间立时就变了一副模样。

晚上打开开关，几盏灯相继亮起，看着熟悉的家，妻子有些不敢相信自己的眼睛，她抓着丈夫的手臂使劲摇晃："这个房子今天是不是变大了、变高了？"吉子友伍故作淡定地"嗯"了一声，心里已如江河湖海齐齐翻涌。同村里的许多人家一样，吉子友伍家原先也只有一盏灯，开关装在自己的床头边。那盏灯是28瓦的，无法将整间屋子都照亮，甚至连直射的地面上有什么都看不分明，更不要说角落里了。吉子友伍拍了个对比视频，打算天亮后拿给那些之前对改造犹豫不决的困难残疾人去看，问问他们："看，人家是这么改造的，你们觉得好不好？"

与成年人的忍耐不同，小孩子心里的欢喜是藏不住的。吉子友伍的女儿和儿子在屋子里跑来跑去，这里开一下，那里关一下，以略显淘气的行为表达着他们那一刻的心情。尤其是儿子，打小就特别怕黑，以至于出生到现在，家里晚上从来没有关过灯。有时遇到停电，吉子友伍会在他的床头放一盏小台灯。所以，家里变亮了，最开心的就是他。

但要说受到震撼的人，还是当数吉子友伍。以前只听钱海军说"我们的团队是专业的"，却不知道专业的是什么样子，如今在一旁全程见证"房屋换脸术"，吉子友伍算是领教了志愿者接线、装灯的手法，再对比自己此前的技术，切实感到了差距，也对"隐患"与"安全"有了更清晰的认识。他的思绪撒开脚丫子奔跑起来："要是我也有这技术就好了！"

为了"偷师"，也为了现身说法，让"千户万灯"照亮计划更顺利地推进，志愿者去其他残疾人家中改造时，吉子友伍都会跟随一同前往，早出晚归，毫无怨言。志愿者听不懂彝语，吉子友伍就给他们当翻译，在志愿者与受益户之间架起一座沟通的桥梁；志愿者人手不够，他也会主动帮忙运材料、递东西，化身为钱海军志愿服务中心的"编外"一员。

吉子友伍说，每次跟随钱海军一起去到那些困难残疾人家里，他们都对志愿者充满了感激，而自己作为陪同者，深感"与有荣焉"。他与志愿者同行的信念也因此变得愈发坚定。

钱海军看见吉子友伍每次说起"电"时眼里有光，被他的赤诚所打动，便问他："友伍，如果我们在特木里镇开设'乡村电工培训班'，把老师请到这里来，你愿不愿意学啊？"

吉子友伍不假思索，脱口而出："当然愿意，我现在最大的梦想就是学电工。"

吉子友伍只要得空，就为志愿者充当"翻译"（方春伙／摄）

事实上，在还没有接触电工技术的时候，吉子友伍曾经还有另一个梦想，那就是考取驾照。他想等自己有钱了，买一辆汽车，休息了，放假了，带着家人一起去旅旅游，看看外面的世界，别人需要帮助的时候，也能更快地赶去帮忙。遗憾的是，因为眼伤，这个梦想在他 10 多岁的时候就已经宣告破灭。

一个旧的梦想破灭之后，多半会有新的梦想产生，而且追梦人对它会比对前一个梦想来得更加执着。自从见识过志愿者的本领，吉子友伍的脑海里经常跑过那些家中线路存在隐患的残疾人，他心说，要是我能把电工技术学好，以后无论他们什么时候需要，我都可以帮助解决了。也正因此，当钱海军问"学了电工，必须要为布拖县的困难残疾人服务，你是否愿意"时，他点点头，毫不犹豫地表示"我愿意"，并拜了钱海军为师。

这个拜师没有什么隆重的仪式，但师父认，徒弟也认，还差什么呢？

一句"我愿意"，只有寥寥三个字，包含在里头的承诺却重逾千钧。

吉子友伍是这样说的，也是这样做的。在布拖县首批"千户万灯"照亮计划实施期间，他除了本村的 20 余户人家户户必到，志愿者去附近村子实施住房照明线路改造时，他只要得空，也是尽量抽身前往，一边认真观察，认真学习，一边在钱海军的指导下动手参与实践。他和妻子说："我也想像师傅一样，学习更多的知识，帮助更多的人。"妻子呢，自然也是支持的。有时吉子友伍一整天不回家，她也不会责怪，因为她知道丈夫跟的是好人，做的是好事。

有家人的支持、名师的指导，吉子友伍坚信，梦想正离自己越来越近。

光明引

"从清晨启程，在深夜飞奔，无论寒风多冷冰雪多深，也要为你点亮这座城……"如歌曲《为你点灯》里所唱，为了把"千户万灯"的光亮接引进布拖县困难残疾人的家中，钱海军等人每天早出晚归，不以为苦。

转眼半个月过去了，彝族新年即将到来，钱海军因为单位里有事情要处理，回了一趟慈溪，但他没有多待，事情处理完，又马上折返回来。11 月 24 日，钱海军坐了 3 个小时的飞机，又坐了 5 个多小时的汽车，第四次来到布拖。

从西昌到布拖的路上，车子不紧不慢地跑着。车窗外，有未化的积雪，更有一道太阳光照着车身，照着前面蜿蜒的公路，甚至延伸到很远很远的地方，远到无论车子行多久，这光芒始终都在前方。这便给人一种感觉，仿佛它从莽莽苍苍的大凉山深处奔跑而来，跑来为车辆开道。

等钱海军抵达酒店时，天色虽未彻底黑下来，但已经开始由明转暗了。吃过晚饭，安排好第二天的行程，他又如往常一般，静静地等待忙碌的一天到来。

相较于慈溪，布拖的天色暗得晚，亮得也迟。夜深人静的时候，心里想着第二天的事情，加之空调失修，电热毯又不给力，钱海军等人一夜没有睡好。

通向布拖的路上，沿途随处可见雪景（方春伙 / 摄）

他们住宿的酒店依着马路而建，不远处路灯分列两旁，路灯灯柱的顶端悬挂着一个个三角铁片，有风吹过时，铁片与铁片互相碰撞在一起，发出"叮叮当当"的声响。

凌晨1点，凌晨2点，凌晨3点，钱海军趴在窗前一连看了好几次。说是夜里要下雪，似乎也并没有下。等到天一亮，他就早早地起了床。

因为疫情防控需要，那些天酒店是不供应早餐的。8点来钟的时候，钱海军和其他志愿者风风火火地冲进隔壁的早餐店，点了些白粥、面条，除了"快"，他们什么要求都没有提。

30分钟后，他们集结完毕，整装待发。大家分坐两辆车，直奔目的地特木里镇洛奎村。与他们同行的还有吉子友伍，他的"工作"照例是当翻译。

车子驶过一段平路之后，开始沿着山路爬坡而上。山路弯弯绕绕，既陡且峭，此时太阳还没有出来，山岚赖在涧壑里不肯退去，这让开车人的视线大受影响。有些险峻的弯头，感觉正前方就是断崖，一旦方向盘抓得不稳或是油门、刹车的切换掌控得不好，保不齐大家的小命就得交待在这儿。幸运的是，开车的驾驶员都是值得信赖的老司机，仰赖他们过硬的驾驶技术，此行有惊无险。

车辆行驶至一处陡坡前缓缓停下，那陡坡的坡度足有五六十度。考虑到晨间露重，地面湿滑，志愿者经过商量，决定背着材料徒步上山。

他们清点完改造需要用到的材料，满载出发：背上背着工具包，肩上扛着套管、线路，手里抱着装灯具的箱子，拎着梯子，还有两块写有"千户万灯"情况介绍、作业现场安全注意事项和人员行为准则的牌子。

这里的海拔达到2657米，比起钱海军曾经去过的西藏或许要低很多，但较之他所在的海滨小城慈溪无疑已经很高了。要知道，慈溪海拔最高的山峰名唤"蹋脑岗"，因峰高风急有"急风岗"之称，它的海拔也才不过446米。两相比较，可知他们在这里干活的不容易。志愿者负重上山，走得快了些，呼吸有些急促。

好在此间的路还算不错，一条水泥路直接浇到了各家各户的屋门口。绕

志愿者扛的扛、抬的抬，运着材料上山（方春伙／摄）

过几个弯头，走过几户人家，志愿者当天要改造的第一户人家——阿库么尔则家就近在眼前了。

抬头看去，屋顶是琉璃瓦的，瓦片的尽头，一条红蓝相间的正脊分外醒目，阳光拂照其身，颇有些熠熠生辉的味道，只不知材料用的是陶瓷还是砖头。屋脊的正中心镶有一个圆形的球状体，两旁刻有几只鸟儿，形态逼真，惟妙惟肖，与吻兽的功能相类，大概是取展翅高飞或吉祥如意的美好寓意。屋后是一片山林，一排树木悄悄地探出半个脑袋，好像是在凝望着志愿者，有风吹过时，树移影动，又好像是在欢迎他们。

再往前走一些，整个屋子全部落入志愿者眼帘。屋子的外墙保留了水泥的原色，墙上嵌有一扇门和两扇窗。门的一侧堆着捆扎好的秸秆，是不远处那两头牛的食物，另一侧则竖着许多劈好的木头，因其形似植物果实可以分开的小块儿，南方人称之为"柴瓣"。

志愿者来到屋门前的空地处，放下材料，支起牌子，留下两个人负责实施阿库么尔则家的室内照明线路改造，另外两人则驾车去了山腰处的另一户人家。

留在山上的除了钱海军，另一名志愿者叫刘学，他是四川德阳人，曾经从事过许多种工作，自从两年前参与了"千户万灯"室内照明线路改造，觉得这是一件十分有意义的事情，从此便成了钱海军志愿服务中心的一分子，与"千户万灯"，与残疾人结下不解之缘。2021 年的 9 月 9 日，宁波市钱海军志愿服务中心与慈溪市周巷职业高级中学联合开办的浙江省"千户万灯"成长计划——首期乡村电工培训班开课，刘学主动报名参加，且成绩十分优秀，并被遴选出来参与大凉山的"千户万灯"改造。

钱海军和刘学正在整理工具和材料，阿库么尔则一家人听到响声，从屋里走了出来。

阿库么尔则是个典型的彝族妇女，穿着传统的彝族服饰，面容淳朴。66 岁的她不会讲汉语，但是看到志愿者来了，她显得很开心，与老伴一起把他们迎进屋里。

当地人管年长的老头叫阿普，管年长的老太叫阿妈。志愿者入乡随俗，也以阿普和阿妈相称，虽是称呼上的小小变换，不经意间就拉近了彼此的距离。

阿库么尔则家，志愿者前一天便已来过，了解了老人的家庭情况，也了解了他们对于用电的需求。这是"千户万灯"的常规流程。

每次开工前，志愿者都会提前一天或者几天，按照布拖县残疾人联合会提供的名单和之前调研、排摸的资料先行走访一遍，了解下屋内线路和设施的具体情况，并与受益户约定改造的时间。由于言语不通，常常需要借助"翻译"，吉子友伍在时还好，吉子友伍不在时，双方的交流便只能靠比划来进行，困难可想而知，明明几句话就可说明白的事情要花上数倍多的时间。不过近几日稍微好些，因为彝族年刚过，那些在外打工的、读书的孩子都回了家，此时尚未离开，他们都是懂汉语的，也能讲普通话。沟通不用只靠"意会"了，志愿者们的干劲更足了。

阿库么尔则是个残疾人，她的残疾证上写着"视力残疾四级"。老两口膝下儿女早亡，家中老的老，小的小。志愿者赶到的时候，老人的孙女也在。孙女会讲普通话，只是小姑娘胆子小，怕见生人，看见志愿者，就躲了开去，只在问她问题时，才又走回来。

志愿者再一次同老人表明来意之后，便开始忙碌起来。

两人扛着梯子、拎着工具包来到屋里。

屋里只有一盏灯，光线的昏暗可以想象，唯一亮堂的只有门口和灯下的一点地方，老人一家睡觉的床就摆在那里。床上铺着被子，被子盖着衣物，还放着一张油布。吉子友伍介绍说，山里雾气重，如果不拿油布盖着，被子、床单就全湿了。

此时屋外阳光正好，就着大门里透进来的光，可以看见里头挂着的玉米和腊肉。同时也照见了原本老旧而凌乱的线路，像是曲张的静脉，时时都有"病变"的隐患。

房间应该是多年未清理了，榔头轻轻一敲，灰尘如雪花飞降。"燕山雪花大如席"，劈头盖脸地落下，眨眼的工夫，就将人"淋"了个通透。钱海军和刘学似乎已经习惯了，连拂都没有拂一下。好在有口罩的遮挡，不会一下子吸入口鼻，但染色是在所难免的。

他们就这样默默地、有条不紊地改着，像是水平高超的白衣天使动作娴熟地挥舞着手术刀，誓要妙手回春，让这屋子焕发勃勃生机。

刘学身材瘦小、行动灵活，他爬上爬下，布线套管，与钱海军配合得十分默契。他们像是一对老搭档，只需看一眼，便知道对方下一步要做的是什么。因为房间里光线昏暗，有时不得不借助于手电筒和手机的照明。即便如此，梯子、起子、剥线钳在他们脚下和手上依然如同杂技演员的道具一般，动作之流畅，令人叹为观止。

不知过去了多久，另一名志愿者胡群丰开车将午饭送了上来。没有餐桌，他们因陋就简，在屋外的空地里找了一块略微整洁的地方当桌子，将装菜、盛饭的盒子打开，蹲在地上狼吞虎咽地吃了起来。菜看很简单，与在家时完全没的比。两个菜，一碗汤，素得很，尤其是那汤，寡淡得能照见人影，兴许是干活真累了，他们吃得很是满足。

志愿者因陋就简，在屋外的空地里吃起了午饭（潘玉毅／摄）

那大快朵颐的模样，把身后不远处的那两头牛都给看饿了。他们吃着饭，身后的牛则猛地啃了几口玉米秸秆，吃着吃着，还"哞哞"地叫了几声。荏苒而逝的时光里，相距不过三五尺的人和动物，不时抬头望一眼彼此，相看两不厌。

古人用来表示时间的量词中，有一盏茶的工夫、一炷香的工夫、一顿饭的工夫等。一炷香的工夫好理解，大抵是指从更香点着到燃尽，一盏茶的工夫和一顿饭的工夫则要略微复杂一些。按照古人的原意，一盏茶的工夫指的是一碗热茶凉到可以入口的程度所用的时间——茶刚端上来的时候，由沸水泡开，是不能直接喝的，需要凉在一边慢慢品尝，没个 10 至 15 分钟不行；同样，一顿饭的工夫是指做一餐饭的时间，以前没有鼓风机，更没有燃气灶，生火做饭，烹饪菜肴，往往需要个把小时。与古人不同，很多现代人理解的一盏茶与一顿饭更多的是那个饮与吃的过程，故而时间要短上许多。不过，即便再短，吃一顿饭怎么也得十几分钟吧。看过志愿者吃饭，你心中当可了然，大抵同是一顿饭，快和慢，差别也是很大的。

5 分钟，秒针"滴答""滴答"走了 300 步。300 步后，钱海军和刘学已将餐盒收拾好，又重新开工了。他们继续在昏暗的光线下爬上爬下，继续固定卡扣、安装面板……

他们的改造不是那种呆板的、机械式的操作，而是相当用心，在安装电灯和开关的时候从阿库么尔则一家日常起居的习惯出发，让他们得到真正的方便和实惠，将用电安全真正送抵彝族同胞身边。

5盏灯，10块面板，1个漏电保护器，全新的套管线路……他们的改造不仅规范，还颇具工匠精神，这从一旁观看的吉子友伍脸上那羡慕的表情里就可看得出来。

雪白的管子贴着墙角、柱子、横梁一路匍匐而行，就好像光明延伸到屋里的轨迹。

改造过后，屋里变得亮堂了，隐患也没有了，阿库么尔则喜上眉梢，就

改造完成后，志愿者与阿库么尔则一家合影（潘玉毅 / 摄）

连她那位不苟言笑、表情甚至还有点严肃的老伴脸上也露出了笑容，用懂得的有限的汉语词汇向志愿者表示着感谢。可能是对自己的汉语水平不那么自信，旋即又改作了彝族语言。

"感谢你们""卡沙沙哦"……彝汉两族语言交织中，老人的心与志愿者又近了几分，就连那个胆怯的小姑娘与志愿者之间似乎也变得不再那么生分了。

志愿者想要帮忙清扫卫生，却被夺去了扫把。小姑娘说："地我会扫的。谢谢你们能来，还把我们的房子变得那么明亮。"

志愿者争不过，只得由她，转头清点起了材料。等一切忙完，已过了下午2点。

真心实意感动彝族人家

只是稍事休息，钱海军等人就站起身，按照距离远近对几户先前整改好的人家进行了回访，阿能么土外家就是其中之一。

阿能么土外年逾古稀，患有视力、听力多重残疾，她有两个女儿，但都不在身边，平时与老伴相依为命。老人家中的线路年久失修，存在严重的安全隐患，几年前还曾因为电线短路差点酿成火灾。那一次意外，把两位老人

志愿者对已经改造好线路的困难残疾人家庭进行回访（潘玉毅 / 摄）

288

吓得够呛。事后想要找人来修理，却找不到专业的维修电工，而且一问价格，他们更是直接打消了念头。钱海军来了以后，说要免费帮她家整改线路，老人哪里肯信？反复询问，待到确定真的"全部免费，不要钱"之后，她才肯放志愿者进屋。

11 月 3 日，志愿者将阿能么土外家原本的细线、灯泡全部拆除，换上崭新的套管线路和灯盏，昏暗的小屋一下子变得明亮许多。他们还告诉阿能么土外，别看现在安装的 LED 灯盏数很多，耗电量加起来比她原来的一盏灯还少，他们还为老两口示范插座怎么插，开关怎么开，并通过"翻译"科普起了安全用电知识。那一刻，两位老人的眼眶湿湿的，拍着胸口神情激动。

灯亮以后，他们先是窃窃私语，继而因为阿能么土外的听力不太好，说着说着声音就响了起来。阿能么土外的老伴说："以前从来没想过有一天房间里能这么亮，这下最少可以多活 10 年。"他说的是生的话题，阿能么土外说的却是死的话题："以前灯太暗，什么都看不见，现在灯变亮了，以后死了，亲戚朋友进屋时都能看清我的脸，这辈子没什么遗憾了。我的心里好高兴，真的特别特别感谢！"

原来，当地有一个习俗，人死之后，遗体"送祖"前会在家里摆放 7 天，让亲戚朋友瞻仰遗容，以前屋内光线那么暗，阿能么土外担心亲戚来了也不一定看得见，现在改造过后，灯一开，屋里亮如白昼，再也不担心亲戚看不到自己"最后一面"了，她感谢志愿者为自己了了心愿。情到深处，老人的泪水滑出了眼眶。这并不繁复的表达，让钱海军也跟着鼻子发酸，差点落下泪来。他说："我们太渺小了，我们还应该做得更多。"

或许是对这突如其来的变化觉得难以置信，过了好久，老两口还在担心这只是镜花水月的幻象，拉着在一旁充当翻译的吉子友伍，问他以后会不会一直这样亮。吉子友伍说："是的，您放心。"他回答得很郑重，一点没有笑话老人的意思。事实上，两位老人的感受，吉子友伍是能体会的。他打了一个比方，这就好像一直没有过过周末的孩子忽然过了一个周末，周末玩得很愉快，他最害怕的莫过于到了星期一又变成老样子。

思绪飘荡间，车子已在一个斜坡处靠边停好。在后侧车门那边有一条小路，没有浇筑水泥，地面上撒满了落叶，以及被雨水挖凿出来的浅浅的坑。

路口处有一头牛，不声不响，牛头正对着志愿者。吉子友伍说，牛头迎客，它在欢迎你们哩。

于是，钱海军等人在牛的欢迎下，走过那条湿漉漉的小路，到尽头处转一个弯，又穿过一个不宽亦不阔的门洞——洞由黄泥和石头垒成，洞的上方压着厚厚的柴草，有些应是主人家将树木从山上砍来后堆放上去的，有些更像是野草长在墙头到秋冬季枯萎了的样子；门是木头做的，说是门，其实就是几块散碎的木板钉在一起，边上的空隙处还搭挂着一个编织物。

进到木门里面，阿能么土外的老伴正在院子里信步闲走。他的手里拿着半块乔巴，嘴里则在不停地咀嚼。看见钱海军，老人立即迎了出来，脸上笑容可掬，说了一句"库史木撒"（彝语：新年快乐），又道了一声"子莫格尼"（彝语：吉祥如意）。

钱海军同他打招呼："阿普，你还认得我们吗？"

阿普脸上的笑容顺着褶子划了开去："认得，认得，我们还合过影呢。"

"阿妈在吗？"

"不在，赶集去了。"

吉子友伍在一旁解释道，逢五逢十，镇上会有集市，有需要的村民都会去嘎子街南段的"市场"里赶集。因为街市兴旺，甚至附近乡镇的村民也会赶来特木里镇。

钱海军同老人表明了来意："阿普啊，我们这次来，主要是来了解一下上次线路改过之后，现在家里的用电好不好。"

"好，好！"老人一连说了两个好，可能是因为心情激动，而自己所知的汉语词汇又十分有限，老人后面的话全都变作了彝族语言。

彝语，钱海军们自然是听不懂的，好在有吉子友伍在。他同志愿者翻译了大概意思，并表示："阿普在向你们表示欢迎和感谢嘞。"

阿能么土外的老伴看见钱海军等人，立时面露笑容，迎了出来（潘玉毅／摄）

老人引着志愿者去往屋里。门前也有一头牛，"哞哞"地叫着，不知在说些什么，不过依着万物有灵的说法，大抵也是表示欢迎的意思吧。

志愿者按了按门口的开关，又查看了家中的线路，发现一切都好，与老人说了许多祝福的话，正准备离开，却被老人一把拉住。老人拿出一瓶珍藏的泸州贡酒，要请志愿者喝。

那瓶酒的包装没有拆封过，上面还落有些许灰尘，显然，酒已放置了很久，老人平时定然舍不得喝，看见志愿者来，才拿了出来。

钱海军连忙让他把酒收起来，并推托说"我们下次再喝"。

老人再三相劝，见实在劝不过，又拿出自家酿造的苞谷酒，倒了满满一杯给志愿者，满到杯口快要溢出，口中说着"你们辛苦了"。吉子友伍在一旁适时地发出了"画外音"："人满酒满，酒满心满，这是我们的习俗。"老人给自己也倒了满满一杯，并且一饮而尽。有一名志愿者抬头时猛然瞥见，老人的眼角竟有些湿润。

离开时，老人执意要将志愿者送上车。路口站着几个村民，老人同他们激动地交流着，吉子友伍说："他正在说你们的好。"

整个下午，钱海军几人拢共回访了 5 户人家。虽然每户人家的条件各不相同，性格也有差异，但从那频频竖起的大拇指、发乎真诚的笑容和献与志愿者的冻肉、糖和苞谷酒里可以看得出来，大家对于照明线路改造的效果是十分满意的。

回访结束，吉子友伍邀请志愿者去他家里做客。

因为刚过完彝族年不久，吉子友伍家门上的荆条还没有除去，墙上"千户万灯"照亮计划——困难残疾人住房照明线路改造公益项目的竣工牌更是异常醒目。

事实上，吉子友伍家不仅是"千户万灯"在大凉山地区实施的第一户人家，还是志愿者存放物料的地方。

这事要从 11 月 2 日说起。那天，从宁波运过来的材料到了，因为东西有很多，一时间找不到合适的地方存放。吉子友伍知道后，主动提出放在他家，并表示："偷鸡摸狗的事情我们不会做，你们的东西我们更不会拿。或者，你们可以买一把锁，把房间锁起来，钥匙由你们自己保管。"

自此以后，吉子友伍家便成了志愿者的一个"物资仓库"。通常，忙完白天的改造后，天就已经黑了，志愿者们总是踏着满天星斗或是踩着一脚泥水来到吉子友伍家，连夜把第二天改造需要的材料依次装上车，清点完毕，驾车离开。每一次，不管来得多晚，吉子友伍一家都会等他们离开才睡觉。

当然，改造完成的时间有迟也有早，若是来得早，路过吉子友伍家时，志愿者就会分一些零食给门口的那些孩子。久而久之，那些孩子看到他们总是特别地欢喜：孩子们会不声不响地回家拿橘子给志愿者吃，也会争着抢着想要帮他们扛材料。尽管最后橘子没有送出去，材料也没有扛成，下一次见到他们时，孩子们依然会跑过来，表现得无比亲切。

这不，几个人正说着话，吉子友伍的女儿走了过来，将折成心形图案的几张纸交到胡群丰手里，说是一个叫"阿兴"的小女孩给的。胡群丰将"心"打开来，里头总共有三张纸，其中两张上画着画，另一张上写着字。那画画得甚是抽象，除了几个人、几朵花是

阿兴、志愿者与福画（潘玉毅／摄）

分明的，其余的压根儿瞧不出是何物；那字字迹虽然清晰，但除了破折号没有其他标点，以至于理解起来也有些费劲，上面写着："给你们的我是阿兴——福——福画给你们——福画。"

虽然语句并不通顺，胡群丰的心里依然满是感动。他看向不远处，阿兴正怯生生地倚在门上，露出一个小脑袋。在志愿者的邀请下，吉子友伍的女儿将阿兴领了过来。

有志愿者问阿兴："为什么要送福画给叔叔啊？"

阿兴回答道："因为他给我们吃糖，给我们带来了甜甜蜜蜜的东西。"

小孩子的快乐总是要比成年人来得容易。在阿兴给出答案前，问问题的人曾设想过她回答的无数种可能，只是没想到她的朴实依然在意料之外。但从阿兴的神情里，大家知道她说的都是心里话。

胡群丰与阿兴天南海北地说了一会儿，从西昌聊到西湖，还许下了来年放暑假的时候带阿兴和小伙伴们一起去江南游玩的承诺。

传火于薪

11月26日，天下起了雨。这雨虽不大，但是十分细密，像蚕宝宝结茧时吐出的新丝一样。

根据前一天夜里的会商，志愿者当天上午的改造会兵分两路，一路去先锋村，一路去洛日村。钱海军、刘学、吉子友伍三人一组，去的是洛日村的吉尔木加家。

由于是雨天，GPS信号很差，车子在路上耽搁了不少时间。

到目的地之后，钱海军等人推门而入，最先看到的是一个利用铁桶自制而成的煤炉，煤炉上搁着一只硕大的铁锅，锅里炖着混杂了菜叶子、土豆片、萝卜皮的鸡食。不远处，一只鸡歪着脖子打量着门口的位置，也不知看的是钱海军几人还是那鸡食。看得累了，就走上两步，白毛红冠，威风凛凛。

几名志愿者前脚刚走到里屋，它后脚就跟了进来，仿佛想要知道这群"不速之客"的真实意图。

屋里很暗，隔上三五米远，一个人站你对面，你也休想看清他脸上的表情。但屋里并不是没有光，甚至刚好相反，屋里有很多的光，比如不曾遮蔽严实的屋顶上有漏进来的光，打开的房门口有照进来的光，梁上悬着的灯盏上有散开来的光，正在播放《喜羊羊与灰太狼》的电视机里有映出来的光……可是这么多的光，都不曾让整间屋子都亮起来。

吉尔家的房子外屋为砖瓦结构，里头立着几根粗大的木头柱子。进门的地方有一个牛棚，棚里关着一头牛，只露出脖子和脑袋在外面。它要进食时，就用脑袋把玉米秸秆拨到嘴边，然后一边嚼，一边嘴里还冒着热气。

离牛棚不远处的地面上躺着一根电线，线很细，还有红黄两种花色。电线附近没有添加任何防护措施，小动物们可以自由地在上面奔跑，可以咬，也可以啄——这无疑是很危险的。万一引发短路，后果就不堪设想了。

要知道，吉尔家的房子同大多数彝族人家的住房一样。屋里架着横梁，梁上堆满了干柴草料；几个床铺，用来挡风的床帘用的也都是油纸和尼龙布；地上还有许多的塑料盆、纸箱，以及晒干的秸秆，一旦着火，引燃的将是整个房子。

吉子友伍虽然懂的电力知识不多，却也知道这户人家室内线路改造十分有必要，更不要说那些电工出身的志愿者了。如何消除隐患，确保用电安全，这也正是钱海军们所挂心的。

"我们今天来，主要是给你们家里电灯安一下，安好后，晚上就会变得很亮——你们该做什么就做什么，不用理会我们。"钱海军进屋后，同主人家打过招呼，就和刘学一道开始往屋里搬工具、运材料，做着开工前的准备。吉子友伍也在一旁帮忙。

那位在火塘边烤火的阿妈望着忙里忙外的志愿者，心里若有所思，不知不觉间，先前的防备也通通卸下了——自家的房子是 28 年前建的，那时的房屋墙体多为土墙，像这种砖瓦结构的已经算是好建筑了，敷设的线路在当时也是好线。只是房屋建起来后就再也没有整修过，20 多年了，线也不曾换过，只要没坏掉，只要还能用，就一直将就着用，管它颜色是不是变黑了，外皮是不是脱落了。因为不懂电，所以也不觉得有隐患。直到有一天志愿者来走访时，一一指出她家里的线路存在着哪些问题，她这才意识到这样的线路是不安全的。知道了不安全，也就对改变充满了期待。

可是家里虽然已经脱贫，但是经济条件有限，两个儿子都是残疾人，一个听力有问题，一个说话有问题，靠养猪养鸡所得的那些收入，买完衣服、食物等生活必需品，也就所剩无几了，根本存不起钱来，遑论负担改造的费用？老人心里很是惆怅，不是不想改，而是改不起啊。

可能是猜到了老人心中的顾虑，志愿者告诉她所有的改造都是免费的，让她大可不必为此忧愁。刚开始的时候，老人并不肯信，认为天底下哪有那么好的事情，就算有也落不到自己头上——要是他们一开始说不要钱，等改完了又要钱可怎么办？

　　因为言语不通，只听得懂一个"不要"，志愿者用求助的目光看向陪同一道来走访的村干部。村干部告诉阿妈，这些志愿者是从宁波慈溪前来布拖开展帮扶的，他们帮扶的项目名称叫"千户万灯"，主要为困难残疾人改造住房照明线路，改造的也不止她一家，志愿者已经做了几十户了，都没收钱。老人这才放下心来，即将熄灭的期待的火苗重新燃了起来。

　　她原本以为自己要等很多天，没想到只过了一个晚上，志愿者又来了，还把材料和工具一并带了来。老人不太能表达自己的情感，屋外寒冷，她想让他们在火塘边坐一坐，烤烤火，等暖和了再开工，但又不知道如何用汉语表达，于是想要说的话没有说出口，千言万语化作一个挪身的动作。但一个小小的动作也是很能说明问题的。

　　屋里通风条件不佳，火塘里新柴刚放下时，整个屋子到处都是尘烟。她让儿媳和孙女坐到下风位，把烟尘吹不到的上风位让给"客人们"。

　　不过，"客人"没有当自己是客人，甚至比主人家还要忙碌。

　　"吱……"打孔的声音传来，钱海军等人已经正式开干了。

　　吉子友伍从刘学手里接过充气钻，主动打起了下手。

　　打完孔，紧跟着就开始放线，线要套管子，硬质 PVC 线管可以防腐蚀、防漏电，对电线起到保护作用，今后维修的时候也更加方便。

　　考虑到房间里原本只有一盏灯，就连开关也只有一个，且装在床边，吉尔一家以前进屋时都是摸黑的，本着方便受益人的原则，志愿者在门口处也安了一个开关。这样无论他们何时回家，开关一

志愿者刘学认真地安装着日光灯（潘玉毅／摄）

按，灯就亮了，不会再磕着碰着。

对于志愿者来说，施工难度最大的是靠近墙角的那一段线路。由于墙角堆满了瓶瓶罐罐，又以塑料居多，梯子无处立脚，直接踩上去又担心瓶罐的承重能力不够，但搬动又太费时间，刘学在固定线路的时候半个身子几乎是悬空的，让人看得心惊肉跳。

对此，刘学早已司空见惯，因为在他们改造的房子中，这并不是最难的。有些屋里放置的瓶罐比吉尔家还多，施工的时候，人必须跪着或是趴着才行，有一回，刘学从罐子上下来的时候稍不留心把脚崴了，好几天都没好，腿上的疤痕至今犹在；有些屋子是隔开的，改造的时候还要放"飞线"。

这边，刘学正用他的行动证明"办法总比困难多"，那边，吉子友伍已经在钱海军这位资深老电工的指导下，开始了现场实操。

灯要如何装，线要如何放，卡扣要如何固定……钱海军教得十分用心，经验细节，毫无保留，吉子友伍侧耳倾听，不时点头，学得也分外认真。

随着"千户万灯"照亮计划在布拖县的实施，困难残疾人家庭眼前的用电安全算是解决了，但钱海军心里却一直想着以后。以后，随着项目不断推进，受益户越来越多，志愿者离开后，他们后期的维护怎么办，遇到问题又该找谁？钱海军思前想后，决定等到时机成熟，就把"乡村电工培训班"开到布拖来，而吉子友伍就是他物色的第一个学员。要是友伍学会了，那么以后这边残疾人家中线路需要维护的时候就能找得到人了吧。他想做一个"传薪者"，传火于薪，前薪尽而火又传于后薪，火种便可传续不绝。

有意思的是，钱海军心里想的，也正是吉子友伍心里所盼望的。自打钱海军来了布拖以后，吉子友伍只要有空，就跟随志愿者早出晚归，一起去到改造户家里。志愿者整改线路的时候，他在一旁观看学习，志愿者科普安全用电知识的时候，他帮忙充当翻译，他还向钱海军吐露了自己的"小心思"："钱师傅，我想跟着你们学点电力方面的知识和技术，等我学会了就把这些知识和技术带给那些需要的残疾人、老年人，尽我所能去帮助他们。"

见友伍有此心，钱海军特别开心，自此以后，言传身教，从不藏私。

吉子友伍在钱海军指导下参与实操（方春伙／摄）

志愿者在改造时，吉子友伍在一旁协助照明（方春伙／摄）

有这样一位专业师傅指导，加之自己卖力肯学，友伍的技术得到了很大的提高。

随着导线的延伸，志愿者带来的灯泡和灯管被装在了适合它们的去处。或许是感应到了什么，在志愿者准备拆除旧线的时候，火塘边那个原本眼睛一直盯着电视屏幕一眨不眨的小姑娘，注意力忽然从喜羊羊和灰太狼身上挪到了志愿者身上。她不知道他们从哪里来，又为何要给自己家换灯换线，但她觉得自己似乎应该做些什么，于是跑到梯子旁边，小声地问志愿者："叔叔，我能做些什么吗？"

志愿者被她的可爱模样逗笑了，反问道："你能做什么呀？"

小姑娘想了想，然后说："我能给你们递电线，递电灯，递……"

见她稚气未脱却又一本正经的样子，志愿者不忍再逗她，而是很认真地同她道了一声"谢谢"。

20多年未清理的旧线，线上的灰尘刮下来搓一搓，比线还要粗。断开电源，扯动线身，灰尘簌簌落下，只是几秒钟，志愿者的黄帽子、蓝口罩，全都变成了灰黑色。

其中一段旧线被一根竹竿压着，竹竿上挂了一些腊肠，为了避免脏到腊肠，志愿者的动作十分小心，吉尔家的二儿子也主动过来帮忙。

旧线拆除之后，电源重新接通。开关按下，整个房间都亮了起来，就连远离地面、贴近屋顶的地方挂着的玉米也一览无余。

为了防止老鼠偷吃腊肉和玉米，这里的彝族人家，几乎家家都养猫，怕它跑丢，通常会在脖子上系一根绳子。吉尔家也养了一只狸花猫。因为天气寒冷，它躺在被褥上，睡眼惺忪，连动都懒得动。但当灯亮起的一刹那，不只屋里众人的眼睛亮了，连猫也倏地睁大了眼睛。好笑的是，眼睛大了，瞳孔倒竖成了狭长的椭圆状。

改造完成后，刘学拿出一张纸，在上面标记好房间里所有线路灯盏的位置，收拾工具、材料出了门，屋里，钱海军还在借助友伍的翻译，耐心地同主人家讲解着平时安全用电需要注意的事项。

刘学在车里放好工具和材料，关上车门，顺手从口袋里摸出来一包烟，就势点上一根。

刘学的烟瘾不小，尤其干活特别费体力和脑力的时候，总是忍不住想要抽上几根，可是在改造的时候他从来不抽，除了出于安全考虑和施工规范要求，也害怕受益户给他们递烟。每次受益户给志愿者递烟的时候，他们的回答永远只有两个字——不会。

过了一会儿，钱海军和吉子友伍也出来了。三个人坐上车，直奔下一站——光明村。为了节省时间，他们打算一边整改，一边等胡群丰送饭来。

这一忙，又是一个下午，待到夜幕覆盖整个苍穹，几个志愿者才长长地呼出一口气，随即又不约而同地伸了个懒腰。有意思的是，他们的身体虽已十分疲惫，但嘴角却噙着笑意。

你们千里迢迢而来，我们心连心

11月27日早上正吃早饭时，钱海军的手机铃声响了，打电话来的是特木里镇的一位工作人员，她让钱海军等人先到镇政府，说有一个简短的仪式。具体是什么仪式，她却没有说。

9点来钟，钱海军等人依约而至。穿过进口处的门洞，从左手边的铁栅门进入大楼。

不得不说，相较于许多高大上的政府大院，特木里镇的人民政府无疑要低调得多。办公楼不高，外观也不华丽，门口处挂着三块牌子，用彝语、汉语两种语言，红色、黑色两种字体标示着楼里的办公机构。

志愿者步行来到三楼，推开会议室的大门，一面面锦旗映入眼帘：红的底，黄的边，整整铺了一排。

如果你走到近前，看清了锦旗上写着的那些字，便会明白这些锦旗的来处：那面写着"千户万灯的志愿者，彝族同胞的好兄弟"的锦旗是特木里村的村民送的，那面写着"心念百姓，改造照明线路；情系凉山，护卫一方光明"的锦旗是四且村的村民送的，那面写着"千里帮扶情，山海共同途"的锦旗是民主村的村民送的；那面写着"结对共建办实事，真诚帮扶暖人心"的锦旗是洛奎村的村民送的，那面写着"胸怀国之大者，心念百姓小事"的锦旗则是先锋村的村民送的……

那些饱含深情的文字，无论谁看了，都会自心底深处生出许多感叹来。

这时，会议室里陆陆续续地走进来几个人，观其模样，大抵是来参加

"仪式"的村干部或村民代表。他们看到志愿者，远远地同他们打招呼，有的还跑过来热情地同钱海军等人握了握手。

人还没有到齐，大家就有一句没一句地聊着。虽然不知道讲话的人具体是哪个村的，叫什么名字，可他们话里话外的感激，以及对"千户万灯"的认可，任谁都能看得出来。

又过了半个钟头，"仪式"正式开始。特木里镇8个行政村的村干部代表"千户万灯"困难残疾人住房照明线路改造的众多受益户，将一面面锦旗交到了钱海军的手中，随着锦旗一同交与的还有那些残疾人受益户的心意。

主席台上，特木里镇党委书记日勒时伟说了这样一段话："'千户万灯'照亮计划是你们从浙江宁波带过来的一个对口帮扶项目，是对特木里镇残疾人的关心关怀。也许在你们看来，你们做的是一件很小的事情，不过对我们的残疾人朋友来说这是最大的事情。残疾人是一个十分需要社会关爱的群体。你们的改造，让残疾人家里的用电更安全了，也激发了他们对美好生活

一面面的锦旗代表了各个村、各个残疾人的感激之情（潘玉毅／摄）

的向往，带动他们以后更好自力更生地发展。这一面面的锦旗代表了各个村、各个残疾人对各位的一种感激之情！你们千里迢迢，我们心连心！"

话虽不多，却字字铿锵，日勒时伟讲完之后，台下掌声雷动，看得出来，大家对他的话是极度认可的。然而，与如今的态度不同，刚开始的时候，很多人对这群志愿者和他们带来的项目是心存顾虑的。

王秀荣是特木里镇的残联专职委员，认识的人都管她叫"王干事"。王干事是汉族人，老家在乐山，21 年前通过公务员考试考来布拖县，5 年前开始对接残疾人相关服务工作。

她说，做的时间长了，镇里的很多残疾人她都认识。3 月份的时候，有个残疾人双髋关节手术，就是他们带到北京去治疗的。"他现在走路已经不用拄拐杖了，我们也为他开心。"

当志愿者夸她服务很到位时，她哈哈大笑，谦虚地表示不是自己的功劳，都是国家政策好。说起钱海军时，她的语气里充满了敬佩之意。

她说，钱海军第一次到布拖调研困难残疾人家庭的用电情况是在 10 月中旬，同行的还有他的领导和同事。那时夜间的气温已经很低了，而 11 月 20 日就是当地的彝族年，她原以为他们从调研到落地最快也要等到第二年开春，谁知仅仅过了几天，钱海军孤身一人又来到了布拖。正是这第二次到访，为次月拉开的困难残疾人住房照明线路改造埋下了伏笔。

"那次他来的时候，我们都很出乎意料，见他如此迫切，我们陪他一起去日嘎村的吉子友伍等残疾人家里进行了实地走访——吉子友伍家后来也是我们这边第一户改造的人家。走访结束，我和他一起回的西昌。我家在惠东，钱师傅好像要去西昌的一个什么职业学校，商谈后续的乡村电工培养事宜。"

"千户万灯"照亮计划正式实施以后，因为之前没有碰到过这样的帮扶队伍，也不知道他们具体能改成什么样子，改到什么程度，改造的效果如何，自然心里也没数。为此，待志愿者改完一两家之后，王干事曾去现场观摩过。看着屋内原先昏暗的光线变亮了，小孩子夜间学习不再打手电了，连房间里的卫生也比以前干净了，那些老人们因为说不来汉语，不住地冲他们比大拇指，王干事感慨地说："从结果来看，他们改得很好，很务实，真正做到了从困难残疾人的心里出发，远超我们之前的预期。"改得很好，提着的心便放下了。

每当有人问王干事"那群宁波来的志愿者做得怎么样"，她总是赞不绝口："他们做得很好，非常感谢他们！"

她的话是那样真诚，以至于很多人虽不是"千户万灯"的受益者，但仿佛拥有"他心通"一般，能够深切地体会那些受益户的心情。置身于昏暗的光线下，灯亮了，心也跟着暖了。

"现在的特木里镇由原先的三乡一镇合并而来，等到年底首批112户困难残疾人家庭的住房照明线路改造完成后，老特木里镇就基本改完了。并进来的三个乡中，木尔乡离这里不远，乌科则比较远，开车要半小时以上。我们伍理事长说，由近及远，慢慢推进。"

王干事在讲这些话的时候，就像草木等待春天，眼里满含憧憬。

她说，这边的老百姓都很淳朴，所以工作虽然辛苦，但是看到那位被他们带去北京的残疾人做完手术后可以正常走路，看到在他们的帮助下，许多残疾人的日子慢慢有了盼头，便觉得很开心，很满足。

顿了顿，她又补充道，这两年地方上的政策也很好，以前所有残疾鉴定都要跑到西昌去做，这对于那些本就患有残疾的人来说，非常不容易，现在方便多了，像肢体残疾鉴定这种，都是把鉴定人员请到布拖来的。

"钱师傅他们不远千里来到我们布拖，出钱又出力，不也正是因为关心这里的残疾人么！"

王干事的话，让人不由得想起心理学上的一个名词——"共情"。大概也唯有共情，才能感受那些残疾人的不易，也愿意不辞辛劳，为他们做更多的事情吧。

"钱老师，卡沙沙"

从镇政府出来已是中午，钱海军等人就近胡乱吃了些饭，与在困难残疾人家里改造线路的志愿者合兵一处，继续开展照亮计划。忙到 4 时许，他们又抽身来到特木里镇依撒小学，打算为学校的部分孩子上一堂电力科普课。

车子在距离校门口不远处停下，志愿者从后备厢里拿出来几箱东西扛在肩上。到门卫处，出示绿码，测量体温，登记名字，随后进入校园。

当天正好是依撒小学开学的第一天。等志愿者进到教室时，101 名四年级的小朋友已经静静地等在那里了，一同等候的还有几名带队的老师。

钱海军开宗明义，同在场的老师和学生讲述了来此的目的。简短的开场白过后，钱海军的妻子、志愿者陈冬冬打开电脑里的幻灯片，"星星点灯·未成年人电力科普公益项目"几个字通过投影仪被投到了白墙上，字的上方还有几盏或明或暗的灯泡。

布拖县特木里镇依撒小学（潘玉毅／摄）

"孩子们，你们知道电是怎么来的吗？"课堂在提问声中开始。

孩子们纷纷举手，争先恐后地说出了各自心中的答案。紧跟着，陈冬冬循循善诱，向他们科普了"什么是电""电从何而来""安全用电""节约用电"等内容。科普的过程中，每讲完一个知识点，她就播放一个改编自童话故事的动画教育片。

看得出来，这些动画片，以及这种图文视频结合的讲课方式对孩子们来说有着极大的吸引力，否则他们也不会坐得如此端正，更不会眼睛一眨不眨地盯着屏幕。

故事演到精彩处，讲台下不时传来阵阵惊叹声。

如果说一开始的理论教学已经引起了孩子们的兴趣，那么接下来的动手环节更是极大地调动了他们的积极性。

动手环节的主要内容是制作一台手摇发电机，并由钱海军亲自演示。

第一步怎么做，第二步怎么做，各有哪些需要注意的事项，钱海军讲得十分细致，孩子们听得也特别认真。

尤其是那个坐第一排靠窗位置扎着马尾辫的彝族小女孩，眼睛忽闪忽闪的，钱海军每演示一步，她立马紧紧跟上，生怕会被落下，最终经过自己的不懈努力和志愿者的指导，零件变作成品，她成了所有学生里第一个完成手工制作的。看着自己摇动把手之后，小灯泡亮了起来，她的眼睛也变得更加明亮了。

此时，其他的孩子尚在手忙脚乱地忙碌。有志愿者走过去同她说话，她虽是怯怯的，但表现得特别有礼貌。只要你问，她便会认真回答。

志愿者问她："你叫什么名字啊？"

她答道："吉伍么惹洛。"

说话的声音轻轻的、脆脆的。

"这几个字怎么写啊？"

她接过志愿者递去的本子，在上面一笔一画地写下自己的名字，还谦虚地表示自己的字不好看。

在志愿者的指导下，吉伍么惹洛第一个完成了手摇发电机的制作（潘玉毅／摄）

志愿者随口问了一句："你的学习成绩怎么样啊？"

她腼腆地笑了笑，但还是礼貌地回复："学习不怎么好。"

小小年纪，回答竟然这么"耿直"，让志愿者一时间有些不知所措。好在小姑娘心思单纯，全然没有成年人的避忌。志愿者不问时，她就静静地看着；问她时，她便毫不保留地回答。

吉伍么惹洛告诉志愿者，她今年11岁，家在九都，九都是一个镇。平时上学期间都是住校的，一个月才回家一次。一般都是月初来，月底回，至于交通方式，有时靠走，有时用跑。

她喜欢学校，也喜欢家里，月底回了家，经常帮父母干些力所能及的农活。挖土豆，种玉米，去山上砍树、背树……有时一个人，有时则与姐姐一起。

背树很辛苦吧？路远不远？是爸爸妈妈要求你们去的吗？志愿者的心中

藏了无数个问题。

"树就长在家旁边的山上，90 米的样子就到了，不远。基本都是我们自己要求去的，觉得爸爸妈妈很辛苦，想帮帮他们。"

质朴而简单的回答，没有华丽的辞藻来修饰和衬托，看着她那张稚嫩的脸庞，身为成年人的志愿者都觉得羞愧难当。

在志愿者眼里，11 岁的小惹洛就像个天使一样，懂事得让人心疼。

就在志愿者感慨之际，吉伍么惹洛又分享起了上"星星点灯"课的感受。她说，这是她记事以来接触到的第一堂关于电力知识的专业科普课，很开心，甚至用"没有讲得不好的地方"来形容这堂课。她说，之前老师们也曾讲过安全用电，劳技课里也做过手工，但没有志愿者老师讲得有趣、教得生动。尤其说到动画片时，吉伍么惹洛同所有的同龄孩子一样，仿佛找到了"共同话题"："动画片好看，在家时我和姐姐常看，'喜羊羊'就看过好几次，不过带电力知识的第一次看。通过这堂课，我懂得了很多——我们要节约用电，使用家里的用电器时要注意安全，等放假回了家，我要把台上老师讲的讲给妈妈和姐姐去听。"

接下来的静电球体验环节，吉伍么惹洛是 101 名学生里第一个举手的。待到体验过后，走回座位，小惹洛仍回味着刚才的感受，她说："麻麻的，好像有什么东西流过，太神奇了！"那一刻，她的眉眼，她的表情，她那纯洁无瑕的笑容，已为"欢喜"二字作了最生动的注脚。

体验的名额有限，其他的孩子们也纷纷把手举得老高。

孩子们对于"星星点灯·未成年人电力科普公益项目"的喜欢，在一旁听讲的沈文阳看在眼里。课后，她对志愿者说："你们带来的课程有漫画、有插图，还有动画片，孩子们特别爱看，像这样寓教于乐的电力科普课他们还是第一次听，真的非常好！刚才老师讲的课生动又形象，这是他们最稀缺的，也是最感兴趣的。尤其那个手摇发电机的制作，不仅锻炼了孩子的动手能力，还让他们尝试之后明白了坚持就是胜利的道理。"

当志愿者表示要把"星星点灯"的课件留给学校时，沈老师连连点头：

"如果可以的话，那真是太感谢了！现在家家户户都用电，电的知识每个学生都需要。要是你们把课件留下来的话，我们就能拿到其他班级去讲，把安全用电、节约用电的知识带给更多的学生。"

由于"星星点灯"的全部课件远不止课堂上展示的这些内容，钱海军留了其中一位带队老师的邮箱地址，打算回去之后整理好发到邮箱里。不惟如此，他还把几个静电球留给了学校，并向孩子们分发了漫画版的安全用电宣传手册。孩子们很欢喜，扯着嗓子齐声高喊："钱老师，卡沙沙！"（彝语：非常感谢）那一幕，让在场的所有人都为之动容，纷纷鼓起了掌。

离开时，志愿者没有同孩子们道别，因为他们看到一双双小手正开心地摇动着手摇发电机，眼里亮闪闪的，仿佛除了那个亮起的小灯珠，已经容不下别的什么了。

改造不只是辛苦的，也是幸福的

从依撒小学回到酒店，天已经大黑。此时，另外几名志愿者还如往常一般在困难残疾人家中忙着整改线路未曾归来。胡群丰将钱海军等人放下之后，便要去接他们。

从酒店出发，除了市区与附近的一段路上有路灯外，再往前行，直至接人的地方，沿途一片漆黑，唯一的光亮由汽车的车灯所发出。这还不是最要命的，最要命的是途中有一段村道路况十分不理想。

不知是年久失修，还是天气所致，路面坑坑洼洼，而且那坑不是小坑，洼也不是小洼，有些深坑最起码能没过半个轮胎，塌陷处，更是颇有点"天倾西北，地陷东南"的味道。

这"破路"持续了至少有两公里左右。车子颠簸着，几乎快要把胡群丰的五脏六腑也给颠出胸腔之外。后面的路稍微平顺了些，但是一直处于爬坡状态，而且弯头一个接着一个。

志愿者改造住房照明线路持续到深夜是常有的事情（方春伙／摄）

车在山间驰骋，没有星星导航，亦没有地标建筑指引，加之每条路的分岔口都极为相似，不是土生土长的人，要找到正确的地方并不容易。手机里的导航开着，但是山里信号不佳，时断时续，有时等网络反应过来，车子已经跑出了老远，只得找个空间稍微大一点的地方掉头。

胡群丰挠了挠头皮，虽然早上送人过来的时候已经跑过一趟，午间送饭的时候也跑过一趟，可自己还是找错了地方。当他顺着斜坡将车倒进一条断头路时，打开手电往外照了照，发现不是白天来过的地方，于是再次发动车子，向前方行去。就这样兜兜转转 10 来分钟，才终于找对地方。

下车之后，胡群丰进到受益户家里。两户人家住房照明线路的改造皆已完工，志愿者正在整理资料、清点工具，看见他，点头示意。

屋里的老人午纪应当已经很大了吧，佝偻着背，脸上写满沧桑。其中一位阿妈正在锅里煮坨坨肉，见胡群丰来了，把他领到锅前，说什么也要请他吃肉。胡群丰又是摇头，又是摆手，只为同她表示自己不吃。推辞了良久，她才没有再劝。

俄顷，她抓着胡群丰的手，又指指头上的电灯，说了很长一串话。只是她讲的都是彝语，胡群丰一句也不曾听懂，因为不懂，所以也不知道怎么接。但是有时候，表情比语言能够更快地抵达人内心。从她的表情里不难感知，她对志愿者的到来，对"千户万灯"项目，以及自己家里发生的改变，定是觉得开心的、幸福的。

胡群丰一边听阿妈讲话，一边绕着改造好的房间把线路、开关全部看了一遍，发现屋内有一处开关的安装方法与之前设计的不同。在其他人看来，这件事情并不大，而且无伤大雅。但胡群丰很固执，他说："服务不能打折扣，我们从那么远的地方来这里，不就是为了让他们的用电更方便吗，怎么可以如此不重视细节？"见他如此坚持，另一名志愿者刘学也意识到了自己的不严谨，当即从已经装上车的工具包里拿来手套和起子，与胡群丰两个人又花了 10 多分钟时间，把开关里的线重新接了一遍。

改完之后，确认没有问题，他们与阿妈挥手告别。看着他们远去的背影，阿妈按动门口的开关，一抹亮光在屋檐亮起，照在了阿妈泪光闪闪的脸上，也照在渐行渐远的志愿者的身上。此时他们正在走一段斜坡，脚下草叶覆盖着泥土，一个不小心就有可能滑倒。看着身后有光亮起，一种莫名的情绪涌上心头，既是感动，也是骄傲。

特别是胡群丰，他是"千户万灯"项目的资深参与者，做志愿服务的时间也长。正因为时间长，正因为资历深，他对"千户万灯"项目及相关受益户的感情也更深。

这次能来凉山州负责"千户万灯"项目的具体实施，胡群丰非常开心，用他的话说，那是组织对自己的信任。为这，他连儿子 20 岁的生日都没能陪伴。

胡群丰的儿子胡林托在杭州读大学，11 月 26 日是他虚岁 20 岁的生日。按照慈溪人的说法，20 岁生日阴历阳历都在同一天，十分难得。可是胡群丰人在凉山，与儿子相隔数千里，自然没法为他庆祝生日。他给儿子发了一个 666 元的红包，希望他诸事都能顺顺利利。儿子很懂事，从妈妈口中得知爸爸刚到布拖时有轻微的高原反应，不干活还好，一干活就有点气喘吁吁，再三嘱咐他一个人在外，要多注意身体。

与儿子聊天的时候，胡群丰答应得很好，但是放下手机，他又开始忘乎所以。

看得出来，胡群丰做事是很用心的。为了能够更好地与受益户打成一片，他通过跟吉子友伍和一些会讲普通话的青年聊天，认真地学习、了解彝族的习俗文化，以便配合文明施工与规范安装，更好地开展上门服务。

哲学上说，静止是相对的，而运动是绝对的。显而易见，那些残疾人对待志愿者的态度也是如此。态度的运动即是变化。这种变化不是很突然地出现，由一个极致走向另一个极致，而是如细水长流的渐变。

志愿者刚到布拖的时候，对这方地方的风土人情所知不多，因而项目的推进十分缓慢，平均一天只能做一户人家。

与之相对，受益户对他们也缺乏了解。虽然有布拖县残联工作人员和联络员前期所做的铺垫，但大家对志愿者和他们带来的"千户万灯"照亮计划依然是陌生的。知道有这么一群人，有这么一个项目，但具体做什么，能做到什么程度，效果好与不好，全然不知。

因为不知，所以心里没底。尽管志愿者告诉那些受益户，所有电灯、线路的安装都是免费的，但他们将信将疑，觉得天上不会掉馅饼，即使真掉了也不会落到自己头上。他们甚至有些担心，担心志愿者一开始说免费，等到老线拆除之后就要收钱了。

有一个受益户的女儿刚刚出狱不久，观点有些偏激。志愿者到她

志愿者登记受益户的相关资料（潘玉毅／摄）

311

家的时候，她冲着他们一顿冷嘲热讽，认为他们的一言一行都是装出来的，肯定有陷阱等着受益户往里钻。她是那样地自信，说的话是那样难听，以至于当灯亮起之后，志愿者收拾工器具准备离开时，她感到不可思议，讷讷地问道："你们就这样回去了吗？"志愿者给了她肯定的答复："是的，我们要回去了。"志愿者走后，她一个人坐在那儿发起了呆。

需要说明的是，态度不好的只是少数，更多的受益户对志愿者心怀感恩。志愿者在屋里忙碌的时候，他们也在忙碌，忙着把家里最好吃的东西翻找出来送给志愿者品尝。志愿者若不吃，他们就会换一样，再换一样，直到干活结束为止。

有时他们也会懊恼，问志愿者："你们给我们帮那么大的忙，却不抽我们的香烟，不喝我们的啤酒，不吃我们的坨坨肉，是不是看不起我们啊？"其中有两位老人家，因为家里别无他物，他们烤了土豆请志愿者吃，遭到婉拒后，眉眼间掩不住地失落："你们不会是嫌弃我们的土豆吧？可是我们给你们的已经是家里最好的了，这种土豆我们平时都舍不得吃。"老人说，他们素常吃的是另一种土豆，口感远不如这种。

志愿者听了很是感动，当即正色回答："阿普，阿妈，这不是看不起你们，而是我们有纪律。如果看不起你们，我们就不会从那么远的地方来到这里，就不会把最好的服务、最好的材料提供给你们。"

听志愿者这样说，老人理解了，眉间的表情也舒展了许多。但套用网上流行的话说，他们手中的动作"却很实诚"，总是忍不住要将吃的喝的递与志愿者，而且动作十分粗犷，怕志愿者拒绝，直接将筷子插进肉里，用刀将饮料瓶口划开，殷殷相劝……

灯和线装好后，开关一按，屋子里的灯亮了，照见了房间的角角落落，也照亮了受益户的眼眸。他们喃喃自语："这么好的材料，这么好的灯，装在我们这种穷人家真是太可惜了，它本该装到条件很好的老板的房间里去啊。"

随着一户又一户困难残疾人家庭的住房照明线路改造完成，大家对这群来自宁波慈溪的志愿者变得愈发认可。

一传十，十传百，慢慢地，胡群丰等人的名气越来越大。不说整个布拖县，至少在特木里镇，很少有人不知道"宁波来的志愿者"。他们与另外一支装风车的队伍成了小镇上鼎鼎有名的两批"电力人"。有时去小店里买个东西，店里的老板和顾客都能认出他们。

有人说，改变一个人不容易，改变一个人的想法更不容易。然而，胡群丰他们做到了。本来彝族年期间是不能在家里留陌生客人的，但是灯装好后，淳朴的彝族老乡怕志愿者无处可去，热情地邀请他们去家里过年。虽然出于对习俗的尊重，志愿者并没有去，而是趁此机会交流起了接线、装灯的经验，但他们的心里是温暖的。

说起这些，胡群丰嘴里含笑，很是骄傲。可谁又能想到，骄傲背后也曾有过焦虑呢？

志愿者前往凉山时是立了军令状的，要在 12 月底前完成 112 户困难残疾人家庭的住房照明线路改造。然而刚开始几天，他们诸事不顺。先是成都发生疫情，有两个装着材料的包裹在那里中转时因为核酸检测，在快递站"关"了两天，迟迟没有送达。紧跟着，在网上下单的棉服也未能及时发货，气温却降得厉害，把志愿者冻得瑟瑟发抖。与此同时，走访的过程也并不顺利，譬如特木里镇特木里村就是如此。

特木里村总共有 9 户困难残疾人家庭需要整改，这 9 户人家分散在 6 个小组。11 月 16 日，胡群丰去其中的 4 户人家走访。出发前，他同这 4 户人家所在小组的两位组长分别取得了联系，请他们帮忙指引道路。

跟着导航来到特木里村的地界，胡群丰前后左右看了看，发现并没有人。他打电话给其中一位组长，问具体的地点在哪儿。那位组长拍了一张照片给他，照片上是一座不起眼的小桥，小桥的后面还附有一条信息——"我在这里，你在哪里？"

虽说胡群丰在布拖县已经待了半月有余，但毕竟不是土生土长的当地人，还没有熟悉到每一座桥都认识的程度。他同那位组长沟通，然而组长的普通话不是很好，讲了 10 分钟也没有讲清楚他所在的位置。他又给胡群丰发了一张房子的照片，一个劲地说"我就在这儿等，你过来嘛"。那一刻，胡群丰当真有种欲哭无泪的感觉，因为在他看来，照片里的那两间房子与他这些天所见的成百上千间彝族人家的房子并无多大不同。

即使当此事成了过去式，胡群丰再度谈起时依然颇为无奈。他说："兴许在那位组长眼里，他所拍的都是地标建筑，但是我哪知道那是哪里，只凭一张照片，想要找到地方实在是有心无力。"

那几日，由于水土不服，加之心里着急，胡群丰满嘴都是虚火，口腔里的溃疡像是刚被无数颗子弹穿过一样，一个连着一个，一说话就犯疼。眼看天气越来越冷，又下了雪，给施工造成诸多不便，11 月 20 日又是当地的彝族年，20 日至 24 日前一般是不让陌生人进屋的。胡群丰心急如焚，想要抓紧时间多走几户，多改几户，偏偏沟通上又遇到这样那样的"曲折"。

可再着急也不能同彝族同胞发脾气，胡群丰深吸一口气，定了定神，紧跟着又再次拨通了那位组长的电话。得知组长所在的位置离布拖县人民医院不远，胡群丰便同他约在医院门口碰面，这才成功接上了头。

改造结束，志愿者胡群丰叮嘱受益者安全用电注意事项（方春伙／摄）

似这般难忘的故事不止发生过一遭，而是有很多。不过，改造不只是辛苦的，也是幸福的；不只能给受益户带去温暖和光明，也能让志愿者的心里时刻充满阳光。

"甜蜜的烦恼"与"涌上心头的暖流"

力的作用是相互的，人的情感也是。志愿者刘学每每回想起自己在布拖参与"千户万灯"改造的经历，总是心潮澎湃，感慨良多。他说，曾有很多次，自己在梯子上忙碌的时候，那些老人和小孩一直守在梯子旁，努力想给自己帮上忙。虽然彼此语言不通，无法进行深入交流，但他们嘘寒问暖的样子根本就不需要语言赘述。

那些上了年纪的老人老是觉得他干活会累，隔一会儿，就走到梯子边，不停地问他："累了吧？快下来了，抽支烟。"有的还会让他喝酒——我们干活怎么能喝酒呢？

想着想着，刘学的嘴角就不由得咧了开来。他管这些叫"甜蜜的烦恼"。他知道那些受益户是出于好意，想让自己休息会儿，不要太累了。可是，自己一行人跟着钱海军来到布拖，是带着任务的，走了这么远的路，就是想快点把事情做好，早点让受益户用上安全电、放心电。

使命在身，对于时间也就愈发珍视。从来到布拖的那一天起，志愿者吃饭几乎没有准点过。说是午饭，有可能3点钟才吃，有时甚至要延迟到5点钟。偶有一两次，他们一天才吃一顿饭。

人是血肉之躯，不是钢筋铁骨。不规律的饮食、高负荷的劳作，给志愿者的身体带来了不小的挑战。有的志愿者本来就有胃疼的老毛病，疼痛发作的时候，脸上的血色好像突然间被抽空，一下子变得煞白煞白的。他们不是没有想过当"逃兵"，但是每每念及那些受益户，想到自己做志愿服务的初衷，又咬咬牙坚持了下来，初心如磐。

虽然吃饭难得准点，志愿者却很少有怨言。因为能够为那些困难残疾人的用电安全、幸福生活贡献自己的力量，他们打心眼里觉得开心，哪怕历尽艰辛，也是心甘情愿。

其实，前一天晚上回到酒店或者第二天早上出发之前，志愿者通常都会在车里放一些水和饼干，为的就是干活干得渴了、饿了，可以垫巴垫巴，救济一下冒火的喉咙和辘辘饥肠。但是每次在村口看到三五成群的小孩，受爱心驱使，早早地就把食物分光了。

食物没了，饿的时候便只能忍着。如果干活的地方附近有小店，间或，他们也会去买一些零食用来充饥。买东西是一个简单的操作，但简单操作的背后，有时藏着许多感人的故事。

刘学知道，不管过去多少年，自己依然会记得 2021 年 11 月 10 日发生的事情。如果那一日的经历是一部电影，他早已把每一帧画面都记在了心里，而且记得清清楚楚。

那天，他在日嘎村的乃保扯呷家忙到下午 3 点半还没有吃上午饭，却接到胡群丰打来的电话，告知走访还未结束，送饭要晚一点。刘学大概估算了一下，房间里的线路全部整改完，至少还需要半个多小时。因为早上赶着出门没来得及吃饭，此时的他已然有些坚持不住。为了不让自己饿到虚脱，刘学问乃保扯呷附近哪儿有超市，自己想去买点东西吃。

刘学虽然也是四川人，却讲不了也听不懂彝族话，只得连说带比画。经过一番吃力的沟通，乃保扯呷理解了刘学的意思。他指了一个方向，说："就在那前面，我去给你买泡面。"

刘学伸手拦住了他，表示自己去买。刘学之所以没有接受老人的好意，并无"拒人千里"的意思，而是有着自的考量：一者，老人已是 82 岁高龄，一只耳朵还有听力残疾，行动多有不便，让他帮忙去买，如何忍心；二者，自"千户万灯"项目启动以来，除了工艺上的要求，钱海军对人员的纪律也有明确的规定，简单来说，就是洁身自好，不能拿受益户一分一厘。刘学怕老人受累，亦怕老人掏钱。

想到老人说那超市"就在前面"，找起来应该不费事，刘学快步朝着老人指引的方向走去。谁知这个所谓的"前面"竟有一公里远，也不知是自己听岔了，还是理解出了错。刘学边走边看，始终没有发现超市的影子，路上问了三个人，才找到一家不起眼的小店。

刘学买了一瓶饮料和几只蛋黄派，一边狼吞虎咽地吃着，一边打开手机准备付钱。这时，乃保扯呷忽然从身后走了过来，用彝语同店老板说，不要收刘学的钱，刘学买的东西由他来买单。店老板将老人的话转述给了刘学。刘学说："你别管，我直接用支付宝扫描支付。"得知刘学已经付钱，乃保扯呷有些失落地说："哎哟，这怎么好啦，我们家虽然什么都没有，但是这个让我来啊。"这话当然也是店老板翻译给刘学听的。

"我完全不知道他跟在我后面，还跟了一路——可能他是怕我找不到地方吧。老人都82岁了啊，早知道他跟在后面，我就算饿死也不会去小店的。"

此事让刘学刻骨铭心。虽然干活的时候身体会累，肚子会饿，但在"千户万灯"项目落地布拖县的过程中曾经发生过这么一件事情，有过那么一个人，让他的心里暖暖的。

刘学感受过的温暖，另一名志愿者江建铭亦曾深有体会。江建铭与"千户万灯"项目结缘始于2018年，他一路见证了"千户万灯"项目从慈溪走向宁波，又从宁波走向浙江，乃至全国多省的发展历程。

江建铭年少时父母离异、外出闯荡漂泊久未归家，在给那些残疾人、孤寡老人干活的时候心里老有这样一种感觉——就好像看到了自己的爷爷奶奶。

"他们给我递食物也好，递水也好，感觉特别亲切，就像以前每次回

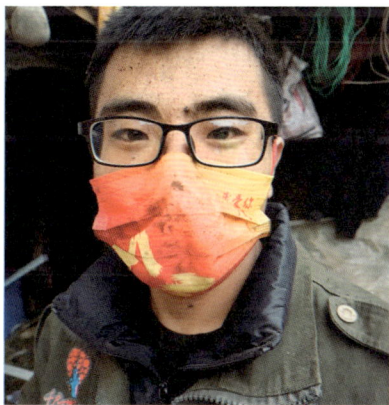

忙完一天的改造任务后"灰头土脸"的刘学
（钱海军／摄）

317

到家中，爷爷奶奶总是把最好的东西给我。虽然我们有纪律，不能拿他们一分钱，不能抽他们一根烟，不能喝他们一口水，但是他们带给我的温暖却填满了我的整个心房。"

在慈溪做"千户万灯"项目的时候，江建铭遇到过一个老太太，老人拿证件的时候看到了过世老伴的身份证，一直坐在那儿哭。他就在一旁安慰她，口中直接喊她"奶奶"："奶奶，你不要哭了……"如果说志愿者来到老人家里，像是回到了久违的家中，那么老人看见志愿者则像是看到离家的小孩回家来了。后来在安龙的时候，他又遇到一个老太太。老人说，已经10多年没有人去看过她了。看到江建铭对自己非但没有疏离感，还忙前忙后，装灯装线，把昏暗的小房子整修一新，老太太坚持要认他当干儿子，还把一个存有10多万块钱的存折直接拿了出来。这样的事情不独一桩两桩，而是时有发生，它们让江建铭的心灵得到了洗礼。

如今，江建铭已经把"千户万灯"项目当成自己的事情在做了。他直言不讳地说，自己给自己干活，心里舒服，因为付出再多也是自己的，算是有点"私心"。为了这次能来凉山州做"千户万灯"项目，他足足等了半年，除了偶尔打打零工，别的事情什么都没有做。

出发的日子敲定后，钱海军和胡群丰是坐公共交通到的布拖，而江建铭等人则是自己开着车来的。考虑到开展"千户万灯"改造没有车极为不便，如果租赁的话费用又太高，他们把自己的一辆老式的金杯车从宁波开了来。那辆车跟随他们已经很多年了，称之为"老爷车"都不为过。

从宁波到布拖，地图上显示有2400多公里，实际的距离还要更远，他们整整跑了四天三夜，路上车还坏了两次。11月2日，等他们赶到布拖的时候，钱海军等人已经完成了布拖县困难残疾人住房照明线路改造"样板间"的打造。

到布拖的当晚，不知是天气干燥还是别的原因，江建铭鼻子出血，过了好半天才止住。但他没有同钱海军和胡群丰请假，第二天就拿着工具加入了线路改造的队伍。

日日穿行在布拖县特木里镇的村庄之间，这辆白色的金杯车成了志愿者的代名词（方春伙／摄）

江建铭性格直率，说话还有点糙。说起在布拖实施"千户万灯"改造有什么难忘的经历，他笑称，以前觉得偶尔下下雨挺好，别有意境，但是自从来了布拖，最讨厌的就是下雨天。他讨厌下雨天，不只因为下了雨山路不好行车，更因为牛粪和着泥土，搞得脚下、梯子上到处都是。"这些天吃饭、睡觉，浑身上下一股牛屎味，就连放个屁都比以前臭。"

玩笑归玩笑，条件的艰苦、讨厌的雨水都不曾将他们行路的双脚锁住。对于事先排定的计划，他们总是不折不扣地执行，就算不吃饭、不休息，也要努力把它做好。最晚的一次，他们做到夜里 12 点多才结束。用他们自己的话说，"虽然别人没有强制要求你怎么做，但是既然来了，既然做了，我们要对自己有要求，用尽全力把事情做到最好。"

这个世界，人心最坚硬也最柔软。说它坚硬，是因为它可以隔绝心外的一切，但当它柔软起来，它又能包容万物。值得一提的是，坚硬与柔软并不是一成不变的，借助某种介质，它们可以互相转化。而温暖的行动或者说落于人心头的感动就是介质之一。

当灯亮起的时候，一些老人将原先秘不示人的资料全部拿了出来，那些资料与钱、存折放在一起，用油纸里三层外三层地包着，用绳子一根一根地捆扎着。甚至有老人对着志愿者说："你们就跟我的爸爸妈妈一样。"老人已经 70 多岁了，而志愿者年纪最大的也才 50 出头，如此说法显然是不太合适的，若说像儿子倒还差不多。谁知老人却说："爸爸妈妈对我也没你们这么好！"

人世间最舒服的关系莫过于以真心换真心。对布拖县的困难残疾人家庭，志愿者付出了真心，同样，他们也得到了真心。

11 月 25 日，改完当天的最后一户已经是夜里 9 点多了。山上风大，江建铭等人又冷又饿，但他们没有直接去吃饭，而是照例先到吉子友伍家里准备第二天要用的材料。

吉子友伍一家正围坐在火塘边聊天，见志愿者到来，忙给他们端了几条凳子，让他们一起烤烤火，吃点东西。吉子友伍的嫂子和侄女也在，看见志愿者，热情地同他们打招呼。

侄女人小鬼大，调皮地问志愿者讨没讨老婆。

志愿者同她开玩笑："我们都太穷了，讨不到老婆。"

他们一边说着，一边接过吉子友伍递来的凳子。忙了一天，也确实累了，一屁股坐下，坐姿雅不雅也顾不得了。

忽听小女孩发出"呀"的惊叹，随后她跑到母亲身边一阵耳语。吉子友伍的嫂子旋即将目光扫向江建铭的脚踝，看到他没有穿袜子，关切地问他："天那么冷，你怎么不穿袜子啊？"

小女孩许是想到了什么，轻声地说道："妈妈，他一定是太穷了，所以连袜子都穿不上。"

穷到连袜子都穿不上当然只是小女孩的臆想，事实上，为了避免被硬物刮伤、碰伤，被汗水蜇伤，志愿者出门干活时，袜子是一定会穿的。只是他们干的都是体力活，每天要走很多的路，出很多的汗，袜子和衣服须得每日更换。可是酒店里没有专门晾晒衣物的地方，加上连日来雨雪不断，那天江建铭出门时已无袜子可穿。

吉子友伍的嫂子说："我给你钱，你去买两双袜子吧。"说着，她从口袋里掏出一张 50 元的人民币，真诚地表示"请你不要嫌少"，可能是觉得不够多，她很快又换了张 100 元的。早在妈妈第一次掏钱的时候，小女孩已经将口袋里的 5 元钱放到了江建铭的手心，那是她身上仅有的 5 元钱，还是过彝族年时家里的长辈给的。

故事的最后，江建铭当然没有拿母女俩的钱，但她们的真诚却深深地印在了他的心里。每每想起，便有一股暖流涌动其身。

这样的故事，每一个在布拖实施"千户万灯"改造的志愿者都曾经历过，它们琐碎而温情，就像冬日的阳光散落满屋，连带着很多听故事的人也感受到了那光的亮、灯的暖。

时间像是长了翅膀的骏马，奔跑如飞，而志愿者则像是草原上套马的汉子，身手敏捷。他们争分夺秒、坚持不懈地努力着，忙到 12 月中旬，凉山州布拖县首批"千户万灯"照亮计划 112 户困难残疾人家庭的住房照明线路改造全部完成。

改造完成后，彝族人家屋中常见的景象（方春伙／摄）

随后数日，志愿者又对已完成改造的人家进行了回访，看看是否有不尽完美的地方，同时也进行了用电安全的宣传。回访结束，已是 2021 年的年底，志愿者随即准备返程。

离开的那天，吉子友伍不知从何处得知消息，走了 2 公里路，专程前来相送。

没有饯行酒，没有踏歌声，亦没有折柳相赠的仪式，大家说着别离的话，话里话外却已在盼着下一次的重逢。

志愿者离开以后，与他们有关的故事却在阿都彝族人中越传越广。这场以"千户万灯"照亮计划为名的改造为当地许多困难残疾人带来了看得见的光亮，也在吉子友伍心中注入了梦想的光亮。

吉子友伍暗下决心，等到来年乡村电工开班时，自己一定要报上名。回头把证书考出以后，除了用这一技之长改善家人的生活，他还想做一张名片，写上自己的名字和电话号码，再写上"专门为老人、残疾人服务"，放到"快手" App 上，帮到更多需要帮助的人。

怀抱这个念头，志愿者离开了几个月，他便盼了几个月。

大凉山的气温较东南沿海地区要低上许多，正月里，地里的积雪还未散尽，又下了一场大雪。吉子友伍清晨起来，推开门，入眼而来的是满目的梨花白。

雪花飘飘洒洒，特别地美。儿子和女儿尽情地笑着，跳着，释放着孩子的天性，吉子友伍却不由得皱了皱眉头：下了雪，西昌通往布拖的路就不太好走了，若似这般一场接一场没完没了地下，那自己的梦何时能圆呢？

此时，一团阳光好似感应到了吉子友伍内心的呼唤，撞破厚厚的云层，从大凉山深处奔跑而来，最终不偏不倚地跳落在友伍家的屋顶上，继而又从屋顶延伸到地面。

这明媚的阳光，以及光影里暖暖的温度，不由让吉子友伍联想到夜里亮起的灯光，而一想到灯光，他的脑海里便浮现了许多人的身影。钱海军，胡群丰，刘学，江建铭……随之而来的，便是这一个个的名字。

　　东风乍起，草木萌动，吉子友伍再也忍不住了，他发信息给其中一名志愿者："你们什么时候回来？"

　　是的，他没有问"你们今年会不会来"，而是问"什么时候回来"，仿佛他的心中早已料定，他们一定还会再来。

第十三章

大道弥远

大道弥远，要抵达人人期盼的大同之世，前面还有漫长的路要走。但随着存善心、做善事的人越来越多，终有一天，这个国家的每一座城市与乡村，每一个人，都将成为志愿路上的主角，每个人都将成为暗夜里的点灯人。

20世纪80年代，在马来西亚的华人社会有一首广为传诵的歌谣——《传灯》。这首歌堪称海外华人的精神支柱，无论庆典活动大还是小，人们都会深情地将它唱响。

每一条河是一则神话，从遥远的青山流向大海
每一盏灯是一脉香火，把漫长的黑夜渐渐点亮
为了大地和草原 太阳和月亮
为了生命和血缘 生命和血缘
每一条河是一则神话，每一盏灯是一脉香火
每一条河都要流下去，每一盏灯都要燃烧自己

确实，如《传灯》所唱，这个世界有很多的东西都值得传承，也需要传承。这个东西，有可能是一件实物，也有可能是一种精神。它们的存在，可以化作一种强大的力量，支撑我们勇敢前行，比如钱海军精神——23年默默无闻的奉献、不计回报的付出，他的事迹感动了很多人，也影响了很多人。如今，当人们提及钱海军、提及慈溪红船共产党员服务队、提及钱海军志愿服务中心、提及"千户万灯""星星点灯"，心里头觉得暖暖的。

那一名名身穿红马甲的电力志愿者，走村串巷扶危济困，成为春夏秋冬每一个季节里最美的风景，似煦煦暖阳温暖着整座城市。他们点亮的一盏盏放心灯犹如一颗颗爱心种子，在慈溪大地上生根发芽，开出耀眼的花；他们组织或参与的一次次公益行动正向四面八方散发暖心的力量，产生出强烈的爱心磁场，在慈溪大地乃至更广袤的区域集聚裂变。

钱海军被授予"时代楷模"称号（"时代楷模发布厅"供图）

2022 年 5 月，中共中央宣传部授予钱海军"时代楷模"称号，褒扬他是灯暖千万家、奋进共富路的新时代劳模，号召全社会向他学习。他身上闪耀的劳模精神、劳动精神、工匠精神的光辉，吸引着更多的人向他靠拢，像他一样"心中有人民，肩上有担当"，像他一样立足本职岗位，心系身边群众，将"小我"融入服务民生福祉的"大我"。

每一盏灯都要燃烧自己

《论语》里有句话说得极好："见贤思齐焉，见不贤而内自省也。"当我们看到一种美好的品德时，会不自觉地向其靠拢，并努力让自己也成为拥有这样品质的人。钱海军就在一定程度上影响甚至改变着身边认识或者不认识的人。

很多人从冷眼旁观、冷嘲热讽到成为钱海军和钱海军共产党员服务队的拥趸者、追随者、参与者，用时下流行的话说，他们都经历了一个"路转粉"或者"黑转粉"的过程。

最先受钱海军影响的自然是他的家人。从不理解到理解，从不支持到支持，从不参与到参与，每一个"不"字的舍去都代表着钱海军精神对他们内心的冲击又深了一分，也代表着他们对钱海军的敬和爱又深了一分。如今，不只妻子和女儿会时常同他一起去看望老人，为老人送去温暖和快乐，他的弟弟钱傅军也成了共产党员服务队的一员，除了和哥哥一样为社区居民提供表后维修服务，他还经常给做社区医生的妻子帮忙，一起为老年人进行义诊。

受钱海军影响第二深的当是他的同事。在钱海军的带头示范下，如今，慈溪市供电公司好人好事层出不穷，周丰权、王军浩、唐洁、胡群丰、毛国祥、高栋寅……每一个人身上都同钱海军一样贴着"无私奉献""乐于助人"的标签。作为钱海军的前辈，63 岁的颜亚欢，退休后也成了一名社区

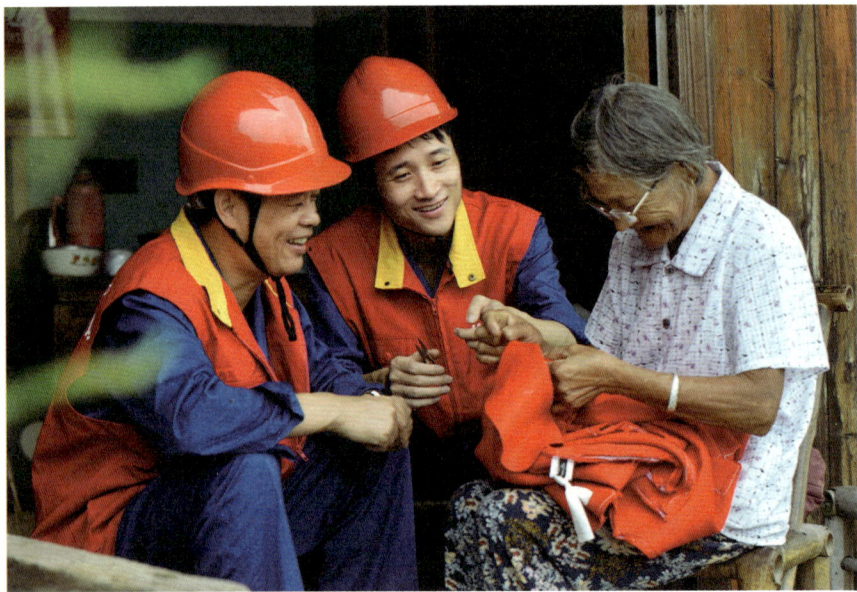

陪伴，成了钱海军和同事们的自觉之举（姚科斌 / 摄）

义工，他以钱海军为旗帜，活跃在社区各种志愿服务的前线；作为钱海军的徒弟，姚乙鸣常年跟着师傅学手艺、学善心，现在也成了社区小有名气的义务电工。放眼整个公司，与他们一样的人还有许多，而且正在变得更多。

积久成习，默契自生。他们除了一起参加抢修服务，一起帮扶残疾人贫困户，还一起完成过一次生命的爱心接力。那是 2015 年的 4 月 28 日的傍晚，一通电话如一只大手，将钱海军几名同事的心揪了起来。电话是远在北京参加全国劳模表彰大会的钱海军打来的。"我结对的周老伯打电话给我说他现在胸闷透不过气，家里没人在身边，我很担心。"钱海军还没有把话说完，与他共事多年的唐洁早已明白他的意思，"你放心，我马上和阿浩哥一起去看一下。"挂了电话，唐洁找来了王军浩，两个人马不停蹄地赶到老人家中，发现情况不容乐观，又把老人送到了慈溪人民医院的抢救室。

老人的子女不在慈溪，身上没有现金，志愿者为他垫付了医药费，还忙前忙后帮他办理住院手续，老人在做检查的时候，他们也是全程陪同，寸步不离。经过抢救之后，老人的血压慢慢地降了下来，各方面的机能也基本趋于稳定。主治医生告诉他们，老人的尿毒症比较严重，需要马上做透析。在长达几小时的血透过程中，两名志愿者对老人说得最多的一句话就是："您放心，有我们在。"当隔壁病床的病人家属得知陪在老人身边的志愿者与老人非亲非故时，吃惊地道："我以为你们是一家人，没想到竟是志愿者，这个社会真好。"

夜幕降临，更多的志愿者从钱海军志愿服务中心的微信群里得知此事，赶往人民医院探望老人，与唐洁和王军浩换班值守，直到老人做完血透将他送回家中。此时，夜已深沉，但志愿者身上的人性之光将黑夜照得比白天还要明亮。

随之而来的是更多的光，更多的亮。当向钱海军学习的风潮席卷整个慈溪大地，作为源头的国网慈溪市供电公司更是开始了形式多样的学习活动。他们学习先进、争当先进、赶超先进，并把这种学习成效转化为全面提升优质服务水平的推手，切实保障居民用电服务质量。2016 年，慈溪市供电公

国网慈溪市供电公司职工在"企业献血日"献血（姚科斌／摄）

司更将每年的 6 月 29 日和 12 月 29 日设立为企业献血日，这也是国家电网公司系统内设立的第一个企业献血日。

南宋词人辛弃疾在《永遇乐·京口北固亭怀古》一词中写道："凭谁问，廉颇老矣，尚能饭否？"他的心里显是充满了无奈。从来美人如名将，不许人间见白头，随着年岁的增长，自认不老的"廉颇"们空有一身抱负，却是时时遭遇嫌弃，处处碰壁而回。但也有例外的。

国网慈溪市供电公司一群平均年龄超过 70 岁的退休职工听说了钱海军的事迹后，也不甘人后，自发组成老年义工团，尽心尽责地为小区居民提供无偿服务，夜间巡逻、更换灯泡，到处都有他们的身影。有电工经验在身，再兼职巡逻队队员，他们成了周围邻居随叫随到的流动"电工"。虽然是义务工作，但老人们很认真甚至很较真，他们专门准备了自己用起来称手的"工作包"，里面有抹布、钳子、改锥、电力万用表……

地上有垃圾就捡起来，沿江的扶手栏杆脏了就擦擦，看见小广告就清除

老年义工团放线修灯，积极奉献余热（颜乾木供图）

掉，有时也会停下来，掏出笔记本记录下一些安全隐患，以便通知物业和社区。他们说："现在志愿服务中心的小伙子干劲那么足，我们这些老头子怎么能落后呢！"

受钱海军影响的同事从广义来讲，也可解释为所有国家电网公司的员工。近年来，国网宁波供电公司、国网浙江电力曾先后开展"向钱海军同志学习"活动，要求通过专题学习会、组织生活会、座谈交流会和报告会等多种形式，学习钱海军不忘初心、牢记使命的政治品格，无私忘我、一心为民的奉献精神，爱岗敬业、专业专注的职业操守，薪火相传、聚沙成塔的坚韧意志，并积极地落实于行动中。

2021年，国家电网公司董事长、党组书记辛保安对钱海军和国网浙江电力员工投身志愿服务事业，坚持善小常为、倾力奉献、苦干实干的行为和取得的成绩表示肯定，除了为他们"点赞"，他还要求今后坚持做好公益项目，弘扬守望相助、和衷共济、扶贫济困的传统美德，在新时代公益慈善事业中体现国网担当。

时至如今，钱海军的影响已不止局限在电力系统之内，早就延伸到了系统之外，其中就包括许多仅有数面之缘乃至素未谋面的人。

钱海军志愿服务中心设有一个"官兵心理咨询室"，时常通过"正能量对话""菩提树之谜""音乐躺椅"等几项放松疗法，帮助长期处于高度紧张工作和训练中的消防战士舒缓压力。有时，两家单位也会一起组织开展公益活动。

有一次，消防官兵听完钱海军的事迹后，十分动容，他们同钱海军说：

"钱师傅，虽然行业不同、岗位不同、做的事情不同，但我们都站在为人民服务的第一线，内心深处那颗为人民服务的心是相通的。希望我们今后能有更多的机会向您学习，如果可以，我们愿意和你们的志愿者一起去帮助那些需要帮助的人！"

还有几名社会上的电工找到钱海军，希望可以成为钱海军志愿服务中心的"分支"，尽一点社会责任："钱师傅，只要你有需要尽管打我们电话，我们一定会办得漂漂亮亮的。而且跟你一样，不收钱。"姚云珠、童国民等社会志愿者代表也希望可以和钱海军志愿服务中心合作，把更多的拥有一技之长的义工组织起来，集众人之力，更好地履行社会责任，传递正能量，使更多市民能够享受到他们的服务。

都说商人逐利，但三北大街一家五金店的老板得知钱海军经常晚上很晚的时候还在给老年人修电灯、修开关，怕他有需要，特意为他延迟了关店时间。

这些人，大多与钱海军不熟，甚至根本就不认识，但他们认同钱海军的服务，渴望能为他的"爱心之路"添一点沙、添一点土。也难怪有人会说，仁爱之心，如同一团火焰，能够战胜并发展一切接近他的事物。改变一个人最好的方式也是如此——用你的行动潜移默化地影响他，让他成为同你一样的人。

他们很有可能就是我们所敬重的人

"美国文明之父"爱默生先生在他的一篇文章里这样写道："尽管自私犹如寒风肆虐着世界，然而，整个人类的大家庭还是沐浴在一种友爱的氛围之中。我们与无数人邂逅相逢，尽管他们当中有些人或许从来没有与我们交谈过，但他们很有可能就是我们所敬重的人，又或者我们曾经受惠于他们。"这个世界很大，大到终我们一生也不可能认识所有人；但这个世界又很小，小到很多人我们上一刻才听说下一刻便有了交集。

人与人的相识当真是很奇怪的，冥冥中似有一种力量牵引着彼此走近。当好人遇见好人，当好人影响好人，其产生的化学反应能量是巨大的，就像一团熊熊燃烧的火焰，发出的光亮足以照亮整个夜空。在慈溪，有一个叫邹黎明的人，她和钱海军相识于2011年的"感动慈溪年度人物"颁奖典礼上。当时匆匆一晤，却因为对公益有着同样的热情和执着，两个人"相见恨晚"，聊得十分投机。此前，两个人只是彼此闻名，未曾见过；此后，两个人经常互动，还共同组织了多次公益活动。

邹黎明是慈溪市掌起镇阳光托养中心的负责人。这个托养中心由两部分组成，一部分叫"颐养院"，主要供老年人颐养天年，另一部分叫"日间照料中心"，服务的对象是残疾人——此二者与钱海军的服务对象十分相似。2014年底，钱海军志愿服务中心开展了关爱空巢老人暖心行动，邹黎明在报纸上看到了新闻，打电话给钱海军："如果你们结对帮扶的老年人有需要，我可以腾出几个床位，免费提供给他们。"

邹黎明之所以有这份善心，与她的另一重身份是分不开的。她是慈溪市掌起镇五姓点村残协助理员，在五姓点村，只要提及"邹黎明"三个字，很多人都会竖起大拇指，赞一个"好"字。老百姓的肯定与她对残疾人的真情关爱和无私帮助是分不开的。

邹黎明在多年的走访中了解到残疾人尤其是残疾老人的困境，深知他们的不易。看到他们衣衫褴褛的，她会拿衣服给他们穿；听他们说饥肠辘辘了，她会拿吃的给他们吃。以至于那些残疾人总是特别期盼她的出现。当时，邹黎明在妹妹的饭店里当帮工，那些残疾人知道她会在那里出现，每天饭店还没开门他们就在门口等好了。而邹黎明到了之后，总是先给他们洗手洗脸，然后盛饭给他们吃。妹妹有时觉得她太操劳了，就劝她："那些人脏兮兮的，你干吗伺候他们啊？"其实妹妹这么说，也是心疼姐姐，因为姐姐在3岁时得了小儿麻痹症，本身也是个残疾人。但邹黎明显然乐在其中。

托养中心的重要组成部分阳光日间照料中心成立以后，邹黎明就更忙了，为了更好地照顾那些老年人、残疾人，除了开会和生活中的突发急事，她每天 24 小时都蹲守在中心里。她的"疯狂"举动别说旁人不理解，就连家人也难以理解。当质疑声四起时，邹黎明指着自己微瘸的腿说："我也曾遭遇世人白眼，你能想象完全失去腿的人怎么过日子吗——我们的照料中心叫做阳光日间照料中心，我就是想让每一个残疾人都能沐浴在阳光下。"

当然，就像所有做志愿服务的人一样，邹黎明在志愿之路上也曾有过困惑和迷茫。自己尽心尽力地在做，有一些老人的家属却经常挑刺找茬，这让她觉得很难过，但更难过的是还没地方去说。而钱海军的出现，让她遇到困惑时有了一个倾诉的对象。而且同钱海军的对谈中，她常能感受到一种力量，使她坚定继续坚持公益之路的信心。

除了精神上的鼓励，钱海军也带去了实际行动。到邹黎明的托养中心举

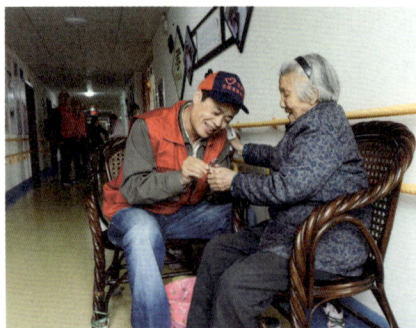

钱海军志愿服务中心的志愿者每年都会到掌起镇阳光托养中心开展"暖迎新春"活动（姚科斌／摄）

办"暖迎新春"活动，请老人和残疾人朋友吃饭、包饺子，是钱海军志愿服务中心每年的必备项目。后来，钱海军志愿服务中心更组织专业的心理咨询师团队，为托养中心的老人和残疾人进行心理陪护，由此搭起了一副爱心传递的多米诺骨牌。钱海军带来了宁波第一医院的朱医生，朱医生又带来了爱心企业家郭云峰，爱心如一根线，将彼此串连在一起，而且越串越长。

2016年重阳节前后，受郭云峰的委托，掌起镇阳光托养中心的工作人员为中心的每位老人购买了一件唐装，并且请老人们接连看了五天"大戏"。临时搭建的舞台上，《红楼梦》《血手印》等剧目轮番上演，铿锵的锣鼓、悠扬的唱腔，引得台下老人拍手叫好。95岁的沈莲芬老人说，这是她这辈子过得最难忘的一个重阳节。当中心工作人员将老人们的感激之情转达给郭云峰时，他笑着说，只要老人们开心就好。

同邹黎明一样，郑亚清在志愿路上也与钱海军互相影响，互相温暖。

郑亚清是慈溪市融媒体中心编委、新媒体发布部主任，曾经，她还有另一个身份，那就是慈溪日报社的首席民生记者。作为一名民生记者，有一副"热心肠"是最重要的。郑亚清说，这一点，钱海军对她影响很大。

郑亚清最初认识钱海军，是因为有位社区里的老人寄来了一封感谢信，说这样的"活雷锋"要好好报道。但当时，她显然没有太把这件事放在心上，只把它当作一个普通的新闻在做。直至后来，80多岁的朱可淦夫妇走到郑亚清的办公室，同她讲起钱海军的事迹，老夫妇说家里的线路坏了，求儿女都求不应，打钱师傅一个电话，他马上就来了，

郑亚清在四川青川茶坝采访地震灾后援建工作者（郑亚清供图）

说到动情处，他们老泪直流。那一刻，郑亚清心说，这个人我一定要好好采访采访。

从2010年开始，郑亚清采写了很多关于钱海军的报道，这些报道让钱海军深受鼓舞，也让他为社区居民服务的脚步迈得更坚定了，他还先后获得了全国劳动模范、全国最美志愿者等荣誉称号。与此同时，由于持续多年做钱海军的报道，郑亚清内心也是深受感染，并最终加入了他的队伍，帮志愿服务中心一起策划了"为残疾人贫困户捐一盏灯"等大型公益活动，募集到数十万元的爱心款，后来她也成了一名坚定的志愿者，担任着慈溪无偿献血志愿者服务队副队长、慈溪青禾爱心俱乐部理事、慈溪市志愿（公益）社会组织联盟监事等职务。漫长的岁月里，她将志愿者的精神体现在新闻采访实践中，多次发起扶贫、帮困、助学等爱心行动，用笔下的文字去温暖和感染人，在慈溪这座慈孝之城掀起爱的浪潮。

从写志愿者到做志愿者，其中的转变说易也难。说易，是因为有前人为榜样，可以追随他们的脚步；说难，是因为做志愿服务得有勇气面对随之而来的非议和误解。

2015年12月12日，由郑亚清主抓策划的"责任照亮未来圆梦行动"通过义卖、义捐、义演等形式筹得93530.1元善款，定向用于"千户万灯"残疾人贫困户室内照明线路改造工程。这项活动做得很成功，全市基本上所有学校都参与了进来，志愿者将上林坊广场围得水泄不通，让三北大地燃起了冬天里最热的一把火，最后却因为一堆垃圾造成了困扰。

活动结束后，志愿者委托清洁工处理现场垃圾，但清洁工光顾着抢纸板箱，最后才处理垃圾，被人拍了照片传到微博上，掀起了舆论风波。郑亚清很难受，她难受不是因为自己受了委屈，而是担心舆论发酵，伤害到孩子和家长的内心，伤害到他们参加公益的热情。那么多的家长和孩子付出了那么多的心血，那么卖力地在做这个事情，如果再受到指责的话实在是太伤心了。事情发生后，钱海军第一时间打来电话，告诉她："这点委屈不算什么，不要在意。要想成事，对理想和信念的执着是必不可少的，做公益就得有强大的内心。当然，确实有不完美的地方，我们也应该反省。"钱海军怕自己说得不中听，过一会儿，又让妻子打电话安慰郑亚清。正是在钱海军的关心和鼓励下，郑亚清的志愿之路走得越来越踏实。

因为工作的关系，2016 年之后，郑亚清和钱海军服务上的互动少了，但彼此间一直有联系。确切地说，她的视线从未远离。钱海军和志愿服务团队带老人北上圆梦，带西藏孩子来浙江看海，在省外开展"千户万灯"，所有的事情她都知道，也深为关切。

为了让更多的人知道钱海军的故事，郑亚清还以钱海军为原型，策划创作了三集广播连续剧《灯亮了，心暖了》。该剧邀请高级编辑吕卉担任编剧，国家一级导演王锐担任导演，著名配音演员凌云、季冠霖等担纲主演。整部剧从 2020 年 9 月开始筹备，到录制完成足足用了 10 个月，其间，郑亚清与慈溪市融媒体中心的同事提供了大量的故事素材，与主创团队共同完成制作。录制完成后，此剧在中央人民广播电台经济之声、中央人民广播电台

《灯亮了，心暖了》慈溪首播仪式（蒋亚军／摄）

中国之声、浙江电台交通之声、浙江电台旅游之声播出，在学习强国 App、喜马拉雅 App、蜻蜓 App 等客户端上线，还获得了第 21 届中国广播剧研究会广播剧专家评析奖广播连续剧一等作品，收获了不俗的反响。

根据钱海军服务故事创作而成的舞蹈《点灯人》(截自视频)

　　无独有偶，由慈溪市文化馆根据同名报告文学精心打磨而成的原创舞蹈作品《点灯人》也先后斩获 2020 年浙江省群众舞蹈大赛银奖、宁波市第十三届音乐舞蹈节金奖。演员们用独特的舞蹈符号深情讲述了钱海军牺牲小我点亮千家万户，为孤寡、空巢老人无偿服务 20 余年的感人事迹，为观众呈现了一个丰满的新时代的雷锋故事。问及创作的灵感，主创人员的态度十分诚恳："爱心是一座城市美丽的标签，更是这座城市高尚的灵魂。没有爱的城市，再繁华都没有生气，但有了爱，就像水有了流动，寒夜有了温度。从钱师傅身上，我们感受到了奉献、友爱、互助、进步的志愿精神，感受到了'帮助他人，也能快乐自己'，我们希望借由这个舞蹈，用艺术的语言让更多的人感知这种力量与温暖！"

每个人都将成为暗夜里的点灯人

　　梁启超先生有一雄文，唤作《少年中国说》，他在文章里这般写道："故今日之责任，不在他人，而全在我少年。少年智则国智，少年富则国富；少年强则国强，少年独立则国独立；少年自由则国自由；少年进步则国进步；

少年胜于欧洲，则国胜于欧洲；少年雄于地球，则国雄于地球。"

青少年是祖国的未来，更是民族的希望。他们的成长如"红日初升，其道大光"，如"河出伏流，一泻汪洋"。但在他们的成长路上，也会遭遇绊脚石，一些不好的风气常在不经意间将他们带入歧途。也正因为如此，钱海军的服务故事和服务精神，对未成年人的健康成长来说显得极具教育意义。

随着向钱海军和钱海军共产党员服务队学习热潮的掀起，钱海军先后被慈溪市周巷职业高级中学、慈溪杭州湾中等职业学校聘请为学生素质提升导师，钱海军共产党员服务队也被聘为学生综合素质指导团队。周巷职高还就此成立了"钱海军班"，让学生们跟着钱海军和其他服务队员学习专业知识和奉献精神，做实事回报社会。

而在随后开展的"千户万灯"扶贫帮困志愿服务活动中，除了慈溪市钱海军志愿服务中心那些志愿者的身影，这支年轻的队伍也带给人们很多感

杭州湾中等职业学校与"钱海军劳模工作室"结对成立了"全国劳模钱海军服务创新工作室"，该工作室也是慈溪市首个劳模与班主任结对性质的工作室（姚科斌／摄）

动。没课的时候，他们常常随同钱海军志愿服务中心的志愿者一起，到那些残疾人家里，帮忙整理房间、清扫屋子、洗晒被褥。很多孩子在家时衣来伸手饭来张口，从来不做家务活，但是跟着钱海军忽然就成长了，一个个俨然一副"小钱海军"的模样。榜样的力量是无穷的，在钱海军的影响下，课余时间，他们也组织开展了扶贫、助残、济困、公益、环保等活动，服务对象涵盖孤寡老人、留守儿童、民工子弟等等。2016 年 5 月，他们因为优异的表现获得了"浙江省阳光学生奖"。

要说还有谁深受钱海军的影响，慈溪杭州湾中等职业学校 2013 级变配电专业的曲朝阳算是其中的一个。曲朝阳幼年遭逢家庭变故，父母双亡，与年迈的奶奶相依为命。奶奶的身体不好，懂事的他用稚嫩的肩膀扛起了这个不完整的家。每天放学回家，当其他的孩子在父母的呵护下享受温情的时候，迎接曲朝阳的是洗衣、拖地等各种家务活。不光如此，他还要陪奶奶聊天，为奶奶洗脚，天气晴好的时候搀扶奶奶外出散步。有一年奶奶左脚踝骨骨折，出院后需卧床静养，曲朝阳便当起了"全职保姆"，洗菜做饭，为老人倒便盆，无所不包。其孝心孝行，总会让人情不自禁地想起李密的《陈情表》。

初中毕业后，为减轻家庭负担，早日工作孝顺奶奶，他毅然放弃了普高，选择了职校。但就是在这样的逆境下，曲朝阳却从自己假期里打零工挣来的贴补家用的钱中挤出近千元捐给了患重病的同学。很多人都觉得曲朝阳的天空充满了阴霾，然而他却在阴霾的天空下长成了一个阳光少年。在这个过程中，钱海军是其中的一个引路者。

有一年暑期临近，奶奶在报纸上看到一篇关于钱海军的报道，觉得如果孙子能跟着他，一定可以学到很多技能，也会更有正能量。她按照报纸上留下的联系方式拨通了电话，于是，当夏日的知了叫响枝头时，曲朝阳成了钱海军志愿服务中心的一名学生志愿者。他跟着钱海军去老人家中，听他讲老人的故事，看他修理电灯、电视，掌握了不少操作技能。不过与之相比，更重要的是他在钱海军的言传身教里懂得了很多做人的道理，2015 年，日渐

深受钱海军影响的曲朝阳，如今也正潜移默化地影响着别的年轻人（姚科斌／摄）

成长的曲朝阳也被评上了"感动慈溪年度人物"。

数年之后，曲朝阳从学校毕了业，毅然决然地加入了钱海军的队伍，在钱海军志愿服务中心担任项目管理专职。自此以后，他的志愿之心愈发坚定，不仅跟随钱海军和团队里的其他志愿者积极投身到"千户万灯""星星点灯""复兴少年宫"等各项志愿公益活动之中，还鼓励、带动身边许多人参与到了志愿服务当中。如果说钱海军的一言一行曾经深深地影响了他，那么如今他也正潜移默化地影响着别的年轻人。

在做好本职工作的同时，曲朝阳还多次参加国家级、省市级的各类志愿服务项目大赛，在路演答辩中自信从容，助力钱海军志愿服务中心的多个项目拿下好名次。因为在志愿服务方面表现出色，这些年，他也先后获得了浙江省志愿服务工作先进个人、浙江省向上向善好青年、全国优秀共青团员等多项荣誉。

事实上，如今在慈溪这座爱心城市，除了中职生，一些年纪更小的学生也开始学习钱海军，接力雷锋精神。

2016 年 3 月 5 日，一场"学雷锋日，跟着钱海军叔叔做公益"的活动在慈溪悄然展开。24 名来自实验小学、育才小学、镇东小学等学校的学生在家长的陪同下分成 6 组跟着钱海军志愿服务中心的志愿者分赴城区、坎墩及道林的 6 户残疾人贫困户家庭，不仅为忙着改造线路的志愿者当了回小助手，更见证、了解了"千户万灯"照亮计划的意义所在。

这些孩子大多都是独生子女，平时被家长过度保护，在家很少干家务。但在残疾人贫困户家中，似受现场气氛感染，他们一个个干劲十足，有的拿着扫把，就像拿着放大镜，连角落里的灰尘都不放过，有的拎着水桶，忙着擦玻璃。有些老人家中的玻璃久不清洗，全是污垢，小孩子力气小，家长就同孩子们一起劳动。离开的时候，老人拿饮料给他们喝，正觉口渴的他们很想马上打开来喝，这时有一位家长说电工叔叔每次上门为老人服务，从来不喝用户一口水。听到这里，他们又悄悄将饮料放了回去。这个细节其实体现了从"人人学习钱海军"到"人人都是钱海军"的转变，让我们看到爱心的延续。

文锦书院是慈溪市 2021 年新增设的两所公办义务段学校之一。成立以来，以"承书院精神，办现代教育，创未来学校"为愿景，五育并举，以传统美德孕灵魂、优秀文化筑筋骨、特色项目健体魄、联动课程育审美、劳动实践促智慧，助力学生多元发展。有感于钱海军和他的服务团队多年来义务服务孤寡、空巢、失独老人的善举，该校领导也想尽一份心力，通过多方面联合开展志愿服务，提升学校师生的道德素养，同时也为社会越来越美好贡献自己的力量。

农历虎年前夕，在他们的主动要求下，学校多名师生共同参与了钱海军志愿服务中心组织的为老党员、老兵，以及"千户万灯"住房照明线路改造中发现的生活困难老人群体送温暖、送祝福行动。2022 年 3 月 3 日，在第 59 个学雷锋纪念日来临之际，他们还将钱海军和唐洁邀请到学校，为总计约 200 名学生上了一堂题为"雷锋在我心中"的公开课，通过讲述志愿服务

钱海军给文锦书院的孩子们宣讲服务故事，播撒"志愿"种子（姚科斌／摄）

故事，在孩子们心中播下一颗名为"志愿"的种子。当天，文锦书院还成立了钱海军志愿者服务队文锦书院分队，并为钱海军颁发了聘书。该校的德育校长黄慧玲说："志愿服务对于孩子们的健康成长来说，同样十分重要。我希望他们能从钱师傅那里接受更多的电力科普及思想熏陶，把志愿服务变成一种自觉行为，让雷锋精神成为贯穿他们一生的品质，从小时候开始，到老还在坚持做好事！"

生在这个时代，人们常常感叹世态炎凉、人情冷漠，然而钱海军和钱海军志愿服务中心显然打破了这种成见。这些热心的志愿者用自己的行动，为"扶危济困"作了最好的诠释。从钱海军到钱海军服务班再到钱海军共产党员服务队（钱海军志愿服务中心），这不只是单纯的人数上的增加，更是质的升华。

成功总是与某种积极的或者正面的力量同行。京剧业内有一句行话："不疯魔，不成活。"当一个人对一个人、一件事十分投入的时候，自然就会

随着时间的推移，围绕在钱海军周围的"点灯人"越来越多（姚科斌／摄）

"入魔"。有人曾经向著名篮球巨星科比·布莱恩特求教成功的秘诀，科比说："你见过洛杉矶凌晨4点的样子吗？我见过。"但与电力志愿者相比，这犹是"小巫见大巫"。因为他们不只见过早上四五点钟的城市模样，还见过24小时里任何一个时间段的城市风景。只不过，因为一颗心系在服务对象上，他们无心赏景罢了。

如今，钱海军和钱海军志愿服务中心以一纸无形的"征集令"吸引着越来越多的人加入到志愿服务中来，志愿服务也因此由一座城市的个性变成了城市的共性。

大道弥远，要抵达人人期盼的大同之世，前面还有漫长的路要走。但随着存善心、做善事的人越来越多，终有一天，这个国家的每一座城市，每一个乡村，每一个人，都将成为志愿路上的主角，每个人都将成为暗夜里的点灯人。

后 记

百姓身边的点灯人

算起来，钱海军做电力义工的时间，到本书出版时，已是第24个年头。对于人的一生来说，这不是一个小数目，相当于正常人生的四分之一还要多，况且，这是一个人生命中最好的24年。一个人，能用24年的时间兑现自己的一个承诺，就是一种常人难以企及的境界了，并且，钱海军没有停步的意思，他还在继续往前走。所以，在2018年9月，国家民政部把中华慈善奖"慈善楷模"这样一个高尚的荣誉颁给他之后，2022年5月，中共中央宣传部又将更为崇高耀眼的"时代楷模"称号授予钱海军，并号召全社会向他学习。

钱海军，就是天空中一颗闪亮的星，尘世间明亮的一盏灯。

1

2017年冬天，《点灯人》初版出版后，在慈溪图书馆广场有一个首发仪式。正是寒冷的冬季，我们穿着厚厚的外衣，但钱海军却只着一件短袖衬衫。我们问他不冷吗？他说不冷。他的同事说，他一年四季都这样，跟他的体质有关。我们面面相觑，一时接不上话头。从一定程度上来说，《点灯人》的采写是一个任务，写完了，出版发行了，作为作者，我们的任务也就完成了。而且这本书也得到了一些认可，有官方背景的微信公众号对本书作了连载，在首届中国工业文学大赛中获得长篇报告文学提名奖。这些，都算是锦上添花。我们都没有想过，这本书还会出一个增订版，甚至第三版。也许，钱海军的确是一个神奇的人，不仅因为他在冬天也穿短袖衬衫，而是他身上有一种强大的磁场，内心有一团火焰，吸引着我们，再次把目光投向他。

很显然，无论有没有《点灯人》，钱海军一直在沿着自己设定的轨迹，做着他的电力义工。《点灯人》初版出版一年多，他先后去了北京和西藏。去北京是替7位年迈老人圆了一个梦。他还两次进藏，做的却是那些援藏工作手册里没有的事情。他还南下贵州黔东南，北上吉林延边，西进四川凉山。无论北上，还是西进、南下，都和公益慈善有关，干的都是他的拿手活，为最普通的百姓接一根线，修一只电能表，拧亮一盏电灯，改造一家线路。有关这些故事，都是本书增订的内容。我们停下笔，想歇一歇的时候，钱海军却没有止步，依旧健步走在为民担忧的路上。

关于那次北京圆梦计划，我们在知道后，其实是为钱海军捏了一把冷汗的。因为年纪最大的傅万久老人已经90岁，最小的老人也年近古稀。长途跋涉，要是在途中发生个意外，谁也担待不起。但是钱海军却没有退却。有人很好奇，说钱海军有点多管闲事，那些老人想去北京，你带他们去了，要是他们想去俄罗斯红场看看列宁同志，你是去还是不去？钱海军的回答朴素得让人再也不好意思调侃。他说，去北京看看天安门，看看升旗仪式，我们努力一把，还是能做到的。

其实，傅万久老人想去北京天安门看升旗，另有一段原因。傅万久在1946年离家，先后参加了解放战争、抗美援朝战争，1955年回到故乡慈溪。离乡10年，远赴战场，一分一秒都是生死较量。他离家第三个年头时，家人以为通信失联的他已战死沙场，为他办了葬礼，直到他离家第六年恢复通信，家人才得知他尚在人世。他也不知道自己"死里逃生"了几次。跑着跑着被尸体绊倒，却正好躲过急速而来的子弹；走过鸭绿江的冰面，如果踩到稀薄碎裂处就会掉进冰窟窿死去；被炮弹击垮的战壕，重石压在了他身上，致其腰部重伤，造成八级残疾，瘫倒间已与尸体无异，一片废墟"救"了他的命……起初与他同行的120人，最终只两人生还。他北上，又从东北一路南下，渡过长江，走过城乡山河。他遗憾："我几乎去过所有的大城市，但没去过首都北京，没见过天安门前的国旗升起，没有在纪念碑前向我死去的战友们敬过礼。"60多年来，他的心里一直有个未了的心愿。

钱海军在与傅万久老人的对话中，了解了他的从军经历和60多年的心愿，这也是钱海军帮助那些老人圆梦北京的缘起。对于一个有心人来说，鲐背之年老人的心愿，来得再晚，也不迟。我们曾经在媒体上看到钱海军和他的伙伴们陪同老人们在天安门广场观看升旗仪式的画面，傅万久老人的眼睛里闪烁的泪花，他向国旗敬的标准的军礼，仿佛在告诉我们，梦想还是要有的，万一实现了呢。

那天清晨，在天安门广场陪同老人们观看升旗仪式，钱海军十分难得地穿上了西装，系上了领带，并且佩上了几枚勋章。很显然，他是要以着正装的姿态，向先辈们表达自己的敬意。

2

钱海军当然不是一个人在行动。在他的带动下，浙江电力系统的公益慈善做得风生水起。更多的人，加入到钱海军的行列中。即使在北京，也不例外。话说钱海军等志愿者千里送老人进京圆梦的消息像插了翅膀一般扩散开来。老人们心满意足的笑容，志愿者细致入微的照料，感动了许多人，也引起了北京媒体的关注。《北京晨报》还专门刊登了一篇题为《雷锋精神让城市更温暖》的评论文章，对钱海军等志愿者的行为进行了肯定，认为这是真正的学雷锋。随后，在清华大学求学的慈溪女孩史嘉妮得知此事，坐了1个多小时的公交车赶到志愿者和老人下榻的酒店，送上了清华大学的专属纪念品。她说她要向钱海军学习，做一个内心有爱的人。

毫无疑问，钱海军正以自己的言传身教，感动并带动了一大批志愿者，他们的身影，活跃在浙江城乡的大街小巷，甚至西藏、贵州、四川、吉林。一群群穿着红马甲的电力人，招之即来，来之能战。仅钱海军身边的志愿者，就从志愿服务中心最初的120多人，扩展到如今的1200多人，而这个数字还在不断上涨。如果扩展到全省电力系统，类似的志愿者遍地开花，人数可以万计，并且都有一些标志性的人物和团队：在党的诞生地嘉兴，2007

年在红船旁成立的第一支共产党员服务队，已成为国家电网系统的标杆；以杭州"平民英雄"史文斌命名的党员志愿服务队，是城市大街小巷一道流动的风景线；13 位电力女工发起的"红十三爱心社"引领温州道德风尚；在古城绍兴，有以"浙江好人"鲁江锋命名的共产党员志愿服务队；在台州，垦二代"大陈岛之子"王海强志愿服务中心获评全国学雷锋活动示范点；在舟山，"牧岛人"蒋海云志愿团队成为东极岛移动的风景线；在丽水，工匠吴继亮成为解码"中国生态第一市"的金钥匙；在湖州，电力医生闵华以一己之长搭建起应急救护培训体系；在金华，浙江省道德模范虞向红发起的"幸福蜗居"成为当地著名公益品牌；在衢州，为百姓坚守深山 30 年的电工萧日法被誉为山村"守灯人"……截至 2021 年年底，仅浙江电力系统，就有红船共产党员服务队 314 支，队员 7083 人。

由钱海军倡议，钱海军志愿团队、慈溪市慈善总会、慈溪市残疾人联合会共同发起的"千户万灯"困难残疾人住房照明线路改造项目，也被媒体称为"千户万灯"照亮计划，作为公益项目，先后两次获中央财政立项支持，这在民间的志愿服务活动中，也不多见。在"千户万灯"启动仪式上，志愿者代表钱海军宣读了《活动倡议书》，他说："我们希望用电力人的一盏灯去照亮贫困户、残疾人的一片房，更希望用这盏灯去照亮城市的每一个地方。我相信，我们有能力、有毅力、有凝聚力做好这项服务。"这个倡议，也可看作是钱海军志愿团队的公益宣言，朴素，却高尚。

众人拾柴火焰高。在钱海军的影响下，"千户万灯"的外延也在不断拓展。国网杭州供电公司的"点亮玉树"慈善帮扶活动成为"千户万灯"照亮计划的经典案例。

2011 年起，国网杭州供电公司联合浙江省中小学名师名校长工作站、免费午餐、中国乡村儿童联合公益、新华社浙江分社、光伏企业、百世物流等社会公益力量，发起"点亮玉树"慈善帮扶活动，目的是帮助玉树尽快消灭大电网尚未延伸供电的无电学校。

10 年来，"点亮玉树"牵头方国网浙江电力投入资金超过 250 万元，先后援建 12 座无电学校光伏电站，发电容量近 150 千伏安，发电量超过 20万千瓦时，帮助玉树提前实现"校校有电"；众筹多方捐物和捐资折合超过50 万元，通过名师名校长双向师资交流培训和"空中课堂"等建设，培训玉树教师 100 余人次；多方累计捐赠衣物 3000 余件次，建设"红船·光明书舟"等。"点亮玉树"慈善项目通过以电为中心的一揽子帮扶行动，共计扶贫学校 34 所，使援建学校综合升学率从 2011 年的 99% 提高到 2017 年年底的 100%，共计惠及师生 21006 名，辐射扶贫藏区人口 35080 人。"点亮玉树"不仅获得 2020 中国公益慈善项目大赛金奖，还作为典型案例入选中国社会科学院《2020 党建发展报告蓝皮书》。

自"千户万灯"困难残疾人住房照明线路改造项目开展 7 年来，钱海军团队为宁波当地 1200 多户残疾人贫困户家庭提供安全稳定的用电环境。"千户万灯"的足迹走遍大半个中国，累计走访上万贫困户，改造 6047 户，行程 20 余万公里，惠及 6 万余人。

而钱海军自己，20 多年来，坚持不拿群众一分钱、不抽群众一根烟、不喝群众一口水，还自掏腰包购置电线、开关、电灯等物件，逢年过节送去礼品和慰问金，给老人们的晚年增添了温暖。很多人不相信，说不拿一分钱、不抽一根烟还能理解，喝一口水总是可以的吧？关于这个"三不规定"，钱海军有自己的说法："如果喝一口水，那两口呢？两口喝下去，那喝饮料呢？饮料喝了，那吃顿饭呢？再小的事都不能放松！"随着志愿团队滚雪球一样壮大，这个"三不规定"始终如一，从未打破。

在服务老人之余，钱海军还带着妻子女儿四处奔波救助贫困学生。有人帮他算了一笔账，这些年来，钱海军花在老人和学生身上的钱，都够在内陆省份买一套小户型公寓了。很多人不理解钱海军，他不光赔钱，还赔时间，时间不就等于生命？钱海军几乎把业余时间都花在志愿服务上了。我们想到，在西藏，海拔近 5000 米的日喀则市仁布县普松乡夺索村确当牧区，钱海军志愿服务团队的电力志愿者向游牧的藏民送上太阳能移动电源，并手把手教他们如何使用。可以想象，随着移动电源的使用，夜晚，它将与满天繁星一起照亮万亩牧场。或许，那照亮万亩牧场的光芒，能够让我们看到钱海军的内心。那是一颗虽普通，但又高尚纯净闪光的灵魂。

3

钱海军获得中华慈善奖"慈善楷模"后，国家电网公司主要领导曾专程前往慈溪，看望了钱海军，并说："北有时代楷模张黎明，南有慈善楷模钱海军。"这位领导可能没有想到，几年以后，钱海军也走进了央视"时代楷模"发布大厅。作为《财富》500强排名第二的企业掌舵人，不可能轻易表扬一个普通员工，而当他决定专门去看看钱海军时，我们理解，他是把钱海军的荣誉，看作是国家电网公司员工队伍的一个形象和精神展示。中宣部的决定颁发后，接下来，中共浙江省委、国务院国资委党委、国家电网公司党组都先后作出向钱海军学习的决定，并组织钱海军先进事迹报告会。数以千万计的观众通过电视屏幕、网络直播，看到了钱海军质朴的面容，聆听了报告团成员讲述钱海军的故事。

事实上，这已经不是钱海军的第一次演讲了。在一次应邀赴浙江大学的演讲中，钱海军向在校大学生们讲述了他做慈善公益的心里话：有人问我，海军，这个世界需要帮助的人那么多，你哪里帮得过来？我告诉他：帮一个，是一个。在我服务的老年人中，年纪最小的67岁，最大的已经108岁，为他们排忧解难，我觉得自己心里也很充实，很快乐。

我们在采写本书的过程中，有一个十分强烈的感觉：钱海军和他的志愿团队，就是我们这个时代，百姓身边的"点灯人"，而类似钱海军这样的志愿者，自带光芒，在我们的身边，越来越多，形成澎湃的声势。最漫长的黑夜，有他们在，就能看到光，就能看到希望。

想更多地了解钱海军，除了阅读本书，最便捷的方法是上网。网络上，关于钱海军的信息不可胜数。而钱海军志愿团队的服务外延随着志愿者源源不断的加入，也在不断扩大，比如未成年人社会体验项目，即"星星点灯"大课堂、扶贫助学项目、心理援助项目，以及"为残疾人捐一盏灯""微心愿众筹""复兴少年宫"……钱海军有一个梦想："想把这一份志愿服务做成百年品牌。"他凭一己之力，已经坚持做了 23 年，等于是一个百年的近四分之一，追随他的年轻人越来越多，也可以一年接着一年做。在钱海军看来，100 年，不就是一个个普通数字的累积吗？

4

钱海军是第一个以"点灯人"的形象出现在中国文学画廊里的，这是写作这部作品带给我们的最大收获。在《点灯人》一书出版后，无论是在媒体上，还是在其他类型的文学作品里，钱海军开始以"点灯人"的形象频繁地出现在人们面前。新华社内部参考（高管信息）总第 845 期刊文：《以"电"为光　国网慈溪"点灯人"照亮共同富裕之路》。除了标题直接引用"点灯人"，还在文中写道：根据钱海军事迹撰写的长篇报告文学《点灯人》由长江文艺出版社出版发行，广受好评。

2022 年 5 月 5 日，新华时评"成功在于奉献，平凡造就伟大"称：作为扎根基层一线的电力工人，钱海军用 23 年的执着付出，在平凡岗位上书写不平凡，成为老百姓最信赖的"点灯人"。心中有人民，肩上有担当。立足本职岗位，心系万家灯火，将"小我"融入服务民生福祉的"大我"，每一个共产党员、每一位劳动者都可以成为促进共同富裕、人和社会全面发展道路上的"点灯人"。

2022 年 5 月 6 日，中央电视台正式发布钱海军为"时代楷模"，发布会上，宣读了中共中央宣传部关于授予钱海军同志"时代楷模"称号的决定。其实，从正式发布的前一天起，主流媒体就开始报道钱海军的相关新闻。据统计，在此后一周时间内，全国媒体集中报道加转载的数量超过 1500 篇。这个声势，出乎我们的意料，但也有一点遗憾，媒体刊登的新闻虽然数量庞大，但因为受新闻规律的约束，大多引用央媒的报道，即使想独辟蹊径，也由于版面所限，难免零敲碎打，而且文学作品几乎是空白。受此推动，我们加快了本书的写作进度。我们期待，这部文学作品能够作为主流媒体的一个补充，让钱海军这个"点灯人"的形象，更加深入人心，成为更多人的共识，照亮更多人的心灵。

这个后记写得有点长了，看上去似乎有点拖沓。我们承认，只要触及钱海军的故事，多长的篇幅都嫌短。再说，在创作《点灯人》第一版时，钱海军的头发还是黑的，在完成《点灯人》第三版写作时，不过6年间，他已是一头华发。从这个意义上来说，写多厚的书、多长的后记，都不足以表达我们对钱海军的敬意。

2022年5月6日，我们的不少朋友都收到了一条公益短信："中宣部授予钱海军同志'时代楷模'称号，褒扬他是灯暖千万家、奋进共富路的新时代劳模代表，号召全社会向他学习。"一些朋友截图发给我们，问钱海军是不是《点灯人》的主人公。得到肯定的回答后，他们说，虽然没见过钱海军，但从《点灯人》里，我们已经认识了他。

钱海军的微信头像，是一张雷锋的照片。而朋友圈大多时间则是空白。但是，我们分明看见，他的心里，有一朵燃烧的火焰，让尘世更温暖，让黑夜有光芒。

本书的再版写作得到了中共中央宣传部宣教局、国家电网公司党组党建部的指导。在采写过程中，钱海军本人和所在志愿团队等都给予了热情的支持。中国电力出版社集中优秀编辑团队，以最快的速度出版本书。在此一并致谢。

在本书再版之际，我们想摘抄几行浙江诗人艾青的《黎明的通知》送给钱海军和他的志愿团队，以及所有人：

我从东方来
从汹涌着波涛的海上来
我将带光明给世界
又将带温暖给人类

作者
2022年5月